U0348954

芒麻嫩梢水培工厂化育苗车间

芒麻"369"多用途高产示范田

四川达州陡坡地水土保持效果显著的芒麻
（图左为甘薯–玉米套作，图右为芒麻）

芒麻嫩叶制作的菜品

芒麻园肉鹅轮牧技术

含有30%芒麻嫩茎叶草粉的全价配合饲料

含有3%苎麻叶粉的面条

超高支苎麻制造的纱巾

用苎麻落麻制备的多功能麻纤维膜

甘肃张家川"籽—纤—秆"兼用型工业大麻生产

内蒙古小麦—籽用工业大麻套种

用以提取大麻二酚（CBD）的工业大麻麻糠

各类工业大麻产品

观赏用亚麻

设施栽培的高品质菜用黄麻（帝王菜）

亚麻屑基质栽培榆黄蘑

可降解黄麻非织造新材料

黄麻纤维与麻塑制作的女鞋

红麻麻秆活性炭

江苏大丰0.4%滨海盐碱土上红麻长势良好

广西贵港用于捆扎香肠的红麻绳

规模化剑麻种植

酿酒剑麻

新疆沙雅县盐碱地罗布麻

红麻近缘种——玫瑰麻（洛神花）

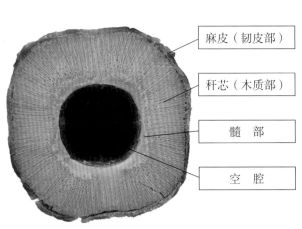

麻皮（韧皮部）

秆芯（木质部）

髓　部

空　腔

大麻茎秆的横切面

手工剥取麻皮后的秆芯

花叶用麻的麻秆

麻类作物
多用途的理论与技术

熊和平　主编

中国农业科学技术出版社

图书在版编目（CIP）数据

麻类作物多用途的理论与技术／熊和平主编 . --北京：
中国农业科学技术出版社，2022.11
ISBN 978-7-5116-6041-1

Ⅰ.①麻…　Ⅱ.①熊…　Ⅲ.①麻类作物-研究　Ⅳ.①S563

中国版本图书馆 CIP 数据核字（2022）第 227695 号

责任编辑　崔改泵
责任校对　王　彦
责任印制　姜义伟　王思文

出 版 者　中国农业科学技术出版社
　　　　　北京市中关村南大街 12 号　　邮编：100081
电　　话　（010）82109194（编辑室）　　（010）82109702（发行部）
　　　　　（010）82109709（读者服务部）
网　　址　https://castp.caas.cn
经 销 者　各地新华书店
印 刷 者　河北鑫彩博图印刷有限公司
开　　本　185 mm×260 mm　1/16
印　　张　13.5　彩页　18 面
字　　数　296 千字
版　　次　2022 年 11 月第 1 版　2022 年 11 月第 1 次印刷
定　　价　128.00 元

序 一

党的十八大以来，我国现代农业建设取得了新的历史性成就，当前已迈出全面推进乡村振兴的坚定步伐。深入推进农业供给侧结构性改革，充分发挥农业产品供给、生态屏障、文化传承等功能，将为全面建设社会主义现代化国家提供有力支撑。农业的多种功能是推进供给侧结构性改革的基础，利用农业的多种功能实现其多元价值的关键就在于求新求变——应用新理念、新技术，变革新方式，产出新产品，提供新服务。

麻类是我国传统特色经济作物，提供韧皮纤维是传统麻类生产的主要目的，麻纺织品常被冠以"国纺源头、万年衣祖"。按照麻类作物的产量构成来看，韧皮纤维只占到地上部产量的五分之一左右。不对其副产物加以利用，意味着五分之四左右的劳动价值被浪费。这种浪费，是导致传统麻类产业效益和效率偏低的重要因素。因而探索麻类副产物合理利用的技术策略，已成为影响麻类产业可持续发展的关键。该论著提出"一麻多用"的理念，并结合创新实践，把麻类生物质全面综合利用与麻类产业全生命周期的功能衔接统一起来，找到了一条推动麻类产业绿色发展的道路。

"一麻多用"改变了传统麻类作物仅仅作为纤维作物的面貌，也改变了传统纺织"麻布、麻袋、麻绳"老三样的格局，表现出功能深度拓展和纵横交错的特点。苎麻不再只是"世界上最长和强度最高的天然纤维"，而是以蛋白饲料作物、水土保持植物等新面孔出现。工业大麻不仅是纤维作物、"五谷"之一，更以具备重大医疗价值的药用作物出现。黄麻菜用、红麻滩涂地利用、亚麻冬闲田种植、剑麻酿酒等技术，为麻类多用途开辟了新战场。麻纤维膜的研发，不仅成为塑料包装袋的替代品，更在水稻育秧、覆盖栽培等领域广泛应用。本书对现代麻类多用途的丰富业态及相关技术做了较全面的论述。

"一麻多用"的技术问题取得突破后，产业的发展仍然需要系统性的解决方案，与社会经济的方方面面结合起来才能挖掘出其应用价值。本书提出的"五维度融合理论"对如何推进麻类多用途产业提供了指导：利用作物物种多样性的特点，通过多学科交叉的科技手段，促进作物改良和多元高效利用，进而通过多产业的融合联动，实现产业价值的提升。该思路对于推进其他农作物资源充分利用同样有指导意义。

    总体来说,该著作是对长期以来开展麻类多用途研究理论与技术的总结,也是对产业未来发展的谋划。书中列举了当前最具有产业应用价值的技术要点,并从产业系统出发,论述了推进麻类多用途的方式方法,改变了以往仅从个别指标、阶段性试验探讨可行性的做法,具有更高的生产实践和研究价值。

中国工程院院士　刘　旭

2022 年 4 月

序 二

本书的主编熊和平最初邀请我做序时，说实话，我是拒绝的，因为自己实在是一个外行。但当他把《麻类作物多用途的理论与技术》样书发给我并再次邀请时，我看后，就答应了。因为我知道，没多少人知道以熊和平为领军的中国麻类作物科研工作者，在近20多年里，是如何在困境中坚持、在坚持中探索、在探索中创新、在创新中推动麻类科研和古老的麻产业焕发出新生命力的。而我恰恰因为这20多年一直从事农业科研管理工作，有幸成为他们奋进的见证者之一。

在我国极其丰富的农业产业中，有几个产业是我们的祖先发掘出来并代代创新、传承而保留至今的，比如大家最熟悉的茶叶、蚕桑、麻，新中国成立后这三个产业都建立了相对完整的国家和省级科研机构，高校也设置有相应的专业学科，一大批科研工作者支撑着产业不断进步。但到了20世纪末，随着改革开放带来的国外先进技术和各类工业产品的进入，随着生活方式的日益改变，传统农业产业发展遇到了现代工业的强力竞争。尤其是麻作为天然纤维，遭遇到现代化大工业的化学纺织品碾压，再加上麻生产过程中的收获、剥麻劳动强度大，沤麻污染等瓶颈问题，导致南方地区植麻面积大幅下降，麻产业发展陷入了困境。这个困境传导到科研上，就是有关麻的科研项目和经费大幅度减少，麻相关的科研机构人员流失、科研事业整体萎缩。

当时，熊和平正担任中国农业科学院麻类研究所所长。作为我国麻类作物研究的领军人物，面对产业困境和研究所生存困局，面对科技管理界对麻类科研的无视，他没有退缩，责无旁贷地把全国麻类科研振兴的重任扛在了肩上。20多年来，我知道他几乎跑遍了相关部委和省里的管理部门，硬是把麻类研究所从湖南沅江那个经常发洪水的县城整体搬迁到长沙市区，建成了条件更好的国家麻类种质资源圃，保住了大批麻类作物遗传材料，为后期麻产业腾飞保住了物质基础。我也目睹了他在各种科研改革和管理会议上，为麻类作物科研、为老祖宗留下的麻产业不丢失奔走呼号，努力去争取各方的理解和支持。他的努力也得到了有力度的回应，2007年国家现代农业产业技术体系创立时，麻类作为建设的50个产业技术体系之一，获得了持续稳定支持直至今天，这是我国麻类科研的黄金时代。

国家现代麻类产业技术体系成立后，熊和平作为首任首席科学家，重振麻类产业科研队伍，从全国30多个科教机构遴选了近50位优秀科技人员组建麻类研究体系，成为全球最大最系统的麻类研究团队。体系成立 10 多年来，他们针对麻产业发展瓶颈问题，在麻的新品种选育、收割机械化、生物脱胶、麻地膜研究等方面，不断取得突破性成果。与此同时，熊和平意识到麻这个物种实际上不仅仅是天然纤维一个产品用途，在蛋白饲料、生物基质、环境保护、建筑材料、食品医药等方面大有应用潜力。于是，他带领国家麻类产业技术体系开始了第二次产业创新，即"一麻多用"，他们从现代理念、现代消费需求出发，通过科技创新，挖掘和拓展麻在大环保、大健康、绿色发展等方面的功能，让麻这个老祖宗留下来的产业再次焕发出勃勃生机，展示出强大的生命力。

我也曾经在各地见过他们"一麻多用"的研究成果展示，比如在长沙苎麻田里看啃食苎麻茎叶的大白鹅；在江浙美丽乡村看淡蓝色的亚麻花海，也曾试用过工业大麻叶提取物制成的面膜；甚至在涪陵的火锅店里涮到了非常好吃的"帝王菜"，竟然是黄麻嫩梢，而且一茬茬采摘产量非常高。更值得一提的是，麻作为优质的可降解轻薄包装材料正在开始被研发和生产出来，目标就是替代网购带来的海量不可降解的包装垃圾。

我惊叹于这些农业产业中蕴含着多少人类并未了解的功能和用途，也惊叹于大自然生物物种究竟会带给我们多少未知的东西，更惊叹于科技创新的无限潜能。由此我想到有如麻类科研人员一样的更多的所谓小产业的科技人员，在产业低潮、科研被无视、缺项目、缺经费的条件下，不抛弃、不放弃。正是他们的顽强坚持和持续创新，才使得人类解决当代问题有了更多种可能和更具操作性的方案。特别是在世界处于百年未有之大变局、新冠肺炎疫情带给人类社会新挑战、气候变化不断带来极端环境的当下，对多样性的生物物种、多样性的农业产业深度创新和拓展，将会给人类克服生存危机、克服生态脆弱带来可能，带来希望。所以，不可轻视小作物、小产业。

在十多年"一麻多用"的产业创新实践中，熊和平团队进行了系统的技术总结和理论研究，编写成《麻类作物多用途的理论与技术》一书，提出了麻类新产业的构建路径，提出了从单一农作物生产拓展到植物、动物、微生物的协同生产，从农产品供给的单一维度，拓展到生产、生活、生态融合的综合体系。他们的研究，为更多的农业产业如何拓展功能、提升价值、创造新需求新消费，提供了非常有益的借鉴。

唯此，作为见证者，我愿意把他们的科学探索和守正创新的精神介绍给读者，并借此向那些不受关注、没有光鲜头衔却执着专注一生的小作物、小产业科研人员表达深深的敬意。正因为有这批农业科技人员的担当、奉献、坚守，自然生态和人类社会才会展现出如此丰富多彩的景象，我们才会有底气去抵御各种不确定性。

是为序。

刘　艳（原农业部科技教育司巡视员）
2022 年 5 月 20 日

前　　言

　　麻类是包括苎麻、亚麻、黄麻、红麻、工业大麻、剑麻等农产品在内的作物群体，是重要的经济作物，为丰富我国天然纤维种类、保障纤维安全起着重要作用。传统麻类产业围绕纤维利用形成了特有的产业生态，充分挖掘了麻类纤维在各个历史时期的应用价值。新时期，我国农业面临"千年未有之大变局"，在传统特色农业中寻求发展新动能、构建发展新模式，是服务国家战略、造福农业农村的重要内容，麻类作物"一麻多用"的理念也应运而生。

　　截至2022年，我国政府已经连续19年发布了关注"三农"的"中央一号文件"，凸显了农业的基础性作用和国家对农业发展的重视。2012年党的十八大报告中在农业现代化等"四化同步"的基础上加入了"绿色化"，强调"四化"必须提升绿色发展质量，构成"五化协同"的战略布局。2016年和2017年的"中央一号文件"先后从发展新理念和农业供给侧结构性改革角度，强化了农业推进绿色发展战略。随后，中共中央办公厅、国务院办公厅印发了《关于创新体制机制推进农业绿色发展的意见》，农业农村部制定了《农业绿色发展技术导则（2018—2030年）》。乡村振兴战略实施以来，对加快支撑农业绿色发展的科技创新步伐提出了越来越高的要求。"农业资源环境保护、要素投入精准环保、生产技术集约高效、产业模式生态循环、质量标准规范完备"是现阶段我国农业现代化的重要特征。服务我国现代农业发展大势和人民生活需求，麻类作物及其产业必须立足自身特点，对标绿色发展要求，提出绿色生产技术与模式的系统解决方案。

　　"一麻多用"实际上是多功能农业理论、农业循环经济理论、生态农业理论、产业融合理论、可持续发展理论在麻类产业中的整合实践与科技创新。在农业现代化和国家战略转型的背景下，传统麻类产业面临种植效益和效率偏低、资源利用率偏低、产品结构单一且产业链利益分配失衡等一系列问题。尽管通过政策集聚产业发展资源，能够在一定程度上提高全要素生产率，但多产业联动关键环节缺少技术与装备支撑，其效率提升有限。因而，"一麻多用"能够实现可持续发展，其根本动力仍在科技创新。

　　麻类作物特性迥异，因而"一麻多用"的内涵不仅体现在麻类作物生物质功能的挖掘与综合利用上，而且体现在麻类产业全生命周期的功能衔接和价值实现上。以苎麻饲料化等为代表的多用途技术模式，不仅在生产端集成了"韧皮纤用—叶片饲用—茎秆菌用"的多元产业结构，而且在生态端实现了固土保水、固碳减排与农业废弃物资源化利用的综合目标，获得了突出的生态、经济效益。本书希望通过总结我国六大麻类作物在探索多用途产业化路径中的经验，为麻类产业现代化改造提供思路。随着创新理念和产业科技的不断提升，"一麻多用"的理论与技术将会不断完善、变革，我们期待着这个古老作物焕发出新的光彩。

本书整体设计、理论基础、共性技术与苎麻主要内容由熊和平、朱爱国、陈继康、赵浩含负责；工业大麻主要内容由刘飞虎主笔，汤开磊、杜光辉、杨阳参与；亚麻主要内容由吴广文主笔，宋喜霞、袁红梅参与；黄麻、红麻主要内容由方平平主笔，洪建基、李建军、戴志刚、安霞参与；剑麻主要内容由易克贤主笔，陈河龙、习金根、谭施北、黄兴参与。主要技术创新工作由国家麻类产业技术体系资助完成。受时间和水平所限，书中难免出现不当甚至错误，敬请读者斧正。

编者

2022 年 4 月

目　　录

第一章　麻类作物多用途的理论基础

麻类作物是以获取茎、叶纤维等作为纺织、编织、造纸、生物质利用等原料的一类作物的统称。麻类作物在植物分类学上涉及33科、90多属，是继粮、棉、油、菜之后的第五大作物群。大面积栽培的麻类作物主要有苎麻、亚麻、黄麻、红麻、工业大麻、剑麻、蕉麻等，也有椰壳麻等种子纤维植物。麻类作物生物学特性各异、产品性能不同，随着技术的发展，在开发利用过程中逐步实现了针对不同功能的产业化途径，进而在多用途理论指导下，形成了多维度融合的业态，呈现出"一麻多用"的特征。

"一麻多用"的内涵不仅体现在麻类作物生物质功能的挖掘与综合利用上，而且体现在麻类产业全生命周期的功能衔接和价值实现上。例如，以苎麻饲料化等为代表的多用途技术模式，不仅在生产端集成了"韧皮纤用—叶片饲用—茎秆菌用"的多元产业结构，而且在生态端实现了固土保水、固碳减排与农业废弃物资源化利用的综合目标，获得了突出的生态、经济效益。麻类得以实现"多用途"，主要基于其作物种类、生态适应性、物质构成、要素分布的多样性及产业基础的区域性。对各类资源进行优化组配和创新提升，进而实现可持续发展目标。

第一节　麻类作物的多样性

在我国，有许多植物以麻字冠名。麻类植物大致分三大类。第一类，麻类作物。以草本为主，一般能产生可供人们利用的韧皮纤维和叶纤维。第二类，野生麻类植物。我国约有400多种野生纤维植物，其中100多种是草本或半灌木，其他的是灌木，还有部分乔木。第三类，非纤维植物。在植物学、医药等文献及民间，有许多植物虽然称作"麻"，但一般不产生可作麻的纤维，与麻毫无联系。其中有的是油料植物，如蓖麻、芝麻等，有的是药用植物，如天麻、升麻等。随着人类生活与生产的需求，麻类作物的成员中从野生纤维植物得到扩充。

我国主要麻类作物包括苎麻、亚麻、黄麻、红麻、工业大麻和剑麻6种，分属于荨麻科、亚麻科、锦葵科（黄麻、红麻）、大麻科和龙舌兰科。截至2020年年底，国家麻类作物中期库保存有5科7属68种15 706份麻类及近缘植物种质资源，收集范围涵盖67个国家或地区。麻类作物分布广泛，世界五大洲均有种植。亚麻分布最广，北至加拿大，南至澳大利亚。苎麻自南纬 25° 到北纬 38° 都可种植，主产于中国。黄麻、红麻主要分布在亚洲，印度、孟加拉国和中国是主产国。大麻在世界各地均有分布，中国、欧洲和北美种植较多。剑麻原产中美洲，主产国为巴西、坦桑尼亚、肯尼亚、墨西哥和中国。蕉麻主产于菲律宾。我国几乎种植有世界上所有的麻类作物，而且在世界同行业中，我国麻类作物种植业有很强的优势。极其丰富的物种多样性和生态环境多样性，使得麻类作物之间在生物学特征、生态适应性、物质构成、利用途径等方面存在明显的差异。

一、苎麻

（一）起源与分布

苎麻有白叶种（*Boehmeria nivea*）和绿叶种（*Boehmeria tenacissima*），属荨麻科（Urticaceae）苎麻属（*Boehmeria*）多年生宿根型草本植物。普遍栽培的苎麻为白叶种。绿叶种苎麻在热带地区有少量分布，近年来在绿叶种饲用研究上取得一定进展。苎麻起源于中国的中部和西部，素有"中国草"（China grass）之称。中国是苎麻属野生种、栽培苎麻品种变异类型最多的国家，也是世界上苎麻纤维利用和苎麻栽培历史最长的国家，苎麻"夏布"闻名中外。在距今 4 700 多年的钱山漾新石器时代遗址中，就发现有用苎麻织成的平纹布。18 世纪中国苎麻原料和纺织品就已输入欧美各国。现以亚热带和热带地区为多。中国苎麻的主产区在湖南、湖北、四川和江西、安徽、广西、贵州、台湾等省（自治区），中国南方其他地区有少量栽培。目前，中国苎麻栽培面积和产量均占全世界的 90% 以上。

目前生产上应用面积较大的纤维用品种主要有由中国农业科学院麻类研究所选育的'中苎'系列、由四川达州市农业科学研究院选育的'川苎'系列、由华中农业大学选育的'华苎'系列、由湖南农业大学选育的'湘苎'系列。饲料用品种主要有由中国农业科学院麻类研究所选育的'中饲苎 1 号'和由四川达州市农业科学研究院选育的'川饲苎 1 号'等。

（二）纤维特性

苎麻的单纤维长 60~250 mm，是长度和强力最大的植物纤维。苎麻纤维纵向有横节竖纹，断面呈腰圆形，中腔有裂缝。纤维长，柔韧色白，不皱不缩，拉力强，富弹性，耐水湿，耐热力大，富绝缘性。具有吸湿快、散湿也快，透气性好的特点，为优良纺织原料，用途较广，主要用于制作服装用、装饰用和工业用纺织品。

（三）医药利用

苎麻的根、叶均可入药，是民间治疗疾病的良好药物，也是传统的中药材。中国古书上有关苎麻药用的记载较多，在中国古代伟大的植物学家和医学家李时珍所著《本草纲目》中有着详尽的阐述。苎麻根、叶有止血、散血、消炎、安胎以及治疗感冒发烧、跌打损伤、骨折等疗效。《中药大辞典》记载"苎麻叶有活血、止血、散瘀"的功效。现代研究表明，苎麻主要含黄酮类、有机酸类、胡萝卜素类、固醇类成分，具有止血、安胎、抗菌、抗病毒、抗炎、保肝等作用。

（四）食用与饲用

苎麻嫩茎叶干料含有 20%~25% 粗蛋白、较多的维生素和必需氨基酸（赖氨酸约1%），是一种优良的植物蛋白饲料，具有较高的食用和饲用价值。中国的一些地方早有食用苎麻叶的传统。苎麻叶可加工成苎麻茶，福建、浙江一些地方至今还流传着用苎麻叶加工夹心饼、八宝包子和糯米团子等食品的习俗。苎麻叶含有丰富的叶绿素，而叶绿素是一种重要的天然色素，民间常将苎麻叶用于食品着色。苎麻嫩叶经石灰脱湿后，揉入米粉中制成糕点，十分清香可口；苎麻根含丰富的淀粉，亦可食用。

中国农村一直有用苎麻叶喂猪、喂牛、喂羊的习惯。苎麻鲜、干叶饲喂草鱼、家兔、鸡、猪均有较好的增重作用，猪的瘦肉率高于对照组；苎麻叶可作为畜禽的青饲料，若制成干粉配合饲料则更有利于提高畜禽的消化利用率。苎麻干粉制成的配合饲料，与饲喂稻谷相比，成本低、效率高。

二、工业大麻

（一）定义和标准

大麻（Cannabis sativa L.）又称麻，俗称火麻，大麻科（Canabinaceae）一年生草本植物。大麻属植物因含有致幻成瘾的毒性成分四氢大麻酚（Tetrahydrocannabinoid，THC）而被归于毒品原植物。工业大麻是为了实现农业生产目的限定安全标准的大麻品种。国际上一般根据 THC 的含量，划分毒品大麻、中间型大麻及工业大麻，其中：THC 含量大于 0.5% 被称为毒品大麻，介于 0.3%~0.5% 被称为中间型大麻，THC 含量低于 0.3% 的大麻才被视为工业大麻。但不同国家和地区也有不同的标准，如欧盟规定工业大麻 THC 含量小于 0.2%。2018 年中国发布实施农业行业标准《工业大麻种子》（NY/T 3252），包括品种、种子质量和常规种繁育技术规程 3 个部分。该标准规范将工业大麻的概念定义为：植株群体花期顶部叶片及花穗干物质中的四氢大麻酚（THC）含量<0.3%，不能直接作为毒品利用的大麻作物品种类型。

（二）起源驯化

大麻的起源地有多种说法，有亚洲、中亚、西亚、南亚和近东等起源说。根据野生大麻的发现、栽培利用历史和出土文物考证，多数学者认为中国是大麻的起源中心。至今已发现野生大麻的国家有中国、苏联、蒙古国、阿富汗、巴基斯坦和印度等国。中国的新疆、西藏、内蒙古、云南、山东、东北、华北等广大地区均有野生大麻分布。野生大麻主要分布于高海拔地区或冷凉山区，成熟期气温不低于 20 ℃的地区，一般认为大麻的传播途径均是从寒冷地区逐步扩散到较热地区。

在中国河南新石器时代仰韶文化遗址（公元前 5150 至公元前 2960 年）出土的文物有纺轮和大麻线纹与大麻布纹痕迹的陶器。在河南安阳殷墟（公元前 1319 至公元前 1046 年）发掘的文物中有大麻种子，出土的甲骨文中有麻的象形文字。公元前 2800 年，"神农"教农民种植和使用大麻织布在史书上已有记载。在新疆吐鲁番洋海墓地出土的萨满教巫师陪葬品中还发现大麻绿色植物，这是大麻用于宗教活动的例证，距今约 2 500 年。此外我国传统的"披麻戴孝"，苗族、彝族的传统服饰文化等均与大麻息息相关。

（三）种植分布

大麻大约在公元前 2000 年引入印度，在现今的亚洲及中东的阿富汗和埃及等地区，公元前 450 年就有大麻种植和使用其纤维的记载。大约在公元前 1500 年引入欧洲，在 1 世纪，欧洲的罗马帝国有大麻种植记载，公元 500—1000 年大麻种植遍及整个欧洲。公元 1545 年大麻传入美洲种植。

1975 年 8 月，联合国制定的《经〈修正 1961 年麻醉品单一公约的议定书〉修正的 1961 年麻醉品单一公约》将大麻列为毒品原植物，大麻的种植利用受到严格管制，种植面积急剧下降。自 20 世纪 90 年代以来，许多国家通过立法将大麻含毒量在安全标准内的品种即工业大麻实行许可种植管理，工业大麻的种植利用逐步增加。

大麻种植分布主要在亚洲的中国、朝鲜，欧洲的法国、俄罗斯、乌克兰、意大利、荷兰、罗马尼亚、匈牙利、捷克、保加利亚、波兰等国家，美洲的加拿大、美国、智利，以及澳大利亚、南非等 20 多个国家。中国大麻生产种植主要分布在东北的黑龙江、吉林和辽宁，西北的甘肃、内蒙古、山西、陕西和宁夏等，西南的云南、贵州和四川，中部的安徽、山东、河南等地。在广西、西藏、青海、重庆等省区市也有零星种植。

（四）生物学特征

大麻为雌雄异株，各占 50%，也有人工选择压力下形成的雌雄同株和纯雌性品种类型，这些品种类型如果自然授粉繁殖，则会逐渐恢复雌雄异株。大麻为直根系主根作物，侧根主要分布在 20~40 cm 土层，株高 1.0~5.0 m，茎粗 0.5~2.0 cm，肥水条件好的单个植株茎粗可达到 10.0 cm 以上。茎多为绿色，也有紫色的情况，但遗传上不稳定。茎下部为圆形，中上部为四棱形和六棱形，茎上有纵凹的沟纹，茎表面有短腺毛。大麻的第一对真叶为单叶，以上的叶为掌状复叶，中下部叶为对生，上部叶为互生。雄花为复总状花序，雌花为穗状花序。大麻果实为卵圆形坚果，千粒重多为 9~32 g，也有个别品种达到 40 g 以上的。大麻种子含油量 30%左右，蛋白质含量 20%~25%。大麻茎的韧皮纤维是主要目标产品之一，单纤维长度一般为 10~22 mm，多以束纤维利用，含纤维素约 67%，半纤维素约 16%，木质素约 3%，果胶约 0.8%。

（五）品种类型

对大麻品种类型的分类角度和标准不同，划分的结果也不尽相同，同一个品种可从不同的角度进行分类。按品种群体中植株的性别类型分类：分为雌雄异株品种、雌雄同株品种和纯雌性品种。按用途进行分类：可分为纤用型、籽（油）用型、籽（油）纤兼用型和药用型。按生育期长短分类：分为早熟、中熟和晚熟3个类型。按种子大小分为小粒型、中粒型和大粒型。按大麻叶片和花穗中含有的能产生依赖性和致幻作用的活性成分四氢大麻酚（tetrahydrocannabinol-THC）含量分类（化学型）：根据大麻植物盛花期雌株顶部花穗干物质中THC含量的高低分为毒品型（THC≥0.5%）、中间型（THC含量0.3%~0.5%）和工业大麻（THC<0.3%）。专用于制作毒品的大麻英文名为marijuana。

20世纪，中国的大麻品种多为地方品种，种植利用较多的有莱芜大麻、蔚县大白皮、左权小麻子、固始魁麻、安徽寒麻、安徽火麻、大姚大麻、盘县大麻等。2010—2016年，主栽品种有'云麻1号''云麻7号''皖大麻1号''晋麻1号'以及一些传统地方品种。'云麻1号'是云南省农业科学院选育的雌雄异株纤维兼籽用型品种，也是中国第一个符合国际通行标准的工业大麻品种，株高3~5m。种子千粒重25g，含油量32%，大麻二酚（cannabidiol-CBD）含量0.38%，四氢大麻酚（THC）含量0.15%。'云麻7号'是药纤兼用型雌雄异株工业大麻品种，具低THC高CBD的特性，在药物利用方面具有很高的价值。

（六）开发利用

大麻是独具特色、比较优势突出的生物资源。工业大麻是一种无毒品利用价值的工业原料作物，具有极高的经济利用价值。世界各国先后选育出70多个工业大麻品种，欧洲的法国、意大利、德国、荷兰、西班牙、匈牙利和英国以及其他地区的加拿大、澳大利亚等也都成为工业大麻主要种植生产国，以工业大麻纤维和麻籽及其花、叶、根、茎为原料进行系列产品研发与产业化综合开发。

在工业大麻麻皮纤维、秆芯、麻籽油脂和蛋白、药用提取物等实现产业化生产的基础上，进一步进行深加工利用，派生出更多产品，包含了人类的衣、食、住、行、保健各个领域，形成了一个"新兴绿色产业"和新型经济的增长点。目前已知天然大麻素有70多种，CBD和THC是其主要酚类成分。CBD能阻碍THC对人体神经系统影响，并具有抗惊厥、抗痉挛、抗癫痫、抗焦虑、抗麻醉、抗菌、抗风湿性关节炎、修复神经等药理活性。已经成为欧美研究机构及药品生产厂家的研发热点。中国也已开展工业大麻综合利用和多用途研发，除传统的纺织纤维之外，花叶、麻秆芯、麻籽食品均得到充分利用。

三、亚麻

（一）起源与分布

亚麻（*Linum usitatissimum* L.）属亚麻科（Linaceae），英文名Flax。亚麻属植

物有 200 余种，栽培亚麻是其中之一，为一年生草本植物，按照栽培目的分为纤维用、油用、油纤兼用 3 种。人类栽培和利用亚麻的历史可以追溯到 8 000 多年前。中国对亚麻的利用有 2 000 多年的历史，史上被称为"胡麻""鸦麻""壁虱胡麻"等，"胡麻"称谓一直沿用至今。中国古代关于"胡麻"的记载，主要指油用亚麻，而中国纤维亚麻的栽培始于 20 世纪初。关于亚麻的起源有多种说法，《德国经济植物志》则明确指出亚麻原产于亚洲。中国学者主张世界亚麻的多起源说，认为中国的亚麻栽培系由野生种演化而来，中国是亚麻原产地之一。

（二）生物学特性

亚麻为长日性植物，适宜温和凉爽、湿润的气候。纤维用亚麻要求生育期间气温变化不大，昼夜温差较小，出苗到开花雨量充足，且分布均匀，日照较弱；开花到成熟阶段雨量少光照充足，有利于麻茎的生长和纤维发育。油用亚麻要求生育期间光照强，有利分枝、增加蒴果和促进早熟，提高种子产量。油用亚麻的根系比纤维用亚麻更发达，因此耐旱性也更强。亚麻的生育期，纤维用亚麻 70~80 d（云南省的冬季亚麻生育期 150~180 d）、油用亚麻 90~120 d、油纤兼用亚麻 85~110 d；在长日照高温条件下生育期缩短。

（三）纤维利用

亚麻纤维柔软、强韧、有光泽、耐磨、吸水性小、散水快，纤维吸湿后膨胀率大，能使纺织品组织紧密，不易透水，是优良的纺织原料。可纺高支纱，织成的衣料平滑整洁，也可织制各种粗细的帆布，还可与棉、毛、丝、人造纤维混纺。二粗麻可作地毯和高级纸张原料。麻屑可烧炭或制造生物复合材料。

（四）种子利用

亚麻种子含油 35%~45%，其中的人体必需脂肪酸亚麻酸约占 50%、亚油酸约占 20%，油质优良，营养价值高，可供食用、医药和工业原料用。油粕含蛋白质 30%左右，是优质的牲畜饲料。亚麻籽中的木酚素含量达到 1%~1.5%，比测定过的其他 66 种食品高出 100~800 倍，在激素敏感型癌症预防等方面前景诱人。此外，亚麻籽胶（富兰克胶）、膳食纤维素亦有良好的开发价值。

四、黄麻

（一）起源与分布

黄麻又名络麻、绿麻，属锦葵科椴树亚科（Tiliaceae）黄麻属（Corchorus），一年生草本韧皮纤维作物。黄麻属约有 40 个种，有圆果种（C. capsularis L.）和长果种（C. olitorius L.）两个栽培种。黄麻的起源说法不一，多数学者认为长果黄麻原生起源中心是非洲，圆果黄麻起源于印度—缅甸地区。现世界黄麻主产国是印度、孟加拉国和中国等。全球黄麻种植面积和产量仅次于棉花。

（二）生物学特性

黄麻系热带和亚热带作物，适宜 20 ℃以上高温多湿气候。发芽最低温度为13～14 ℃。要求土质肥沃、排水良好的沙质壤土。属短日照作物，长果黄麻比圆果黄麻对日照反应更为敏感。在中国选用南方良种到北方种植，可延长营养生长期，增加纤维产量。

（三）开发利用

黄麻纤维具有吸湿性好、散水散热快、拉力强等主要优点，传统上主要用于纺织麻袋、粗麻布等。目前已广泛应用于建材、环保、汽车内饰等领域。作为传统产品的延伸，黄麻织物还可以用于制作树干包扎、防寒冻和虫害的包树布，用于治沙保土、护坡护堤的网状土工布，用于道路建设、无土草皮的毡状席垫等土工产品。当前黄麻纤维的应用向家用和服用领域发展，目前已有企业开发出高支机织地毯和高强度黄麻纱线、高性能非织造材料、工艺黄麻细布及复合布等。在印度等国家，黄麻已用于生产高档的产品如黄麻地毯、各式服装、手提袋、鞋、帽、玩具、座垫、台布、绒毯、包装箱以及某些工艺品等。黄麻还可以菜纤兼用，既可以当叶菜类种植和食用，也可以当纤维作物栽培。

五、红麻

（一）起源与分布

红麻（*Hibiscus cannabinus* L.）也称洋麻、槿麻，属锦葵科（Malvaceae）木槿属一年生草本植物。世界各地都有种植，以中国、泰国、印度为主产国。对红麻及其野生近缘种的地理学和细胞学研究已经证实，并公认红麻起源于非洲。非洲东部的肯尼亚、坦桑尼亚、埃塞俄比亚、乌干达、莫桑比克等国，野生红麻及其近缘种类型丰富，分布广泛，是红麻的初级起源中心。中国、印度、泰国是世界红麻的主产国，孟加拉国、越南、印度尼西亚、巴西、古巴、菲律宾、伊朗、俄罗斯、澳大利亚、尼日利亚、赞比亚、苏丹、马里、莫桑比克、安哥拉、美国、秘鲁、萨尔瓦多、危地马拉等国也有栽培。

公元 6000 年以前，红麻在非洲地区以野生状态存在，到公元前 4000 年，苏丹西部人民便驯化了野生红麻，作为食用或纤维用作物，迄今许多非洲国家的部分地区仍将红麻嫩叶作为蔬菜，种子用于榨油。印度于 1784—1815 年才在马德拉斯、加尔各答附近进行红麻及其他韧皮纤维植物的栽培试验，并利用红麻生产出绳索，很快取代了从欧洲进口的大麻。我国于 1908 年首次从印度马德拉斯引进红麻到我国台湾省试种，1943 年从台湾省引种到浙江省试种成功，1952 年又从浙江引入到广西桂北山区试种；东北则于 1927 年从苏联引入塔什干红麻品种试种，1944 年又从东北引至河北等地栽培。目前主要在黄淮海地区种植，在广东、广西、海南和福建繁种。

（二）生物学特性

红麻喜温，适宜生长发育的温度为 25 ℃左右，无霜期 150 d 以上，降水量不少于500 mm，喜土层深厚的沙质壤土。红麻抗逆性强，能适应冷热干湿等各种气候条件。苗期耐旱、生长期耐涝，低洼易涝或较轻盐碱、贫瘠均可生长。因属短日照作物，在我国北方不能结籽，种子需从南方调入。南种北植可抑制生殖生长，延长营养生长日数，提高纤维产量，故红麻生产上通常把低纬度区繁育的优良品种引种到高纬度区种植。

红麻被划分为裂叶型红麻和全叶型红麻两大类。裂叶型红麻从苗期到成熟期，叶型会发生变化。苗期为卵圆或心叶型，后为裂叶型，从三裂叶发展到五裂叶再到七裂叶；生殖生长期，上部叶又从七裂叶回到五裂叶再变回三裂叶，且裂状变浅。全叶型红麻从苗期到成熟期，叶型保持卵圆形不变。

（三）开发利用

红麻纤维银白色，有光泽，吸湿散水快。在传统用途上与黄麻类似，因而常与黄麻合称为"黄红麻"。主要用来编织麻袋、麻布、绳索或造纸，种子可榨油。当前，黄/红麻传统的制作麻袋和麻布的用途已基本被化纤所取代，其用途处于转型阶段。业内人士跟踪国际潮流，积极而广泛地开展了黄/红麻纤维新用途的探索与尝试。红麻曾被联合国粮农组织（FAO）和国际黄麻组织（IJO）推荐为"21世纪最具发展潜力的造纸原料"。利用黄/红麻生物质为材料研发环境友好型新材料，成为国内外生物质高效利用的热点领域，欧美国家已成功利用黄/红麻为原料开发出麻塑汽车内衬和各类轻型或硬质板材，应用于建筑或装饰材料。另外还有麻塑材料、黄/红麻秆芯吸附材料、黄/红麻食用保健油与医疗保健产品等产品面世。

六、剑麻

（一）起源与分布

剑麻（*Agave sisalana* Perrine）属龙舌兰科（Agavaceea）龙舌兰属（*Agave*），又称西沙尔麻。龙舌兰麻原产于中美洲一带，世界剑麻人工栽培已有400多年的历史，早在公元987年墨西哥古代玛雅人和印第安人就开始种植剑麻。15世纪初由墨西哥传入西班牙，1550年从西班牙传入荷兰；1836年从墨西哥传入美国的佛罗里达州，1893年从佛罗里达传入东非州，以后传播到亚洲印尼等地。剑麻具有喜温、耐旱的特点，目前在美洲、非洲、亚洲、大洋洲等热带、亚热带地区均有种植，其中巴西、坦桑尼亚、肯尼亚、马达加斯加、墨西哥和中国是龙舌兰麻主要生产国。

中国1900年引进了番麻种植，1901年由华侨从菲律宾引进亚洲马盖麻在福建种植，1923年引入普通剑麻在海南岛种植。1954年后才开始集约化规模种植，最初以番麻为主，由于番麻产量太低，1958年后以种植普通剑麻替代番麻。1963年从坦桑尼亚引进了剑麻良种H.11648试种成功，1968年开始在华南地区大面积推广种植。

（二）生物学特性

世界龙舌兰科植物有21属约670种，以龙舌兰属为主，该属有257个种。龙舌兰麻主要有普通剑麻（*A. sisalana*）、杂交剑麻（*A. hybrid*）No. 11648、灰叶剑麻（*A. fourcroydes*）、马盖麻（*A. cantala*）、番麻（*A. americana*）、假菠萝麻（*A. angustifolia*）等。我国种植面积最大的是杂交剑麻 H. 11648。剑麻叶片呈剑形，硬而狭长，叶片一般长为 100~140 cm、宽 13~15 cm，灰绿至蓝绿色。剑麻叶片内含丰富的纤维，纤维细胞呈长形结构，细胞腔大而长，壁厚，具有纤维长、色泽洁白、质地坚韧、富有弹性、拉力强、耐磨、耐酸碱、耐腐蚀、不易打滑等特点。

（三）开发利用

剑麻长纤维多用于制绳、结网，供航海、渔业及农牧业等用，也可制成高级纸张、墙纸、抛光布、优质麻袋、地毯、工艺品和复合材料等物品。纤维软化后可制钢丝绳芯。乱纤维可用作沙发填料。叶汁含有海柯吉宁和替柯吉宁等多种皂苷元，可用以制成甾体激素药物如皮质激素、可的松倍他米松以及性激素黄体酮和睾酮等。叶汁还可提取龙舌兰蛋白酶，用于脱毛制革或回收胶卷上的银盐颗粒。叶片的角质层含有硬蜡，可用作磨光剂。麻头含己糖，粉碎后可发酵提炼酒精。加工过程中产生的废液废渣还可用以培养草菇、产生沼气或作肥料。

七、其他近缘植物

（一）蕉麻

蕉麻（*Musa textilis* Nees.）属芭蕉科（Musaceae）多年生草本植物，又称马尼拉麻（Manila Hemp），为热带纤维作物。英文名 Abaca。蕉麻原产菲律宾。厄瓜多尔和危地马拉等国有少量种植。中国台湾、广东曾引种。蕉麻要求高温、高湿，适宜生长于温度 27~29 ℃、年降水量 2 500~2 800 mm 的环境。要求土层深厚、排水好的肥沃土壤。用种子或吸芽繁殖。定植一年后割叶，连割 10 年。从叶鞘中取纤维。属硬质纤维（hard fiber），耐水浸，拉力大。用于绳索、麻布或包装袋等。

（二）玫瑰麻

玫瑰麻（Roselle）锦葵科木槿属的一个种，学名 *Hibiscus sabdariffa* L.，一年生韧皮纤维和食用作物。有两个变种，一为食用型玫瑰麻 *H. sabdariffa. var. sabdariffa*，其萼片肉质，玫瑰色，可作果汁、果酱、饮料冲剂等；一为纤维型玫瑰麻 *H. sabdariffa. var altissima*，果萼不能食用，主要获取韧皮纤维。主要用作纺织麻袋、麻布和制绳索。种子烘烤后可磨粉食用。芽和嫩叶可做蔬菜。原产非洲，为自花授粉的短日性植物。茎秆直立，株高 5m 左右，食用型玫瑰麻植株较纤维型矮，茎色除红、绿外，还有带紫色斑点类型。叶片较纤维型玫瑰麻宽大。

（三）蛇麻

蛇麻（*Humulus lupulus* L.），又名啤酒花、香蛇麻。啤酒花隶属于大麻科葎草属，是多年生雌雄异株植物。其雌性花序用于啤酒生产，赋予啤酒香味和防腐的特性。啤酒花不仅是酿造啤酒的原料，而且也是一种药材。其韧皮纤维发达，其纤维叫啤酒花纤维（Hop fiber），也作纺织原料。原产欧洲、美洲和亚洲。在我国新疆北部，东北，华北及山东、甘肃、陕西有栽培。

第二节　作物多用途理论及现代麻类产业

麻类作物是人类最早利用的农作物之一，麻类产业不仅是物质的生产，同时也承载着人类历史文明的传承与变革。由于麻类作物物种多样性、分布多样性、功能多样性等特点，麻类制品既具有天然健康的自然属性，也具有历史文明传承的文化特征。随着现代科技的发展，又赋予麻类制品科技时尚内涵。以发展的眼光看，麻类科技不断向前，麻类文化不断积淀，其所蕴含的内涵与外延不断丰富，进而增强其不可替代性和产业的可拓展性。总体来说，麻类多用途产业发展是基于多维度融合理论的产业价值挖掘（图1-1）。

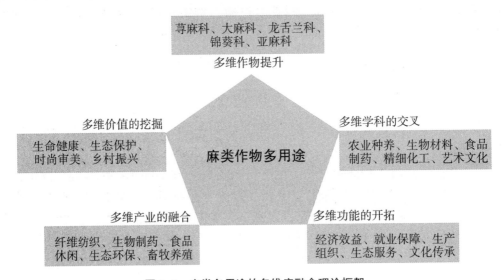

图1-1　麻类多用途的多维度融合理论框架

根据麻类多用途的多维度融合理论，麻类作物的物种多样性是其产业发展的基础，通过多学科交叉的科技手段，实现多样作物的改良提升及高效加工，开拓出具备多维功能的产业形态，进而通过多维产业的融合互补，实现生命健康、生态保护、时尚审美、乡村振兴等多维价值的呈现与利用。在推进麻类多用途中，绿色发展理念贯穿始终，农工结合是其产业发展的显著特征。

一、多功能的融合

农业的多功能性是农业生物和农业生产过程本身的多样性和复杂性所决定的，其经济功能只是农产品经营过程中价值传递的表现。由于农作物、畜禽水产、食用菌等各类农产品蕴含着提供能量、营养、感观、空间等基本属性，因而其经营本身就是综合功能和价值的度量与交换。农业生产过程则由于自然与社会资源投入、农业生物对自然与社会环境的反馈等作用，赋予其就业、生态、文化等多重属性。可见，多功能性是农业的基本属性。

传统农业非常重视农业多功能性的应用。在社会功能方面，农业除为人类生存和生产提供基本原料外，还作为赋税、游猎、休闲的重要载体。在自然功能方面，我国古代人民即掌握了"荼蓼朽止，黍稷茂止"（《诗经·周颂·良耜》）的土壤保育功能，发明了轮作套种的种植制度理论，创造了"桑基鱼塘"等生态农业模式。在产品利用方面，注重"五谷"的综合应用和籽粒—秸秆、皮毛—骨肉的全面利用。

近代，农业的主要职能被认为是服务经济增长，"本质上是食品生产"。加之生产效率大幅度提升，在人地矛盾不突出的背景下，农业的作用被聚焦到经济功能的实现上。相应地，农业的其他功能逐渐被忽视，以至于农业生产力提高的同时，其在社会经济发展中的地位不断下降。由于早期工业化、城市化的粗放模式和农业自身的问题，引起了社会广泛的反思和对农业的重新认识。例如，化肥、农药、地膜的滥用，秸秆焚烧等带来的生态环境问题和农产品质量安全问题日益突出，农产品区域性过剩与不足并存引起的社会问题频发等。

20 世纪 80 年代末，多功能农业（Multifunctional agriculture）的概念出现在欧盟革命性文件《乡村社会的未来》和日本"稻米文化"保护相关文件中。随后，联合国、世界贸易组织（WTO）、经济合作与发展组织（OECD）等在不同场合使用了这一概念，引起了全球范围内的广泛关注，并被认为是未来农业的发展趋势。多功能农业所涵盖的"功能"主要包括农业的生物安全、经济功能、生态功能和社会功能。多功能农业与农业的多功能性属两个不同的概念。尽管两者都强调功能的多样性和系统协调农业各种功能的重要性，但多功能农业的特点在于重视传统家庭农业、生产与环境的和谐、农业的文化内涵，反对以产量为导向、以大量化肥农药投入为手段的集约化生产等。在我国农业资源供需压力加剧的背景下，过度推进多功能农业难以保障农产品的有效供给。因此，当前重点在于农业多功能性与现代农业相融合。

现代多功能农业主要表现形式包括：保障食品供给安全、提供工业原料、为其他产业提供应用场景、就业增收、生态保护、承载景观和文化等。现已发展出了观光农业、休闲农业等产业化应用模式。随着生活方式转变和市场细分，农业的多功能性将不断拓展、融合和提升。其动力来源于新的生活需求，而实现路径在于科技创新和资源整合。

麻类作物作为农业生物的一类，也具备丰富的多功能性。一方面，麻类作物产出的根、茎、叶、皮等生物质的物理化学特性各不相同，因而具有不同的生产价值；另一方面，麻类作物在不同生长发育阶段具有不同的生物学特性和生态功能。例如，传统苎麻纤维工艺成熟期一般为植株"黑秆"达到一半株高时，此时植株韧皮纤维含量高，梢部嫩茎叶蛋白含量高，而中下部叶片大部分脱落，养分结构均一，根系木质化程度高，各部位的加工性能、利用价值均不相同。而在生长过程中，由于叶面积和根系变化，苎麻对地表的覆盖度、对土壤的固持能力随时间不断变化，所产生的水土保持效应也各不相同。因而在整合不同功能、完成产业化运作时，需要综合考虑苎麻各产物性能的时空变化特征。

二、多产业的融合

我国现代农业发展具有明显的"两维"特征，一是农工商、产供销一体化的纵向路径，一是多产业交叉融合的横向路径。在理论支撑上，对应地形成了农业产业化理论和多功能农业理论。产业融合是指在时间上先后产生，结构上处于不同层次的农业、工业、服务业、信息业、知识业，在同一个产业、产业链、产业网中相互渗透、相互包含、融合发展的产业形态与经济增长方式。农业产业融合表现在高科技产业对传统种养的渗透和改造、非农业产业与农业的功能互补与延伸等方面。

当农业在产业边界与其他产业发生交叉时，使得原来的产业在产品需求和产品市场上发生了改变，从而原有产业的界限变得模糊，其内涵也需要重新界定。随着现代科学技术和管理手段的发展，传统农业被不断改造升级，现代农业呈现出向第二、第三产业延伸的特征，进而催生出多元化的农业产业形态。在新兴业态框架下，农业的生产方式、发展方式、发展目标及产业价值发生深刻变化，单纯的农业生产也向农业农村资源的综合挖掘和服务转变。

我国将促进产业融合作为乡村振兴战略的重要策略。目前已出现了诸如休闲农业、观光农业、文创农业等新业态，在促进农村产业增值、拓展农业产业增值空间、提供乡村就业岗位、促进农业农村要素重构等方面发挥了重要作用。产业发展具有生命周期的特征，必然经历由成长到衰退、再到新业态替代的演变过程。当前我国农业产业融合发展以乡村旅游为主要形式，经过一段时间的发展和区域间产业形态的学习模仿，部分业态趋于饱和，面临相似产业的竞争，根本出路仍然在不断创新。

三、绿色发展理念

农业可持续发展被认为是 21 世纪的重大议程。可持续发展兴起一方面缘于经济迅速发展的同时带来环境威胁加剧，另一方面缘于对过度强调生产的石油农业化和只强调资源环境的自然农业思潮的融合与平衡。自 20 世纪 80 年代可持续性（sustainability）的概念兴起后，国内外学者对可持续农业的概念进行了广泛讨论。联合国粮农组织（FAO）对可持续农业的定义为：采用技术创新和机构改革手段做到自然资源的利用与开发平衡，从而保证满足目前几代人获得和人类后代对农产品的持续需求。可持续农业的内涵在于强调生产持续性、经济持续性、生态持续性三者协调统一。持续性是农业发展应有的重要特征，但持续性并不能概括农业现代化的内涵，无论是传统农业还是现代农业都可能是可持续的或者不可持续的，在应对资源、生态环境约束时，被动适应的特点突出。而且持续性也不能包括农业的全面性、结构性、区域性、技术性、商品性等特征。因而，可持续发展理念特别适用于发展中国家。

农业绿色发展为一种全新的发展理念、技术模式和系统工程，是我国农业发展观的深刻变革。与可持续发展理论相比，我国农业绿色发展更注重绿色和发展的协同，强调以发展带动绿色、用绿色促进发展。农业绿色发展在实施主体上强调政府、农民、企业、经销商和消费者的利益协调；在农业客体上注重资源、生产、消费和环境的界面的融合；在实现路径上，注重绿色政策、资本、服务、技术、产品、知识、工程等调控措施的综合应用；在发展目标上强调社会、经济、生态、生产力、环境、资源的协同提升。我国学者认为农业绿色发展主要遵循投入控制、循环增效、综合挖潜、减排环保、融合增值、优化供需、机制保障和区域落地等原则。

循环增效是农业绿色发展的重要内容，强调无害化、减量化、再利用、再循环原则。一般认为，我国农业循环经济的发展从生态农业起步。20世纪80年代，我国第一批生态农业试点中形成了平原农林牧复合、草地生态恢复、生态畜牧业等发展模式，在促进生态效益和经济效益协同提升中发挥了重要作用。在当时的历史背景下，一方面农产品自给能力仍显不足，另一方面对可持续发展的重要性认识也有欠缺，对全国农业产业结构变革的推动作用有限。随后，从区域性的循环农业模式创新开始，发展循环经济现已成为我国经济社会发展的重大战略。

当前，世界主要经济体普遍把发展循环经济作为破解资源环境约束、应对气候变化、培育经济新增长点的基本路径。对于拥有14亿人口的大国，中国除了应对自身的资源与环境挑战外，还面临在国际竞争中存在的不确定性、不稳定性因素。因此，必须扭转资源能源利用效率不高，大量生产、大量消耗、大量排放的生产生活方式，对发展循环经济、提高资源利用效率和再生资源利用水平的需求十分迫切。

麻类作物多用途产业的发展，在资源投入中要注重高产、优质、资源高效和环境友好的协调，在生产过程中要体现资源循环增效和多产品目标的系统综合管理，在农业服务中要融合全产业链要素和资源环境保护。因此，麻类作物多用途必须符合农业绿色发展的要求。麻类作物多用途在促进绿色发展中也具有突出的特点。一是麻类作为工业原料作物，农工融合程度较高，产业部门的协调优势明显；二是麻类作物适应性强、养护土地的性能突出，经济与生态效益协调优势明显；三是麻类多用途注重植物—动物—微生物"三性"生产的融合，在资源循环利用中的优势明显。但也应注意到，传统麻类生产依赖人工、全产业链处于低水平协作的问题亟待解决。

第三节　麻类产业概况与发展趋势

一、麻类产业的变迁

麻类作物是人类最早利用的纤维作物之一，其种植历史可追溯到远古的尧舜时代，是继粮、棉、油、菜之后的第五大作物群。《诗经·陈风》中"东门之池，可以沤麻"的诗篇，《周礼·天官冢宰下》中对掌管麻类织物的专门官吏"典枲"的记载，《宋书》中对大面积推广种麻的记载以及西汉的《淮南子》、唐代的《新唐书地理志》、元代的《农桑辑要》、明代的《便民图纂》等古籍的描述，都证明了我国历代对麻类生产的重视，以及逐步形成的深厚文化和产业积淀。

中国是麻类生产大国，种有世界上所有的麻类作物。种植地域遍及除西藏以外的各省（区）。在世界同行业中，我国麻类作物种植业有很强的优势。苎麻和亚麻种植面积居世界首位，其中苎麻占世界种植面积的95%以上，亚麻占世界种植面积的30%以上，黄麻和红麻居世界第三位。麻类作物的发展一直受到各级政府的高度重视，一度被列为我国主要农作物之一和重点扶持对象，在农业"十二字"中排名第四，并颁布了相应的种植、加工、进出口贸易优惠政策。

为了长期稳定地开展麻类科学技术方面的研究，1958年农业部为此成立了专业的麻类研究所，与全国其他麻类科研力量一道，通过从事苎麻、黄麻、剑麻、亚麻与大麻等韧皮纤维作物的种植与初加工研究，服务生产，服务三农，满足国家各发展阶段对麻类科技的需要。麻类作物更是各地方农业科学院经济作物领域的重头戏。2008年，作为50个农产品之一的麻类作物被列入现代农业产业技术体系，汇聚了全国大多数麻类科研力量，组成了覆盖育种、栽培与耕作、病虫草害防控、设施设备、加工和产业经济、试验示范等各个环节的人才团队，并给予了稳定的经费支持，奠定了我国麻类科技创新的人才与组织的领先地位。

半个多世纪以来，通过全国协作，麻类科研实现了"三大跨越"：传统常规育种向分子育种跨越；农业微生物加工向酶加工跨越；传统纺织原料向生物质能源和生物材料跨越，并向多行业和交叉学科不断拓展。

中华人民共和国成立后，麻类育种突破了传统育种方式，进入了分子育种时代，先后育成麻类新品种130余个，并在生产上得到广泛推广应用，原麻产量大幅提高。新品种、配套栽培技术以及麻田专用植保药剂与技术的应用推动了我国麻类生产水平的飞跃，其中大田苎麻亩产由1981年的68 kg提升到当前的113 kg，科学家试验的产量更突破了300 kg大关；亚麻亩产由1978年的192 kg提升到431 kg。为适应产业发展与麻类多用途的需求，还选育出了"中饲苎1号"等多个针对特殊用途的专用麻类品种，为开辟高档面料、蛋白饲料、造纸、纤维乙醇等新用途奠定了坚实的基础。

21世纪以来，尤其是近年来，生产与经济的发展对麻类提出了新的挑战与需求。国家粮食安全战略要求"让地于粮"，农业增效和农村增绿要求生物资源全面利用，市场化经营要求适度规模种植，工厂化育苗技术等新型生产技术，饲料化、基料化、水土保持、重金属污染土壤修复等新功能不断拓展，农工商综合发展、城乡协调发展等许多新问题、新局面日益凸显。依靠以种植技术为中心的耕作制度研究已难以全面担当起涉及面更多更广的领域，而这些问题又必须通过栽培耕作的实际统筹、协调和优化。为此，必须从本产业及其环境的系统角度出发，将麻类生产与资源环境、市场、政策、技术、社会发展等要素联系起来，制定相应的战略与技术对策才能推动产业持续健康发展。进入21世纪以来，麻类产业的革新主要体现在三个方面：

一是构建了作物—动物—微生物联合生产的多元农作系统。进入21世纪以来，苎麻产业发展的内外部环境发生重大变化，苎麻从单纯以提供纤维原料为目的的产业转变为同时产出纤维、饲料、生物质、水土保持、土壤修复、替代种植等综合目标的产业。多目标性的特征要求苎麻农作制必须采用多学科、跨学科的研究方法和应用策略，必须注重系统性的规划与协调，必须着眼于产业的区域性和可持续性。苎麻生产多目标性的特征是在跨学科的研究中产生并不断推动研究深入的，在此往复过程中逐步构建了作物—动物—微生物联合生产的多元农作系统。典型的农作制度包括苎麻饲料化与食用菌基质化循环农业模式、苎麻"一园四厂"模式、中陡坡地苎麻水土保持模式等。

二是形成了作物—资源—技术—政策的联动机制。麻类完成由国家战略资源向区域特色经济作物的转型后，其区域性特征更加明显。各产区不同的历史文化底蕴、产业发展水平、政策扶持力度、自然资源禀赋，使得其农作系统必须因地制宜，强调多要素的组装和整体部署，以促进各亚系统的协调运作，实现差异化发展战略。例如，湖南省《重金属污染严重耕地产业结构调整工程实施方案》中将苎麻作为首选作物之一开展替代种植，结合本区域在原料生产、纺织加工、品牌建设和科技支撑方面的传统优势，取得了较好的社会经济效益；四川省大竹县结合山坡地水土保持和特色农作发展，设立专项资金用于苎麻基地建设，成为当前我国苎麻种植面积最大的区域；另外还有江西分宜的麻纺特色小镇建设、湖北阳新的苎麻种植补贴与种养结合模式等，都充分体现了全局性部署在资源配置和产业驱动中的重要作用。

三是初步建立了麻类产业动态调整机制。农业生产是自然再生产和经济再生产过程的复合。在经济活动日益活跃的条件下，遵循经济规律，建立经济风险防范制度是现代农业发展的重要特征。传统苎麻生产以产出纤维原料为目的，规避经济风险依赖原麻的耐储性，即利用苎麻原麻耐储藏的特性，当市场行情欠佳时，将原麻储藏起来，待行情上涨适时出售以获取较高利润。由于苎麻市场容量小，以往麻贩囤积原麻影响市场秩序导致"麻疯病"的现象对苎麻产业健康持续发展造成较大影响。基于苎麻多用途产业发展，通过农作制度动态调整，防范经济风险的机制逐步建立起来。该机制的主要特征包括：利用纤维、饲料、基质等多元化产品结构缓解单一产品价格波动带来的风险；通过各产品的动态调节缓解恶劣天气事件对产品产量和质量的大幅度影响和市场波动对种植面积的影响；注重资源充分利用、环境保护效应、种植结构调整等要素的结合，突出生态、经济、社会效益的协调。

二、麻类作物种植空间的变化

我国麻类作物产区地跨热带、亚热带、温带，种植区域逐渐集中，生产布局进一步合理。全国形成了"三横两纵"的麻类生产区域格局，其中长江流域为苎麻主产区，黄河沿线为亚麻主产区，两广为剑麻主产区，沿海滩涂为黄/红麻主产区，黑龙江—山西—云南为工业大麻主产区。苎麻和工业大麻分别占到全球的90%和30%以上。

从种植布局看，苎麻主要分布在长江流域，四川、重庆、江西、广西、湖北、湖南等地，四川达州种植面积占全国50%以上，目前逐步形成湖区向山区转移，中部向西部转移的格局。随着苎麻国内需求量的增加，近年来苎麻生产实现恢复性增长（表1-1），以饲料化、基料化为代表的苎麻多用途技术得到较大规模应用。

工业大麻是近年全球关注的焦点，目前，我国工业大麻生产逐步形成了黑龙江省以纤维用为主，云南省以花叶用为主，山西省以籽粒、纤维兼用为主，内蒙古以籽粒用为主的产业布局。其中，花叶用工业大麻种植效益突出，初步构建了全球领先的花叶用工业大麻加工产业体系，完成了工业大麻多用途综合利用产业布局，全国总产值超过2 500亿元。

亚麻主要分布在甘肃、新疆、黑龙江、内蒙古等北方省区，贵州、云南和山东等地有零星种植，是当前机械化程度最高的麻类作物。黄/红麻主要分布在黄河流域、淮河流域、华南地区，以河南、安徽、广西为主，河南种植面积占30%以上。剑麻种植主要分布在广东雷州半岛、揭阳，广西南宁、玉林，海南昌江、东方，福建的漳州和云南的广南等地，广东和广西分别依托农垦进行管理种植，生产相对稳定。

表1-1　2020年我国麻类作物种植生产数据

麻类作物	种植面积/万亩	单产/（kg/亩）	产量/万t
苎麻	46.50	124.96	5.80
纤用工业大麻	52.50	241.39	1.27
花叶用工业大麻	19.95	220.00	4.39
籽用工业大麻	25.80	377.81	7.10
纤用亚麻	7.50	255.81	1.80

（续表）

麻类作物	种植面积/万亩	单产/（kg/亩）	产量/万t
籽用亚麻	390.00	92.82	36.2
黄/红麻	12.00	250.01	3.00
其他韧皮纤维	6.00	412.36	2.40
剑麻	14.50	359.66	1.40

从产业布局看，剑麻种植集中在广东、广西等热带区域，后端加工业集中在江浙沪地区，目前已建立起一批剑麻龙头企业，基本实现了以市场为导向的产、供、销一条龙的产业化经营模式。剑麻纤维作为电梯钢丝绳芯的强制性材料，全国用量维持在10万t左右，但国内供给量不足2万t。黄/红麻、亚麻受制于不断上涨的人力成本，国内生产规模逐年下降，但需求量不断上涨，在床垫等家居用品、防汛土建等工程及物流包装替代中用量大，中下游产业严重依赖进口，近两年原料价格飙升，部分地区开始工业大麻替代种植。

三、现代麻业的发展趋势

进入21世纪以来，人类生存条件、生活质量、消费观念正在发生深刻变化，健康和环保成为时尚的主题。麻因其具有纯天然、可再生、能降解、透气舒爽、防霉抑菌、无污染的优良特性，其传统的纺织用途，顺应了时代潮流，受到国内消费者的青睐。随着产业结构的不断调整优化和现代化育种、种植、加工技术的引进，我国麻类产业正快速复苏。除家纺外，麻地膜、麻育秧基布等新产品的研发与应用，与水稻、烟草、蔬菜等作物的机械化育秧、插秧等农业生产紧密结合起来，为麻纤维的利用开辟了一条新途径。

同时，麻类作物在食用菌栽培、高蛋白饲料等领域崭露头角，将麻类作物用作牧草饲养肉牛、肉鹅，或作为培养基栽培的食用菌，均具有绿色、生态、安全、风味佳等优点，备受市场青睐，具有巨大经济潜力。以一种作物的种植为纽带，通过高效、简易的加工手段，获得纤维、饲料、食用菌、肉类等系列产品。通过调整产品结构，逐渐适应了市场变化，有效规避市场波动和风险，提高整个产业的经济效益。

从产业发展的环境与特点来看，现代麻业将继续面向绿色低碳循环的产业体系发展，持续践行全方位全过程推行绿色规划、绿色设计、绿色投资、绿色建设、绿色生产、绿色流通、绿色生活、绿色消费的发展策略。从麻类产业取得的成就与历史经验来看，在保障国家粮食安全的基础上，要提高麻类作物的综合生产能力、麻类产业的综合竞争力，一要实现资源的全面充分利用，提高附加值，凸显综合效益，稳定种植面积与特色生产区域，这是发展麻类生产、保障有效供给的基础；二要依靠科技进步和技术服务模式创新，不断提高单产、研发新产品，适应市场的快速变化，通过"以工促农"，进一步推动麻类产业发展；三要加快产业链建设，优化生产经营体制，推进麻类产业市场化改革，加快市场监督监测机制建设，这是提升麻类产业的制度保障；四是加强政策支持，加大投入，调动农民积极性，改善生产环境，这是提升麻类作物综合生产能力的人力物力保障。

第二章 麻类作物多用途的共性技术

纺织作为麻类产业的传统主导产业，其发展日趋成熟。针对麻类作物资源利用率低的问题，副产物的综合利用是麻类多用途技术的共性基础。麻类副产物作为农业生物质原料的一类，可通过"五料化"技术加以利用，即麻类副产物肥料化、燃料化、饲料化、基料化和原料化。苎麻秸秆还田、亚麻秸秆用作燃料等传统方法一定程度上实现了肥料化、燃料化的目的，但其集约程度、利用效率难以满足产业化的需求。现代化的麻类作物多用途技术必须遵循集约、循环、高效、绿色的原则。针对农业副产物——麻骨麻叶和工业副产物——落麻原料，研发共性利用技术，对减低产业化成本、提高麻类副产物利用效率具有重要意义，麻骨麻叶的基料化和落麻的原料化是重要的突破口。

第一节 短纤加工利用技术

一、研发背景

化石基高分子材料由于其不可再生性以及非生物降解性引起的资源与环境问题日益突出，其中化石能源基塑料引起的白色污染成为世界难题。我国是世界上地膜消耗量最多、覆盖面积最大、覆盖作物种类最广的国家。2016年我国地膜覆盖面积达到 1 840 万 hm^2，地膜使用量 147 万 t，应用区域已遍布全国，覆盖作物种类越来越多。塑料地膜不易降解、回收难，长期使用造成严重的农田"白色污染"，导致土壤板结、地力下降、作物减产，已成为我国农业生产中亟须攻克的重大难题。近年来发现的"微塑料"现象，使得人们对塑料地膜的污染问题有了更清晰的认识，将防治"白色污染"的需求推向了更高层次。

生物可降解材料的创制与利用被公认为是替代塑料制品、解决"白色污染"的重要途径。2021年中央一号文件《关于全面推进乡村振兴加快农业农村现代化的意见》指出，"要求全面实施秸秆综合利用、加强可降解农膜研发推广"。近年来在低碳环保的多重政策推动下，以"绿色、环保、可再生、易降解"著称的生物基材料迎来发展的黄金期。中国作为新材料行业发展的重要组成成员国，生物基产业规模近几年来保持以 25%～30% 的速度迅速增长，关键技术也在不断突破、产品种类和市场不断扩大，显示出了强劲的发展势头。

2020年1月，国家发展和改革委员会和生态环境部联合发布《国家发展改革委生态环境部关于进一步加强塑料污染治理的意见》（发改环资〔2020〕80号）。该意见明确规定：禁止生产、销售的塑料制品包括超薄塑料购物袋、超薄聚乙烯农用地膜、一次性发泡塑料餐具和一次性塑料棉签等；禁止、限制使用的塑料制品包括不可降解塑料袋，一次性塑料餐具，宾馆、酒店一次性塑料用品和快递塑料包装等。因此，利用可再生的生物质创造新材料面临着重要的发展机遇。在可再生的生物质中，天然高分子占据非常重要的地位，其中纤维素是地球上产量最丰富的天然高分子，每年全球纤维素的产量750亿~1 000亿t；而且纤维素价廉、来源广泛，其研究、开发与利用已成为21世纪全球可持续发展的主要课题和国家重大需求。

由于麻纤维细长，强力较大，可生物降解，天然环保，具有开发农用纤维膜的巨大潜力。针对我国农业生产中存在的上述问题，同时基于我国传统麻类产业亟需新出路的行业需求，2001年起，先后在国家科技攻关计划、支撑计划、农业科技成果转化项目、国际科技合作项目，农业部"948"项目、公益性行业科研专项等项目支持下，结合国家现代农业麻类产业技术体系和中国农业科学院科技创新工程科研任务，中国农业科学院麻类研究所领衔展开了环保型麻地膜和麻育秧膜等可降解麻纤维膜系列产品的创制与应用创新。

二、环保型麻地膜

为了筛选出适合环保型麻地膜生产的麻类原料，对苎麻、亚麻、红麻3种麻类纤维的纤维伸长率、均匀度、强力、纤度等指标检测与筛选，结果表明：苎麻单纤维最长，红麻、亚麻单纤维太短，只能利用其束纤维。苎麻纤维较红麻、亚麻纤维细，具有较好的强力、伸长率和均匀度，苎麻纤维适宜梳理成网、固结成膜。经过分梳、剥麻、成网、铺网试验表明：以苎麻纤维为原料试制出的超薄环保型麻地膜产品低于日本最新研制的35 g/m² 植物纤维地膜，单位面积克重可达到28~30 g/m²；抗拉强度好，大于1 000 N/m，远高于一般农用塑料地膜的强度（400~600 N/m）；产品均匀性好，$CV<5\%$；纵向延伸率2%~11%，具有较好的柔韧性和延伸率；使用时不易破裂，适宜机械铺膜，有较强的抗风雨性能。亚麻或红麻混合50%苎麻可制成40 g/m² 以上的麻地膜。

根据苎麻纤维细、强度大的特点，在保证所试制环保型麻地膜保温保湿性能和强度满足要求前提下，产品越薄成本越低。本项目研制超薄麻地膜，攻克了环保型麻地膜生产过程中的"三大工艺难题"，即成网工艺技术、固结工艺技术和表面处理工艺技术。首先利用梳理成网、交叉铺网与气流成网组合工艺技术，设计出麻地膜特有的成网工艺技术；其次采用环保型聚醋酸乙烯乳液为固结剂，形成了浸渍固结工艺技术；最后根据不同功能产品分别添加碳黑或天然驱虫剂，再加有机氟拒水剂对麻地膜进行表面处理，制成不同功能的麻地膜产品。形成的环保型麻地膜制造工艺技术流程如下：苎麻原料→开包→开松→混合→除尘除杂→梳理机一次梳理→剥麻成网→气流成网机二次成网→饱和浸渍粘合固结→烘燥→轧光整理→表面添加处理→成卷→检测→入库。

环保型麻地膜的生产装置，包括两台喂料机、混料机、粗开松机、精开松机、振动气压给麻箱、梳理机、机械交叉铺网机、气流成网机、浸渍机、烘筒型预烘燥机、气压式双辊轧光机、表面喷洒涂层机、烘筒型烘干定型机、牵伸切边成卷机等作业单元机。各单元机都采用变频调速和同步器施行电器控制，各单元机既可以单独高速运行，又可以整套装置联动运行。优点是麻纤维在粗开松机、精开松机和梳理机之间用气流管道输送，原料供应连续，机械铺网和气流成网二次组合成网，麻地膜网面密度小、强力均匀、质量稳定；对麻地膜双面喷涂均匀涂层，能制出不同功能和用途的麻地膜；实现了麻地膜连续稳定的全自动化生产。2009年在国家产业化项目资助下，湖南沅江恩泽水溶布制品有限公司建成年产万吨环保型麻地膜生产线，实现产业化。

以苎麻纤维纺织加工中的下脚料（俗称落麻）、亚麻副产物（俗称亚麻二粗）和廉价的红麻纤维等为主要原料，研制出具有拒水、渗水、防草和防虫等不同功能的单位面积克重分别为30 g/m²、40 g/m²和50 g/m²等不同规格的环保型麻地膜系列产品。环保型麻地膜具有保温、保湿、抑制杂草等特性，采用配套覆盖栽培技术可显著提高作物产量；黑色麻地膜防控杂草最有效；加有天然驱虫剂的麻地膜对烟青虫、菜粉蝶等害虫防效达60%以上；覆盖麻地膜升温平稳，不烧苗，透气、保湿不结露，减少病害发生。麻地膜在不同条件下降解速度有所差别，覆盖在耕地表面一般3~6个月开始破裂，逐步降解；翻耕在土壤中后降解较快，一般经56~120 d降解到看不到残膜。麻地膜降解后可增加土壤有机质，改善土壤结构，增肥土壤。

三、麻育秧膜

我国常年水稻种植面积在4.5亿亩左右，机械插秧是国家水稻种植机械化的主推技术，机插育秧是其关键环节。但由于水稻机插育秧存在秧苗根系盘结差、难起秧、易散秧、运输难、秧苗损耗多、漏插率高和秧苗素质不稳定等问题，严重影响机插作业效率和稻谷产量，导致我国机械插秧发展缓慢。

对现有育秧技术进行考察发现，水稻机插育秧普遍采用塑料软盘或硬盘育秧、秧盘有平盘和钵型毯盘等，底层土壤区域性缺氧导致出苗不均匀、根系发育迟缓等问题，进而造成秧苗根系盘结差、缺苗漏苗多，成为散秧、漏插的直接原因。改良育秧效果必须解决底层土壤取样和秧苗整齐度的问题。麻纤维中空的微观结构和较长的单纤维长度为解决这一难题提供了可靠的物质基础。

麻育秧膜要求能有效增强秧苗根系盘结、吸水透气性强、传导性能好，在秧苗移栽前膜基本降解而麻纤维还与根有效的缠结，麻纤维随秧苗插入大田后降解无污染。根据这些要求，麻育秧膜原料首选苎麻纤维，因其单纤维长 50 mm 以上，采用苎麻落麻或者精干麻切成 50~70 mm 长后制成的麻育秧膜盘根效果最好，而红麻、黄麻的单纤维长度只有 2~6 mm，亚麻、工业大麻也只有 16~25 mm，难以达到不散盘的盘根效果。与麻地膜相比，粘合固结成膜浆料优选改性淀粉胶，其吸水性强，降解快，成本低、无污染；粘合方式改为单面喷胶挤压粘合固结，减少了用胶量。麻育秧膜克重以 40 g/m² 最佳，轻了达不到应有的盘根效果，重了增加原料成本。麻育秧膜省去了麻地膜轧光和表面处理两道工序，但成网工艺要求尽量减少对单纤维的破坏，故采用梳理成网、罗拉牵伸再交叉成网的制造方法。使用上述成网工艺试制出的麻育秧膜具有疏松多孔结构，其孔径大小主要在 250~300 μm，产品最后分切成秧盘大小的可降解麻育秧膜产品。麻育秧膜生产工艺技术流程为：

　　苎麻原料→开包→开松→混合→除尘除杂→一次梳理成网→罗拉牵伸→交叉成网→单面喷胶挤压粘合固结→烘燥→剪切→检测→包装入库。

　　麻育秧膜在水稻机插育秧时表现为：增强盘根，不散盘、不漏插；保水、保温和保肥，因南方早稻和东北水稻在棚内保温育秧，麻育秧膜吸水保水可减少前期浇冷水次数，从而有利于苗床保温，同时减少养分流失，加上麻育秧膜的吸附作用，保肥效果好；均匀传导水肥，因麻纤维膜的良好传导渗透功能，秧苗生长健壮整齐；通气增氧，由于苎麻纤维中间有沟状空腔，管壁多孔隙，透气性好，有利于秧苗根系呼吸代谢和抑制厌氧致病微生物；同时苎麻纤维含有叮咛、嘧啶、嘌呤等成分，具有防腐、防菌、防霉及防病等功能。

第二节　生物乙醇制备技术

　　自 20 世纪 70 年代爆发石油危机以来，世界各国纷纷开始寻找替代能源，利用现代新能源技术和新材料开发包括生物质能在内的新能源备受重视。开发新的可再生替代能源成为缓解能源短缺、减轻环境压力的重要途径。生物能源作为可再生能源的一个重要子类，是最具有替代性、能大规模开发的能源品种，生物能源产业逐渐受到发达国家重视并得到迅速发展。随着经济的不断发展和能源消耗的不断加剧，我国已经成为世界第二大能源生产和消费国，但我国能源消费与供给结构极不平衡，加剧了能源短缺危机，过度依赖日益枯竭的化石能源，尤其是石油能源，已严重影响到国民经济的可持续发展，并造成环境污染。在需求膨胀、国际原油价格上涨的趋势下，可再生能源的开发和利用被提上日程。生物质能是一种理想的可再生绿色能源，大力开发高效的生物质转化技术，不但可以满足我国日益增长的能源需求，而且可以减轻使用矿物燃料所造成的环境污染，具有巨大的社会效益和经济综合效益，有利于实施可持续发展战略。

　　现代生物质能源转化技术主要包括物理转化、生物化学转化和热化学转化 3

种。生物化学转化技术是指生物质原料在微生物的发酵作用下生成酒精等能源产品，也就是利用原料的生物化学作用和微生物的新陈代谢作用，产生液体燃料。利用生物质制取乙醇技术，是指生物质经过水解生成含有氢气、一氧化碳、二氧化碳的低热值气体，然后通过生化发酵池转化为乙醇的工艺过程，该项技术在国外已有较广泛的开发利用，其中巴西是乙醇开发应用最有特色的国家，实施了世界上规模最大的乙醇开发计划。目前，国际范围内利用生物质制取乙醇的原料可分为三大类，分别为含糖类（如甘蔗）、含淀粉类（如玉米）、含纤维素类（如农作物秸秆）。利用含纤维素较高的农林废弃物制取乙醇，是将木质纤维素水解成葡萄糖，然后再将葡萄糖发酵生成乙醇，根据纤维素水解所采用催化剂的不同，分为无机酸水解法和酶水解法。对于无机酸水解法，温度和无机酸浓度是影响纤维素生物质水解反应速度的最主要因素。生物质水解的主要技术难点是纤维素分解率低、工业生产成本较高。

麻类纤维是转化燃料乙醇较好的原材料。一方面麻类作物速生高产、耐逆性强，其生产不与粮争地，并可改良土壤质量，原料供给有保障。另一方面制约麻类纤维质乙醇发展的预处理技术、纤维素酶成本及木糖发酵技术取得了重要进展，生产工艺日趋成熟。研究表明，用1.5%烧碱溶液对红麻秸秆进行预处理（121 ℃，60 min），通过纤维素酶催化水解，红麻秸秆的平均纤维素转化率可以达到85.34%，说明碱性预处理比较适合于红麻秸秆。以碱处理红麻秸秆为底物的同步糖化发酵实验表明，当发酵168 h后，乙醇浓度达到26.06 g/L，乙醇产率达到理论产率的76.71%。以微生物法预处理的红麻秸秆样品为底物的同步糖化发酵实验表明，发酵72 h，发酵液中乙醇浓度达到18.35～18.90 g/L，最高乙醇产率达到理论产率的68.31%，同时筛选到了能较好地去除秸秆中木质素的微生物菌株。另外，我国发展燃料乙醇在工艺和设备上不存在根本性长期性的障碍，适当引进先进的高效生物质大锅炉，可大幅提高乙醇得率和能源利用率。

福建农林大学祁建民等（2010）以红麻秆为原料，从自然界中分离筛选纤维素类降解菌、半纤维素降解菌、木质素降解菌、果胶降解菌及优化其降解条件，并对糖化工艺及发酵工艺进行了初步研究。结果表明，从土壤中筛选到具有高酶活的纤维素降解菌、半纤维素降解菌、果胶降解菌、木质素降解菌，在优化产酶条件下培养，酶活分别达到198.06 U/g、1 013.88 U/g、322.21 U/g、294.81 U/g。糖化曲与2%NaOH预处理的红麻秸秆粉进行作用，在55 ℃、pH值5.0条件下酶解36 h、秸秆的还原糖得率达到49.01%。糖化液在36 ℃、pH值4.5条件下发酵96 h，酒精得率0.1972 g/g，是红麻秸秆理论产值的74.21%。该研究建立了有效麻秸秆处理糖化曲，有效降低了木质纤维原料转化酒精过程中的酶和预处理成本，从而提高了麻秆木质纤维原料糖化效率，为麻类纤维转化为酒精生产工业化打下基础，具有重大的实际意义和广阔的应用前景。

第三节　边际土地利用技术

我国人多地少，耕地资源十分紧缺，与此同时，我国也是受盐渍危害较严重、荒漠化土地面积大、耕地重金属污染严重的国家。据调查，我国盐碱土总面积为 $3.455×10^7$ hm^2，且次生盐碱地面积正逐年增加。我国荒漠化土地面积为262.2万 km^2，约占国土面积的27.3%，而且荒漠化土地面积仍以每年2 460 km^2 的速度扩展。我国受重金属污染的耕地面积已达2 000万 hm^2，占全国总耕地面积的1/6，防治形势十分严峻，并且还呈现不断加剧的趋势。随着人口的刚性增加和耕地的刚性减少，如何开发利用盐渍化土壤、荒漠化土地，以及进行耕地重金属修复，已成为农业生产和环境生态亟待解决的问题。而黄麻、红麻因其耐旱、耐盐碱、耐淹、耐贫瘠等特性，以及主要经济产品不进入食物链，且生长周期短，根系发达，生物量大等特点，可作为边际土壤利用的理想作物。

一、盐碱滩涂麻类作物种植利用

（一）黄麻、红麻

麻类作物尤其红麻、黄麻具有耐旱、耐盐碱、耐淹等特性，可大面积种植于盐碱滩涂地。土壤中过多的盐分会导致土壤水势降低，影响植物正常的离子吸收和运输，严重时造成植物细胞水分外渗，植物通过调节渗透压、清除活性氧、基因调控、激素调节等形成一系列耐盐机制来应对。经研究表明，红麻、黄麻受水分胁迫时，通过游离脯氨酸含量大幅度上升、过氧化物酶活性增强等一系列机制来应对干旱逆境。

红麻是中度耐盐并且耐旱性很强的作物，红麻幼苗在土壤盐分含量0.26%以下时能正常生长。魏国江等在轻盐碱土面积占60%以上的黑龙江大庆市西部进行红麻引种试验，认为轻盐碱土种植红麻可获较高产量，中度盐碱土需要改良或改进栽培技术才可种植，重度盐碱土不适合种植。张加强等通过在滨海盐碱地种植不同类型红麻品种发现，杂交红麻比常规红麻的耐盐能力更强，杂交种较亲本具有明显产量优势。

黄麻是一种能在沿海滩涂、盐碱地大面积种植的重要耐盐纤维经济作物。陈金林等对用黄麻改良江苏东台滨海盐土的效应进行了研究，发现种植黄麻可以有效降低滨海盐土盐分，增加有机质含量，提高酶和微生物活性，是改良滨海盐土的有效生物措施。王丽娜进行了黄麻秸秆还田及施用有机肥对滨海盐土的改良试验，结果表明在海滩盐土种植黄麻后秸秆还田能有效改善土壤物理性质。

红麻、黄麻凭借其丰产性、抗逆性及适应性的特点铸就了广阔的种植空间。作为改良盐碱地的先锋经济作物，在保证稳产的同时可以提高盐碱地土地利用率和生产率，进一步开发利用盐碱地扩展可耕地面积，实现高生物量轻度盐碱地、高生物量中度盐碱地的生产目标。

（二）工业大麻

1. 工业大麻的耐盐碱性

大麻在进化过程中，出现了一些耐盐碱的适应对策，能在盐碱地上正常生长发育。不同品种的工业大麻耐盐碱性存在较大差异，这为在盐碱地种植工业大麻提供了品种选择的可能。研究结果显示，5 个工业大麻品种萌发期对 NaCl 的耐性由强到弱依次为：云麻 7 号>云麻 1 号>云麻 5 号>皖大麻 1 号>巴马火麻，对 Na_2CO_3 的耐性排序则为：云麻 5 号>云麻 1 号>云麻 7 号>巴马火麻>皖大麻 1 号。各品种苗期对 NaCl 的耐性由强到弱依次为：云麻 1 号>云麻 7 号>皖大麻 1 号>巴马火麻>云麻 5 号，对 Na_2CO_3 的耐性排序为：云麻 7 号>巴马火麻>皖大麻 1 号>云麻 1 号>云麻 5 号。从以上结果也可以看出，工业大麻不同生育时期对盐碱的耐受能力是不同的。综合工业大麻萌发期和苗期多项指标的分析显示，大麻品种对 NaCl 胁迫的耐性强弱依次为：晋麻 3 号>巴马火麻>云晚 6 号>云麻 1 号>庆大麻 1 号>晋麻 1 号>五大连池>云麻 5 号>云杂 3 号>云麻 7 号>云麻 6 号>皖麻 1 号>云杂 2 号，对 Na_2CO_3 胁迫的耐性依次为：晋麻 1 号>云麻 7 号>云麻 1 号>云晚 6 号>云杂 3 号>巴马火麻>云麻 6 号>皖麻 1 号>晋麻 3 号>云麻 5 号>五大连池>云杂 2 号>庆大麻 1 号。其他一些试验也证明不同品种大麻的盐碱耐受性差异较大。

不同盐碱胁迫对工业大麻种子萌发和幼苗生长的影响也不同。在 100 mmol/L NaCl、Na_2SO_4 条件下工业大麻种子的萌发与对照差异不显著，而且 50 mmol/L NaCl、Na_2SO_4 处理对工业大麻胚轴生长有一定的促进作用，另有试验也发现在低浓度的 NaCl 处理下，工业大麻种子的发芽率具有一定幅度的提高，反映出工业大麻种子萌发对低浓度中性盐胁迫有一定的适应性。碱性盐胁迫对工业大麻种子萌发的影响大于中性盐，尤其是 Na_2CO_3，研究中发现 50 mmol/L 的 Na_2CO_3 已经对工业大麻种子的萌发产生了明显的抑制作用。在盐处理前期，NaCl 和 Na_2SO_4 胁迫对工业大麻幼苗生长有显著抑制作用，$NaHCO_3$ 胁迫则对大麻幼苗生长无显著抑制作用，而较低浓度 Na_2CO_3 处理对大麻幼苗生长还有一定促进作用，中、高浓度则可显著抑制幼苗生长；在盐处理的后期，不同浓度的 4 种盐分（NaCl、Na_2SO_4、$NaHCO_3$ 和 Na_2CO_3）胁迫处理对工业大麻幼苗的生长均有显著的抑制作用，其中，Na_2CO_3 处理对幼苗的伤害最大，直接导致幼苗死亡。综上所述，在 4 种不同的盐碱胁迫中，Na_2CO_3 对工业大麻种子萌发和幼苗生长的危害最大。

为了缓解盐碱胁迫对工业大麻种子萌发的影响，单独使用水杨酸（SA）、葡萄糖（GLU）或抗坏血酸（AsA），或者两两组合处理都能使盐碱胁迫下工业大麻种子的萌发率有所提高，但对于不同种类的盐，外源物质处理的浓度不一样。还有研究表明，盐处理只是暂时抑制了大麻种子的活性，而萌发的能力并没有永久地丧失，当盐胁迫去除后，种子不但能迅速萌发，萌发的速度和整齐度还会提高。

试验结果表明，140 mmol/L NaCl 是工业大麻苗期在水培条件下进行耐盐性鉴定的适宜浓度，地上部干重、SOD 酶活性和 MDA 含量是大麻苗期耐 NaCl 强弱鉴定的指标。发芽势和根长则是大麻萌发期耐 NaCl 强弱鉴定的指标。据此评价结果，在大麻种子萌发期，'云麻 5 号''哈尔滨大麻''晋麻 1 号'为耐盐工业大麻品种，'皖大麻 1 号''龙麻 1 号''云麻 1 号'为中度耐盐品种，而'巴马火麻'为不耐盐品种；苗期，耐盐品种为'巴马火麻'，中度耐盐品种为'云麻 1 号''云麻 5 号''龙麻 1 号''哈尔滨大麻'，不耐盐种为'皖大麻 1 号''晋麻 1 号'。将中性盐 NaCl、Na_2SO_4 和碱性盐 Na_2CO_3、$NaHCO_3$ 按不同比例混合，模拟 6 种不同 pH 值的盐对工业大麻幼苗进行胁迫处理，发现叶绿素含量、SOD 活性、地上部含水量可作为大麻苗期对不同 pH 值盐碱耐性评价的重要指标。研究还发现工业大麻苗期 NaCl 半致死浓度在 520 mmol/L 以上，Na_2CO_3 半致死浓度为 260~320 mmol/L。

关于工业大麻对盐碱的耐性机制方面，研究发现随着盐胁迫处理时间的增加，工业大麻叶片 SOD 活性持续增高，可溶性糖含量变化不大，而可溶性蛋白含量则先增加后降低。盐胁迫对工业大麻种子萌发的抑制作用会因盐的种类和浓度以及供试大麻品种而异。工业大麻种子的萌发率随盐浓度的增加而降低，其中，Na_2CO_3 对大麻种子萌发的抑制作用最强，而'云麻 5 号'的耐盐性比'巴马火麻'强。从大麻幼苗对不同浓度 NaCl、Na_2CO_3 胁迫的响应来看，大麻幼苗对 Na_2CO_3 胁迫更为敏感，尽管大麻能耐受中等剂量的 NaCl 和 Na_2CO_3，但随着 NaCl 或 Na_2CO_3 浓度的增加，大麻幼苗的生长受到抑制，抗逆相关生理指标升高，耐盐相关基因也上调表达。通过转录组测序的方法，对不同用途的工业大麻响应盐胁迫的机制进行分析，鉴定出 22 个转录因子，包括参与盐胁迫的关键转录因子，如 *MYB*、*NAC*、*GATA* 和 *HSF* 等。经基因表达谱分析发现，'云麻 5 号'和'巴马火麻'具有多种响应盐胁迫的途径。通过 iTRAQ 技术对工业大麻响应盐胁迫的蛋白质组进行分析，推测大麻主要通过改善 ATP 代谢，根据光照强度调节光合作用，加强叶绿素合成，促进细胞松弛和增大，提高渗透调节物质的合成，增强体内无机硫的流动，调节水通道蛋白，加强离子转运信号的传递，改善蛋白质之间和蛋白质与细胞膜之间的信号传递，提高有机和无机分子的选择性吸收和转运速度，降解半纤维素细胞壁，控制细胞物质的进出，促进新陈代谢和细胞稳定，来适应和耐受盐胁迫。

2. 盐碱地工业大麻栽培

在盐碱地上进行工业大麻种植，可以考虑通过肥料的施用，来改善大麻的生长发育情况，从而提高大麻的产量。研究发现，适当施加氮素能够促进盐胁迫下大麻植株的生长，增加最终生物量。但需要注意，播种前如果施氮过量会抑制大麻出苗。同时，可以选择盐碱地的改良剂酸雨石、硫酸铝和磷石膏等，在大麻播种前一次性拌入土壤进行处理。工业大麻栽培与生理团队在黑龙江省大庆市盐碱地的试验证明，几种改良剂处理的工业大麻原茎产量均比对照（未处理）提高，施用硫酸铝的最高，其次是酸雨石和磷石膏，分别比对照高出 10.76%、9.51%和 5.53%。施用磷石膏的纤维产量最高，其次是硫酸铝和酸雨石，分别比对照高出 28.14%、

23.75%和4.17%。施用磷石膏和硫酸铝的大麻出麻率比对照分别增加21.1%和14.9%。

二、重金属污染地麻类种植利用

随着社会发展，工业活动呈指数级增长，尤其是化工、采矿和冶金等行业，其排放的重金属，如：Zn、Cu、Pb、Ni、Cd、Hg等，对水域和土壤的污染问题日益严重。重金属由于自身难以降解和含有微量毒性，会对环境和生物产生持续性危害。土壤重金属通过食物链进入人体，严重危害人类健康。每年粮食因重金属污染造成的直接经济损失超过200亿元。目前溶剂萃取、离子交换、混凝/絮凝、纳滤、电渗析等重金属分离方法已被开发出来，然而其成本较高以及在使用过程中可能产生其他污染等问题，使以上方法在某些情况下的使用相当困难。因此在过去的几十年里，对具有金属结合能力的低成本吸附剂的研究日益加强。

天然吸附材料由于其无毒性和易得性，在重金属吸附领域占据重要地位。前人研究发现玉米芯、不同种类的蘑菇、牛粪堆肥、橘子皮等经过一定处理后对重金属离子，如：Pb、Cu和Zn离子，均有一定的吸附能力，但成本偏高。而植物修复具有成本低、效率高和环境友好等优势。目前，国内外共发现超富集植物500种以上，这些植物对土壤重金属均有较好的吸附能力，但这些植物大多为野生植物，生长缓慢、经济价值较低，因此较难推广应用。因此利用植物对重金属的吸附能力和土壤修复能力来改良重金属污染是当前研究的一大难题和热点问题。

(一) 黄/红麻

黄/红麻是我国重要的韧皮纤维作物，有相关研究表明黄/红麻对重金属离子有一定的吸附能力和较好的耐受性，是理想的重金属污染土壤边际利用修复作物，与其他重金属吸附植物相比，黄/红麻有以下优势：首先，黄/红麻主要经济产量为茎皮，不进入食物链，因此不会将重金属离子带入人类食物体系；其次，黄/红麻生长周期短，为一年生作物，可高效率修复重金属污染土壤；最后，黄/红麻在贫瘠土壤的种植，具有更强的生产潜能，能做到正常生长，是适合逆境农业的优良作物。

关于红麻对重金属耐性和积累能力的研究多有报道。早在1982年，有国外学者在含大量下水道污泥的土壤中种植红麻，发现红麻茎中积累了大量Pb、Cd、Hg、Cr、Cu、Fe、Zn和Mn等重金属离子，表明红麻对以上金属离子有一定的吸附能力。在此基础上国内学者将7个代表性红麻品种，种植于Zn、Cu、Cr、Cd、Ni复合污染土壤，发现红麻单季最多能转移重金属Cu 185.3 g/hm²、Zn 1 012.9 g/hm²、Cd 25.7 g/hm²、Cr 40.8 g/hm²和Ni 34.8 g/hm²，说明红麻能吸附多种金属离子，但对不同金属离子吸附能力有所差异。尹明等发现不同品种红麻均能在Cd污染耕地中正常生长，在重度污染耕地中的Cd移除量为72.49~149.17 g/hm²，在轻微污染耕地中的Cd移除量为25.95~49.91 g/hm²，说明红麻对Cd污染土壤具有明显的修复作用。

同样黄麻对重金属离子也有较好的吸附能力。研究发现，黄麻对 Cd 具有较强的富集和转运能力，每公顷可富集 53.3 g 的 Cd，木质部占总富集量的 33.11%～42.99%。侯文焕等发现黄麻在成熟期对 Cd 和 Pb 的积累量最高分别为 50.160 g/hm² 和 64.025 g/hm²；各生育期内黄麻对 As 积累均表现为根>叶>麻皮>麻骨，在成熟期对 As 累积量达 18.641 g/hm²。而陈军等发现黄麻各器官对不同的金属离子累积效果不同：对 Zn 的积累在各器官分布较均匀；As 的积累根>叶>茎秆；Cd 的积累与 As 相比则正好相反；Pb 的积累表现为根>茎秆>叶。

我国红麻种质资源库大约有 1 700 份种质资源，由于红麻对重金属离子的优秀积累能力及其自身优良特性，在筛选高耐性、高富集重金属且高产优质的品种上已有良好的基础。目前已经应用于重金属污染农田土壤的修复中。广东省大宝山矿区周边受污染农田土壤重金属含量大幅超过国家土壤环境质量 GB 15618—1995 二级标准，其中，Pb 超标 6 倍，Zn 超标 2 倍，Cu 超标 13 倍，Cd 和 As 超标 20 倍以上，属于重度污染土壤。杨煜曦等通过在大宝山污染土壤基地上，施加不同碱性矿物/工业副产品（如白云石、石灰石、粉煤灰等）和富含氮、磷、钾的有机肥作为改良剂，进行长期的红麻种植试验。在种植第 5 年时土壤中重金属的总量与对照相比没有显著差异，而且在施加白云石或粉煤灰时，红麻能稳产，因此提出了"白云石/粉煤灰改良—红麻复垦"的化学—植物联合修复多重金属污染土壤的有效措施。同样在大宝山，蓝莫茗等通过模拟酸雨淋溶试验，探究淋溶对红麻稳定修复后土壤重金属迁移的影响。在种植红麻后淋出液 pH 值较空白组显著提高，其中 Pb、Zn、Cu 和 Cd 重金属含量较对照组分别降低了 65.2%、81.6%、79.4% 和 86.7%，且下层土壤中的 Pb、Zn、Cu 和 Cd 重金属含量较对照分别降低了 16.3%、30.5%、18.8% 和 38.1%。

种植红麻这种耐性植物，能通过改变根际环境从而影响重金属的活性，降低重金属的生物有效性。植物根系的生长和植被覆盖能够减少水土流失，防止重金属的迁移扩散，降低其对环境与人体健康的风险，是一种能从根本上修复土壤的有效措施。且红麻自身也有一定的经济价值，其纤维广泛应用于各个领域，因此在修复土壤的同时也能为政府或农民带来一定的经济收入。

（二）工业大麻

1. 工业大麻对重金属的耐性与积累能力

工业大麻适应性强，可以在不同气候条件下种植；生物量大，每公顷至少可以产生约 1t 的生物产量；根系庞大，至少 0.5m 深；产品主要用于非食品工业，是修复土壤重金属污染的理想候选植物之一。

工业大麻对很多重金属具有较高的耐性。通过发芽试验研究重金属 Zn、Pb、Cu、Cd 胁迫对工业大麻种子萌发的影响，结果在 4 种重金属胁迫下，低浓度对种子萌发有促进作用，尤其是 Pb、Zn 胁迫对工业大麻种子萌发抑制作用较小，在

1 000 mg/L 浓度时，大麻种子萌发率仍然达到 80% 以上，而工业大麻种子萌发过程对重金属的耐性高低依次为 Pb>Zn>Cd>Cu。另有试验结果显示，工业大麻种子萌发对重金属 Pb 胁迫不敏感；低浓度的 Cu^{2+} 对工业大麻种子萌发也起到促进作用；工业大麻品种不同，其种子萌发对重金属的耐受能力不同。研究结果表明，'巴马火麻''庆麻 1 号''云晚 6 号'和'云麻 5 号'为种子萌发期高耐 Pb 型大麻品种，'皖麻 1 号'和'云麻 1 号'为中耐型，而'晋麻 1 号'为低耐型。另对 9 个工业大麻品种萌发期 Cu 耐性进行评价分类，'云麻 1 号''庆麻 1 号''巴马火麻'为低耐 Cu 型，'晋麻 1 号''云麻 5 号''皖麻 1 号'为中耐 Cu 型，而'云麻 7 号''云麻 6 号''云晚 6 号'为高耐 Cu 型。

土壤重金属含量对工业大麻的植株生长影响，低浓度重金属有利于大麻植株的生长。国外的研究表明，在 Cd、Ni 和 Cr 的含量分别为 82 μg/g、115 μg/g 和 139 μg/g 的土壤中，大麻植株的根长、分枝长及地上部分干重和根干重与正常对照差异不显著；大麻根对 Cd 表现出很高的耐受性，即根中 Cd 含量达到 800 mg/kg，对大麻根的生长也无明显影响。国内的研究也发现，当土壤中 Cd^{2+} 的浓度低于 25 mg/kg 对工业大麻生长有一定促进作用，主要促进大麻根系生长；即使在 100 mg/kg 时，大麻地上部分和地下部分生物量受影响也不大，进一步表明大麻植株对 Cd 具有较强的耐受性；而当土壤中 Zn^{2+} 的浓度低于 200 mg/kg 时，对工业大麻的生长也有一定的促进作用。研究表明，低浓度 Pb^{2+}、Zn^{2+}、Cd^{2+} 处理对工业大麻株高及干物质积累有轻微的促进作用。许多研究结果表明，种植在重金属污染土壤中的工业大麻，生长发育受影响较小，其茎秆、种子、花叶等产量也没有受到明显的影响，甚至对大麻纤维的物理结构以及纤维的品质也无明显影响，而低浓度重金属还对大麻植株的生长产生一定促进作用。

关于工业大麻对重金属的耐性机制，在重金属胁迫下，工业大麻的植株能产生高浓度的谷胱甘肽（GSH）和植物络合素（PCs），而在根中也会产生一种新的植物络合素 PC_3，这些物质可以用来保护大麻植株体内对重金属敏感的酶。工业大麻中的 Pb 主要以不溶性草酸沉淀形式存在，从而减轻了 Pb 的毒性。研究者发现，大麻植物中存在与重金属胁迫耐性相关基因，如 GRAS 转录因子与 Cd 胁迫明显相关，*PLDα* 基因也与响应重金属胁迫有关。Cu 胁迫诱导大麻的根中 2 种蛋白表达受到抑制，7 种蛋白表达下调，5 种蛋白表达上调。这种蛋白质表达模式的差异表明，大麻是通过细胞和氧化还原稳态的重建来适应长期重金属胁迫的。对 Cd 耐性差异明显的两个大麻材料的研究结果，耐受性较高的大麻是由于编码某些特定 Cd 转运体、防御系统、特异性蛋白等关键基因较高表达造成的，而其丙二醛（MDA）、超氧化物歧化酶（SOD）和过氧化物酶（POD）也具有较强的解毒能力。综上所述，目前关于大麻对重金属的耐性及解毒机制还存在分歧，有待进一步深入研究。

与重金属超富集植物相比，工业大麻对重金属 Cd、Cr 和 Ni 的富集能力虽只有它们的 1/100，但因大麻生物量及生长速度均远远大于超富集植物，同样时间、同样土地面积所积累的重金属绝对量反而比超富集植物所积累的绝对量还要多。所以，工业大麻对重金属污染土壤的修复作用更大，是一种用于修复重金属污染土壤的候选植物。

大麻具有很强的积累高浓度重金属 Ni、Pb、Cd 的能力。各类重金属在大麻植物体不同器官的分布也存在明显差异，一般认为，Zn、Ni、Cr、Cu 和 Cd 主要积累在大麻根部，其次是叶片、茎，再次是种子，而且大部分研究都认为大麻纤维中重金属含量很少或没有。另有试验结果表明，Cd 主要集中在大麻根中，其次是茎叶，种子中含量最低。大麻的生育期不同，各类重金属在大麻植物体不同器官的富集分布也不同，大麻根系对 Pb、Zn、Cu、Cd、As 5 种重金属的富集在工艺成熟期高于苗期；茎叶对重金属 Pb、As 和 Cd 的富集在工艺成熟期高于苗期，但对 Cu、Zn 的富集却表现为苗期高于工艺成熟期。大麻对重金属的富集能力也存在品种差异，如'云麻 1 号'和'云麻 5 号'重金属富集转运系数和修复效率高于'云麻 2 号''云麻 3 号'和'云麻 4 号'。对这 5 个工业大麻品种不同部位对不同重金属富集与转移的差异进行比较分析，发现成熟期的大麻根系对 Pb 和 Cd 吸收量最大的为'云麻 1 号'，对 As、Cu 和 Zn 吸收量最大的为'云麻 3 号'；茎叶对 As、Cu 和 Cd 吸收量最大的为'云麻 3 号'，对 Pb 和 Zn 吸收量最大的分别为'云麻 1 号'和'云麻 2 号'；种子对 Pb 和 Cd 吸收量最大的为'云麻 2 号'，对 As 和 Cu 吸收量最大的为'云麻 5 号'，对 Zn 吸收量最大则为'云麻 3 号'。比较分析认为'云麻 1 号'可作为重金属 Pb 污染修复植物，'云麻 3 号'可作为 As、Zn、Cu 和 Cd 污染修复的适宜品种。

2. 利用工业大麻改良重金属污染土壤

工业大麻对重金属有较强的耐性和富集能力，可被应用到重金属污染土壤的生态恢复中，或者对某些重金属的吸附中，在土壤重金属污染治理中起到生物修复的作用。有关大麻在土壤修复中的能力的研究始于 1998 年。当时，Phytotech 公司与乌克兰的麻类作物研究所一起，在切尔诺贝利核电站附近种植大麻，以清除污染物，治理效果显著。同时，Dunshenkov 在第十六届国际植物学大会上指出工业大麻地上部分具有积累放射性铀（U）和 Pb 的作用。Vandenhove 和 van Hees 的研究也表明，大麻可以在放射性污染耕地上进行修复种植。

在云南省受重金属 Zn 污染的土地上种植工业大麻，结果表明，试验大麻的植株高度虽然受到一定影响，但其产量还高于在正常的土壤上种植的大麻，说明在重金属 Zn 重度污染的土壤上是能够种植工业大麻的。以不同工业大麻品种为修复试验材料，将其种植于云南省典型重金属污染矿区附近农田，分析比较不同工业大麻品种对重金属 Pb、As、Cu、Cd、Zn 的修复潜力，结果发现重金属富集量最大的工业大麻品种为'云麻 1 号'，在苗期每公顷地块可以吸附超过 40 g Pb、近 30 g As、35 g Cu、2 g Cd 和 95 g Zn。在工艺成熟期，'云麻 1 号'对重金属 Pb 的绝对富集量为 644.29 g/hm^2，对 As 的绝对富集量为 624.25 g/hm^2，对 Cd 绝对富集量超过

$20.00 \ g/hm^2$，对 Zn 的绝对富集量则为 $669.15 \ g/hm^2$，可在重金属污染地进行修复种植。

同时，在重金属污染的土地上种植工业大麻，几年内即可把土壤中重金属含量降到最低水平，而在相同条件下种植其他植物大约需要 15 年才能达到相同的治理水平。相比其他植物，工业大麻修复重金属污染土壤的效率高、见效快。但植物修复毕竟主要针对中、轻度重金属污染的土壤进行，而且修复效果并非立竿见影。因此，研究者提出配合使用改良剂以促进植物吸收重金属，提高修复效果。研究结果表明，添加螯合剂后提高了工业大麻对 Pb、Zn、Cd 的吸收，但是随着螯合剂浓度的增加效果降低。通过盆栽试验，发现 EDTA 促进了工业大麻对 Pb 的吸收，提高了工业大麻植株不同部位对 Pb 的富集能力，增强了 Pb 从地下部分向地上部分转移的能力，但施用 EDTA 会对工业大麻产生较强的毒害作用，而改用蚯蚓液提升了改良修复效果。也有研究发现，水杨酸（SA）处理能显著改善高浓度 Pb 胁迫下大麻植株的生长状况，降低 Pb 在植物体内的积累量，显著提高胁迫下大麻植株的光合能力，所以认为 SA 预处理对大麻 Pb 毒害也具有明显的缓解作用。外源施用葡萄籽原花青素（GSP）可促进 Cd 胁迫下大麻幼苗根的生长，降低 MDA 含量，增强抗氧化酶（SOD、POD、GSH）活性，抑制 Cd 胁迫下 ROS 的产生，从而缓解 Cd 毒性对大麻植株生长的影响。同时，氮肥能够改善 Pb 污染土壤中工业大麻的修复能力，增加大麻对 Pb 的富集和吸收。

工业大麻种植在重金属污染土壤中仍能保持较低的四氢大麻酚（THC）含量水平，这是工业大麻修复重金属污染土壤的一个可喜现象。不同的土壤条件对工业大麻中 THC 的含量存在一定的影响，研究结果表明，土壤中 Cd、Ni 和 Cr 的含量分别在 $82 \ \mu g/g$、$115 \ \mu g/g$ 和 $139 \ \mu g/g$ 以下时，工业大麻的 THC 含量水平均在欧盟的毒品管制标准之下。但至今，不同质地和重金属含量的土壤对工业大麻花叶中 THC 含量影响的研究还很缺乏，需在今后的重金属污染土壤修复治理中引起重视。

在实际生产上，应该结合工业大麻对不同重金属的富集特性，选择合适类型的工业大麻品种对矿区重金属污染土壤进行修复。例如，在 Pb 矿区可种植纤维型或籽用型工业大麻，对 Cu 污染严重的地块可采用纤维型种植模式，在 Cd 污染严重的地区可种植籽用型工业大麻进行土壤修复。

工业大麻栽培与生理岗位团队在云南省某地临近矿区的重金属污染（As、Cd、Pb 严重超标）土壤上进行纤维用工业大麻栽培示范，技术要点如下。

（1）整地。深耕耙碎，做到土壤松、碎、平，无杂草、石块等；每隔 3~4m 开畦沟，开好排水沟，防止集中降雨时土壤渍水。

（2）施基肥。每亩施用高氮低磷低钾复合肥 40 kg，播种前全层撒施并与土壤混匀；另准备有机肥（有机质≥45%，$N+P_2O_5+K_2O \geq 5\%$）500 kg 在播种时覆盖种子。

（3）播种。根据降雨情况和土壤湿度，5 月中下旬播种；条播，行距 40 cm，每亩播种量 2.5 kg，分畦定量、均匀播种，播种深度 3~5 cm，使用商用有机肥或腐熟的农家有机肥盖种，以减少或消除黏土盖种对种子萌发出苗的不利影响。

（4）田间管理。

①查苗补缺：播种后 7~10 d，检查出苗情况，遇断垄缺苗的应该及时补种。

②间定苗：播种后 20~25 d，根据出苗情况，对出苗多的进行间苗，留强去弱，使田间麻苗分布均匀，保证每亩基本苗 1.5 万~2 万株。

③追肥：生长期追肥 2 次。第 1 次在苗高 20~30 cm 时，每亩撒施尿素 10 kg；第 2 次在苗高 100~150 cm 时，每亩撒施尿素 15 kg。

④病虫草防治：出苗期注意地蚕（地老虎）等为害幼苗，可清晨人工捕捉或药剂毒杀；生长期注意跳甲、蚜虫等为害；雨季要注意检视田间，及时清沟排水，防止渍水涝害发生。

三、山坡地麻类种植利用

（一）苎麻

我国长江流域水土流失严重的县（市、区）多达 265 个，仅中上游地区水土流失面积就有 35.2 万 km²，年土壤侵蚀量达 14.1 亿 t，占全流域的 62.9%。苎麻以其突出的抗逆性和强大的水土保持能力与高生物产量，在防治水土流失和加快生态恢复方面具有明显的优势。以在长江流域种植 400 万 hm² 苎麻计算，平均每年可较裸露地块减少土壤流失量 1.36×10^8 t。苎麻大量根系和副产品在土壤中腐解，有利于土壤有机质的增加，降低土壤沙化风险。苎麻作为南方水土保持与生态恢复植物的初步探索，拓展了麻类产业的研究领域，对于破解南方水土流失区生态恢复难题，提升生态、经济效益潜力巨大。

苎麻根系发达，固定土壤能力强。苎麻植株的地下部分十分发达，根系入土深可达 2 m，粗壮的萝卜根入土深度 50 cm 以上，须根主要分布在 35 cm 左右的耕作层内，龙头根、扁担根与跑马根分布在地表。苎麻的地下茎与根系在土壤耕作层相互交叉，盘根错节，如同一张密集的大网，将麻园内分散的土壤连结成为整体，具有强大的固土能力。

苎麻植株覆盖度高，可减轻雨水冲刷。苎麻生长期与雨季同步，株高一般在 2 m 左右，成龄麻园单位面积的植株可达 2 万株以上，叶面积指数可达 4~7，对地表的覆盖度很高。而且每季苎麻收获后的麻叶、麻骨等副产物一般都残留在麻地，覆盖于麻地表面，所以无论苎麻收获与否，土壤都被有效覆盖，可明显降低雨水对麻地表面土壤的冲刷强度；土壤侵蚀量和地表径流量明显低于其他作物，从而有效地防治水土流失。

苎麻抗逆性强，适宜范围广。我国南起海南岛，北至秦岭山麓和淮河流域均可种植苎麻。苎麻具有对土壤酸碱度要求不高、耐低温、耐瘠与耐旱性，即使在厚度不足 10 cm 的土地上种植，仍然能够正常生长。

苎麻生物产量高，受益时间长。苎麻的生物产量每亩可达 1.5 t。苎麻是多年生宿根植物，一般年收三季，季季衔接紧密，间隙时间极短，在收获间隙，还有发达的根系保持水土，而且其多年生的特性，使其能够一次投入，多年受益。

发展苎麻可显著降低生产成本，当年即可获利且可有效减少土壤侵蚀量 80% 左右，第二、第三年种植经济收入稳定且可减少土壤侵蚀量 95% 以上，效果明显。是既能满足水土保持要求，又符合欠发达地区农民需要的"短、平、快"的经济增长方式。苎麻也是较好的家畜饲料，叶中粗蛋白含量可达到 22% 以上。在水土流失区发展饲用苎麻产业，无疑是生态环境保护、饲料产业发展和麻农收益提高一举多得的好途径。

（二）工业大麻

1. 工业大麻的耐旱性

工业大麻是高秆作物，生长量大，耗水较多。大麻种子萌发能耐一定程度的干旱胁迫。轻度干旱下大麻种子的发芽率、发芽势、发芽指数、活力指数及根长均有一定程度的增加。随着干旱胁迫程度增加，大麻种子发芽率和发芽势降低，抑制了大麻胚根和胚芽的生长。水分供应不足会对大麻生长造成不利影响，尤其在快速生长期缺水对大麻产量影响最为严重，因为快速生长期遭遇干旱缺水会造成大麻早熟。干旱使大麻的株高和茎粗降低，纤维层变细；而生育期缺水还造成现蕾开花数减少，使种子产量降低。不同工业大麻品种抗旱能力存在差异，15% 的土壤含水量可作为工业大麻抗旱栽培措施的临界点。

工业大麻的抗旱机理复杂，已有研究发现树脂分泌、内生菌、内源激素应答等都对其抗旱产生积极作用。在干旱缺水条件下，大麻会分泌含有各种烯萜类物质复合的黏性树脂，在大麻植物体表面形成类似于仙人掌等肉质植物的蜡质外衣，以减少植株水分的散失。随着干旱程度的增强，大麻树脂的分泌量也随之增加。工业大麻的内生真菌如毛壳菌、镰孢菌、炭疽菌可在一定程度上增强大麻对干旱的适应能力。组学研究发现脱落酸在大麻的干旱胁迫反应中起重要作用。

除了工业大麻自身对干旱的耐性之外，外源物质处理也有助于提高大麻对干旱胁迫的抗性，缓解干旱对其造成的影响。一定浓度的赤霉素、甜菜碱、维生素 C、葡萄糖和 $CaCl_2$ 浸种处理后，工业大麻萌发初期幼苗中的可溶性蛋白和可溶性糖含量增加，POD 活性和 SOD 活性也显著提高，能够缓解干旱胁迫。用 0.4mg/L 的烯效唑（S_{3307}）对大麻种子进行浸种处理，能促进大麻根系的生长，提高大麻幼苗叶片 SPAD 值，增加可溶性糖和可溶性蛋白含量，缓解干旱胁迫对大麻幼苗造成的伤害。沸石的施用可以提高大麻对水分亏缺的感知阈值，显著降低防御系统的活性，增强大麻对轻度干旱环境的耐旱性和适应性。

2. 山坡地工业大麻栽培

山坡地存在持水性差、土壤贫瘠等问题，因而在山坡地上种植工业大麻，除了正常的栽培和管理外，还应该关注重要生育时期对于水分和养分的需求，特别是工业大麻的萌发期、快速生长期等。工业大麻遭受干旱胁迫主要发生在播种后的萌发期。在大麻种子萌发期，需要保持土壤表层湿润，要求土壤水分为田间最大持水量的70%左右，而在快速生长期需要保证工业大麻有充足的水分供应，该时期要求土壤湿度也较高，以土壤田间最大持水量的 70%~80% 为宜。可采取在雨水来临前10~15 d 进行"三干"（土干、肥干、种子干）播种，或在第一场透雨后，及时抢墒播种。

在不具备灌溉条件的山坡地，降雨是决定大麻播种时间的关键因素。因此，在实际生产中必须看准天气，否则宁可适当推迟播种等待降雨，以达到播后全苗的目的。对于花叶用工业大麻的种植，可采用育苗移栽的方法，解决山坡地种植易遭受干旱胁迫的问题。还可采用覆盖地膜的方法进行种植，因为地膜不仅利于防治杂草，调节地温，还能保持种植塘的水分，最终达到促进大麻生长，增加产量的目的。生产中，建议使用普通黑色地膜。

针对山坡地土壤贫瘠等问题，工业大麻种植要实行"施足基肥、巧施追肥"的原则。基肥一般为有机肥，也可以是化肥（主要是复合肥），或者是农家肥、化肥和微量元素肥料配合施用。工业大麻前期需肥量大，基肥应占到总施肥量的70%以上。追肥可以分为两次，一次用于提苗，一次在快速生长期，追肥以速效肥为主，追肥时，看准天气，将化肥撒在工业大麻的根部附近（不要离茎基部太近，避免烧根），利用雨水融化肥料并渗入土壤中，或施肥后浇水灌溉。有条件的地方，建议追肥施入土内，以减少肥料的流失浪费。

第三章　苎麻

苎麻的主要特点包括嫩茎叶蛋白质含量高，多年生宿根对水土的固持能力强、对重金属等污染物的耐受性强。因此，除了副产物基料化技术、落麻利用技术等共性技术外，苎麻多用途主要围绕高蛋白含量生物质的利用和耐受能力开展。苎麻饲料化是麻类作物多用途技术产业化的典型案例，现已研发出青贮、全价配合颗粒料、草粉、草块、添加剂等产品类型，取得了较好的应用效果。在生态治理方面，苎麻在秦巴山区、武陵山区、乌蒙山区等丘陵山地，及重金属污染耕地、工矿污染区等边际土壤上表现出较强的适应性和经济效益。

第一节　饲料化

中国农村一直有苎麻叶喂猪、喂牛、喂羊的习惯。苎麻鲜、干叶饲喂草鱼、家兔、鸡、猪，均有较好的增重作用，猪的瘦肉率高于对照组；苎麻叶可作为畜禽的青饲料，若制成干粉配合饲料则更有利于提高畜禽的消化利用率。苎麻干粉制成的配合饲料，与饲喂稻谷相比，成本低、效率高。

饲用苎麻一般在65~100 cm高度收获，每年可收割6~8次。饲用苎麻生物产量高，每年每公顷可生产鲜草90~120 t，折合干草18~24 t。它的茎、叶鲜嫩，生长快，无病害，无需施药，是安全的绿色草料；饲用苎麻基地一般采用有性繁育，速度发展较快，成本低，可以多年重复收割。

在我国南方，夏季高温高湿，限制了苜蓿等牧草的生产潜力。具有"中国草"美誉的苎麻，作为多年生草本植物，生态适应性强，在我国南方生长旺盛，能获得较高的生物产量；且嫩茎叶蛋白含量高，富含多种维生素，营养丰富，可以和苜蓿相媲美，是南方地区极具潜力的饲草。

作为我国特色天然纤维作物，苎麻传统的用途是用作纺织原料。收获韧皮纤维后，产生的苎麻副产物主要有麻骨和麻叶，占苎麻生物产量的80%左右。以往，苎麻收获纤维后其副产物一般直接还田，造成极大的浪费。同时，大量的副产物在麻田中堆积，如果田间湿度不够，常常不能及时降解，会影响二麻和三麻的生长，并对机械化收割带来不便。苎麻饲料化的推进，实现了变废为宝，大大提升了苎麻的经济效益。

苎麻产区主要在我国南方地区，苎麻生长期基本上是高温高湿季节，饲料苎麻收获后不易干燥，即使干燥后也难以保存。因为在开放的环境下，干燥的苎麻草料很容易吸湿返潮和霉变。由于雨水和热量同期，苎麻收获季节遭雨淋的损失率更高。青贮是利用微生物的乳酸发酵作用达到长期保存青绿多汁饲料营养特性的一种方法。苎麻青贮不仅可以减少养分损失，保持青绿饲料的营养特性，并且苎麻青贮后适口性改善、消化率提高、品质好、能长期保存，以拉伸膜裹包形式贮存的青贮也可进入流通领域，可在异地销售。

苎麻是多年生草本作物，其生长迅速、生物产量大，一年可多次收割。饲料用苎麻在江南地区每年可收割 6~10 次，在华南地区每年可收 8~10 次。纤用苎麻每年每亩可产副产物 4.2 t（鲜重），加入其他秸秆辅料（如玉米秸秆）可生产青贮饲料 5.4 t，每吨青贮饲料价格 700 元，减去成本 300 元，每年每亩可创收毛利润 2 160 元。我国纤用苎麻种植面积约 100 万亩，若能将 50% 的苎麻种植面积的副产物全部用于饲料化，每年可创收 10.8 亿元。若以专用饲料品种来计算，每年每亩可收获鲜茎叶 7 t，可加工成青贮饲料 5 t，每吨 900 元，减去成本 500 元，每年每亩毛利润 2 000 元。我国专用饲料苎麻品种种植面积 8 000 多亩，每年可创收 0.16 亿元。纤用苎麻和专用饲料苎麻饲料化每年可创收 10.96 亿元。

一、苎麻饲用价值评定

我国苎麻常年种植面积 300 万亩左右，生物学产量按 1.38 t/亩计算，干物质高达 414 万 t。从干物质产量看，苎麻的叶、壳、骨等副产物达 351 万 t，相当于纤维产量的 5.6 倍。从利用情况看，目前主要利用其纤维作为纺织原料，仅占整个植株的 15% 左右，而近 75% 的苎麻副产物很少利用，造成资源的极大浪费。因此对苎麻多功能开发潜力和途径进行深度研究，不仅有利于拓展苎麻综合开发的新路，而且有助于苎麻的利废增效。

以往研究主要利用概略养分分析（Weende）体系对饲用苎麻的粗蛋白等营养成分进行分析。针对该体系无法反映动物对饲料利用情况的不足，本研究采用康奈尔碳水化合物—蛋白质体系，配合常规营养成分测定，对 30 个不同基因型苎麻嫩梢的营养价值进行评定。研究表明，苎麻嫩梢中可消化利用的蛋白占粗蛋白的 96.73%，并且具有高钙（4.40% DM）、高粗灰分（13.60% DM）和低粗纤维（16.09% DM）的特点，可作为优质蛋白饲料原料；苎麻嫩梢低磷（0.15% DM）、酸性洗涤纤维和中性洗涤纤维偏高（42.91% DM 和 60.91% DM），且其碳水化合物中以缓慢（CB2，52.29% CHO）、中度（CB1，41.40% CHO）降解组分为主，是利用饲用苎麻改良的主要方向；不同基因型苎麻间主要营养指标，以及各碳水化合物组分、蛋白质组分的含量均存在显著差异（$P < 0.05$），具有通过品种选育大幅度提升其营养价值的潜力。

（一）常规饲用价值评定

试验材料来自中国农业科学院麻类研究所长沙望城试验基地，从 790 份苎麻资源中以田间直接鉴定法筛选出 30 份材料（表 3-1）。田间筛选原则为适于机械化收割、具有饲用苎麻基本特点，如：叶片深，叶茎比大，叶不易脱落，发兜能力强，生长势强。苎麻资源利用扦插苗，第一年 4 月进行扦插，9 月移栽种植。试验设计 3 个区组，每个区组长 14 m，宽 6.2 m，株距 50 cm，不同基因型间隔 70 cm，区组间隔 1 m。田间管理同常规苎麻，各小区管理一致。收获 2 年度 6 季苎麻，并截取植株顶端 40 cm 叶梢，风干，粉碎，过 1 mm 筛，混匀，贮存于样品瓶中，用作营养品质指标测定。

表 3-1　供试苎麻基因型

编号	品种	编号	名称	编号	名称
T1	红选 1 号	T11	昆池苎麻 3 号	T21	古家青杆麻
T2	瓦窑苎麻	T12	安龙苎麻 1 号	T22	硬骨青 2 号
T3	大方圆麻	T13	武岗厚皮种	T23	石阡青秆麻
T4	武胜野麻 2 号	T14	巫山线麻	T24	大叶麻 2 号
T5	大红皮 2 号	T15	巴县青皮大麻	T25	青园 6 号
T6	宜春铜皮青	T16	新宁家麻	T26	河麻 2 号
T7	BH2	T17	宁远苎麻	T27	两江家麻
T8	册亨家麻	T18	新宁麻 1 号	T28	梁平青麻
T9	细叶青	T19	广西黄皮苎	T29	H2000-03
T10	龙泉青麻	T20	咸丰大叶绿	T30	中饲苎 1 号

苎麻嫩梢常规营养品质分析发现（表 3-2），粗蛋白、粗脂肪、钙和磷在 30 个基因型间差异极显著（$P<0.01$），最大值分别是最小值的 2.02 倍、3.83 倍、5.30 倍和 3.12 倍，变化幅度达到 14.84%、7.16%、6.19% 和 0.17%。其中粗蛋白含量大于 20% 的占整个筛选基因型的 63.3%，T29 粗蛋白含量最高，达到 29.41%；粗脂肪有 10 份资源含量达到 5% 以上，最高的 T5 达到 9.69%；钙含量均大于 1%，最高的达到 7.63%，磷含量大于 0.12% 的资源共 24 份，最高的 T19 达到 0.25%。

粗纤维、粗灰分、无氮浸出物、淀粉和木质素 5 个指标在各基因型间差异不显著，最大值只有最小值的 1.51 倍、1.56 倍、1.66 倍、1.50 倍和 1.55 倍，变化幅度为 6.27%、6.00%、20.39%、1.55% 和 7.85%。其中粗纤维含量大于 18% 的只有 T30，为 18.52%；粗灰分含量均在 10% 以上，最高 T3 为 16.80%；无氮浸出物含量均较高，有 3 份资源的含量在 50% 以上，最高 T15 为 52.76%；淀粉和木质素以 T26 和 T3 含量最高，分别为 4.66% 和 22.14%。可溶性粗蛋白在 30 个基因型间差异极显著（$P<0.01$），最大值分别是最小值的 1.85 倍，变化幅度为 11.33%，且均值达 18% 以上；酸性洗涤不溶性蛋白质和中性洗涤不溶性蛋白质含量较低，均值只有

0.55%和5.85%。酸性洗涤纤维和中性洗涤纤维在基因型间差异显著（$P<0.05$），最大值分别是最小值的1.54倍和1.37倍，变化幅度为18.60%和19.14%。且二者含量均较高，酸性洗涤纤维含量平均值达到42.91%，中性洗涤纤维含量平均值高达60.91%。

表3-2 30个苎麻基因型常规品质分析表

品质性状	最小值	最大值	均值	F 值
粗蛋白（%DM）	14.57±5.50	29.41±1.79	22.94±1.83	3.22**
粗纤维（%DM）	12.25±2.06	18.52±0.65	16.09±0.31	1.43
粗脂肪（%DM）	2.53±0.30	9.69±1.83	4.62±0.17	2.70**
粗灰分（%DM）	10.80±1.34	16.80±4.24	13.60±0.09	0.95
钙（%DM）	1.44±0.11	7.63±0.85	4.40±0.03	7.10**
磷（%DM）	0.08±0.00	0.25±0.00	0.15±0.00	4.50**
无氮浸出物（%DM）	32.37±5.68	52.76±1.05	42.73±2.36	0.20
淀粉（%）	3.11±0.08	4.66±0.12	3.87±0.22	0.88
可溶性粗蛋白（%DM）	13.40±7.72	24.73±5.87	18.27±1.97	2.65**
木质素（%DM）	14.29±1.44	22.14±1.30	17.87±0.10	0.81
酸性洗涤纤维（%DM）	34.20±2.10	52.80±0.45	42.91±1.39	2.06*
中性洗涤纤维（%DM）	51.70±0.08	70.84±0.02	60.91±0.02	1.89*

注：%DM 为占干物质的百分比。* 和 ** 分别表示品种间在 0.05 和 0.01 水平具有显著差异。

（二）苎麻原料碳水化合物组分特点

由表3-3可知，所有碳水化合物组分在不同苎麻基因型间差异极显著（$P<0.01$），总碳水化合物（CHO）含量变化幅度为49.70%～69.21%，平均值为59.21%。不可降解部分（CC）在碳水化合物和干物质中所占比例均较低，平均仅占0.73%和0.43%，变化幅度为0.38%和0.19%。快速降解部分（CA）在碳水化合物和干物质中所占比例均较低，平均为0.58%和0.34%，变化幅度为0.36%和0.15%。缓慢降解部分（CB2）在碳水化合物和干物质中所占比例较高，平均达到52.29%和33.53%，变化幅度为36.36%和15.96%。中度降解部分（CB1）在碳水化合物中所占比例也较高，达到41.40%，变化幅度为36.54%。非结构性部分（CNSC）在碳水化合物中所占比例为41.98%，变化幅度为36.19%。缓慢降解部分和中度降解部分是苎麻碳水化合物中的主要成分，达到94.27%。

表3-3 不同基因型苎麻的碳水化合物组分

碳水化合物组分	最小值	最大值	均值	F 值
碳水化合物（%DM）	49.70±2.49	69.21±1.99	59.21±1.67	4.37**

（续表）

碳水化合物组分	最小值	最大值	均值	F 值
快速降解部分（%CHO）	0.44±0.03	0.80±0.04	0.58±0.01	4.62**
中度降解部分（%CHO）	18.61±4.37	55.15±2.90	41.40±0.98	4.63**
缓慢降解部分（%CHO）	43.52±2.77	79.88±4.44	52.29±0.95	4.58**
不可降解部分（%CHO）	0.50±0.02	0.88±0.14	0.73±0.02	2.50**
非结构性部分（%CHO）	19.41±4.33	55.60±2.87	41.98±0.97	4.63**

注：%DM 为占干物质的百分比，%CHO 为占碳水化合物的百分比。* 和 ** 分别表示品种间在 0.05 和 0.01 水平具有显著差异。

（三）苎麻原料蛋白质组分特点

由表 3-4 可知，所有蛋白质组分在不同苎麻基因型间差异极显著（$P<0.01$），非蛋白氮部分（PA）在粗蛋白中所占比例均较低，平均仅占 0.72%，变化幅度为 0.55%。不能消化蛋白（PC）在粗蛋白中所占比例均较低，平均为 2.55%，变化幅度为 5.99%。快速降解部分（PB1）在粗蛋白中所占比例较高，平均达到 39.50%，变化幅度为 31.85%。中速降解部分（PB2）在粗蛋白中所占比例也较高，达到 33.74%，变化幅度为 33.21%。缓慢降解蛋白（PB3）在粗蛋白中所占比例为 23.49%，变化幅度为 27.29%。快速降解蛋白、中速降解蛋白和缓慢降解蛋白为苎麻蛋白质的主要成分，达到 96.73%。

表 3-4　不同基因型苎麻的蛋白质组分

蛋白质组分	最小值	最大值	均值	F 值
非蛋白氮（%CP）	0.55±0.02	1.10±0.28	0.72±0.03	3.46**
快速降解蛋白（%CP）	32.05±4.68	63.90±17.13	39.50±1.85	5.23**
中速降解蛋白（%CP）	11.86±2.44	45.07±2.15	33.74±1.35	2.48**
缓慢降解蛋白（%CP）	11.87±9.84	39.16±0.87	23.49±1.00	3.33**
不能消化蛋白（%CP）	0.63±0.17	6.62±1.91	2.55±0.26	2.28**

注：%CP 为占粗蛋白的百分比。* 和 ** 分别表示品种间在 0.05 和 0.01 水平具有显著差异。

总体来说，30 个苎麻资源的嫩梢营养价值普遍较高，可作为优质蛋白饲料原料。注重高蛋白、高钙、低粗纤维、高粗灰分等特点是现阶段利用好苎麻嫩梢饲料的关键，低磷、酸性洗涤纤维和中性洗涤纤维偏高，且其碳水化合物以缓慢、中度降解组分为主，是利用苎麻嫩梢饲料需要优化的主要参数。30 个苎麻资源的粗蛋白含量普遍较高，平均达到 22.94%，且其非蛋白氮部分仅占粗蛋白的 0.72%，不能消化蛋白仅占粗蛋白的 2.55%，96.73% 的组分均为真可消化利用蛋白。其中，真蛋白中快速、中速和缓慢降解部分平均含量分别为 39.50%、33.74% 和 23.49%。除粗纤维、粗灰分、无氮浸出物、淀粉和木质素含量外，30个苎麻资源间的粗蛋白、粗脂肪等指标，以及各碳水化合物组分、蛋白质组分的含量均存在极显著差异，具有通过品种选育大幅度提升其营养价值的潜力。

（四）苎麻功能活性物质含量的鉴定

苎麻叶片中含有大量的生物活性物质，具有保健功能。苎麻叶片活性物质主要有三萜类化合物、黄酮类化合物、生物碱类化合物、醌类、木脂素、有机酸类、甾体类和糖类化合物，其中绿原酸为0.354%，总多酚为0.144%，熊果酸为760 mg/kg，总黄酮为0.05%（表3-5）。苎麻叶片中超氧化歧化酶能在植物衰老过程中清除组织中的活性氧，维持活性氧代谢的平衡，保护膜结构，因而延缓衰老；绿原酸对多种致病菌和病毒有较强的抑制和杀灭作用，而且还有利胆作用；黄酮类化合物在心血管系统的保健方面有十分显著的作用，它可以对血小板聚集及血栓的形成有良好的抑制作用，可以活血化淤、清理血管，促进血液循环，还具有净化血液，减少自由基的损伤，预防过氧化脂质的形成，排除体内毒素等功效；熊果酸具有广泛的生物活性，尤其在抗癌、抗肿瘤、抗氧化、保肝和降血脂等方面有显著性作用，日本等国家已经将其作为天然抗氧化剂应用于食品中。

表3-5 四种苎麻原料中蛋白质、熊果酸和总黄酮含量

样品		蛋白质/%	熊果酸/（mg/kg）	总黄酮含量/%
小麦淀粉对照	含量	9.41	147	0.01
7.4%苎麻粉（+小麦淀粉）	含量	10.2	409	0.01
	增加率	8.40%	178%	0%
14.3%苎麻粉（+小麦淀粉）	含量	11.1	622	0.02
	增加率	18%	323%	100%
100%苎麻嫩叶干粉	含量	27.9	760	0.05
	增加率	196.5%	417.0%	400.0%

注：中国检验认证集团湖南有限公司测定。

（五）纤饲兼用苎麻品种生理特征分析

1. 饲用苎麻氮素累积与利用基因型差异分析

采用循环营养液培养法，对30份饲用苎麻资源苗期氮素累积与利用特征进行分析，以期为饲用苎麻遗传改良提供依据。研究表明，不同基因型饲用苎麻间氮素累积量、分布及组成均具有显著差异，氮素更易向地上部累积，铵态氮含量高于硝态氮含量（表3-6）。地上部硝态氮累积量是检验不同基因型饲用苎麻氮素利用效率最敏感的指标，而株高和根长与氮素利用效率相关性不显著。不同基因型饲用苎麻间氮素利用效率具有显著差异，变异丰富，具有通过遗传改良显著提高的潜力。

表 3-6　30 份苎麻基因型部分性状的差异

性状	变幅	标准差	均值	变异系数
N_{SA}/g	0.147 2~0.551 5	0.103 8	0.292 3*	0.355
N_{SN}/g	0.016 3~0.124 0	0.053 2	0.085 1*	0.625
N_S/g	0.208 9~0.672 9	0.111 5	0.377 4*	0.295
N_{RA}/g	0.036 5~0.203 1	0.037 2	0.103 1*	0.361
N_{RN}/g	0.022 3~0.088 8	0.016 2	0.049 8*	0.325
N_R/g	0.058 8~0.275 8	0.049 3	0.152 9*	0.322
N_{PA}/g	0.298 8~0.869 6	0.139 9	0.530 3*	0.264

注：*代表不同基因型饲用苎麻同一性状在 0.05 水平上差异显著。

比较各苎麻基因型氮素利用效率发现，其变幅为 15.81%~46.01%，平均值为 28.06%，其中最大值是最小值的 2.91 倍（表 3-7）。

表 3-7　30 份苎麻基因型氮素吸收利用效率排序

排序	基因型	氮利用效率/%	排序	基因型	氮利用效率/%	排序	基因型	氮利用效率/%
1	T8	15.81	11	T18	25.49	21	T25	31.07
2	T3	16.45	12	T5	25.79	22	T26	31.14
3	T4	16.99	13	T11	25.98	23	T22	31.29
4	T20	19.00	14	T7	26.53	24	T23	32.15
5	T10	21.29	15	T17	27.65	25	T19	32.74
6	T15	21.82	16	T13	27.67	26	T2	37.70
7	T9	22.37	17	T6	27.74	27	T27	38.60
8	T16	22.75	18	T12	27.91	28	T21	39.70
9	T14	23.94	19	T1	29.65	29	T28	41.24
10	T30	25.28	20	T24	30.07	30	T29	46.01

综合株高增量、生物量增量等性状，比较高、中、低 3 类氮利用效率基因型差异可知，除根长外，氮高效基因型各项指标均高于氮低效基因型（表 3-8）。生物量增加值氮高效基因型是氮低效基因型的 1.60 倍，氮高效基因型在地上部铵态氮含量、地上部硝态氮含量和地上部含氮量指标方面，分别是氮低效基因型的 2.35 倍、1.74 倍和 2.19 倍，差异显著。氮高效基因型在地下部铵态氮含量、地下部硝态氮含量和地下部含氮量指标方面，分别是氮低效基因型的 3.19 倍、2.19 倍和 2.79 倍，差异显著。氮积累量表现为氮高效基因型平均是氮低效基因型的 2.34 倍，

氮高效基因型的氮利用效率平均是氮低效基因型高 2.34 倍。

表 3-8　3 类氮效率类型苎麻基因型性状差异

指标	基因型		
	氮高效基因型	中间型	氮低效基因型
PHI/cm	29.40a	24.94b	27.78a
RL/cm	37.37b	39.75a	40.57a
BI/g	36.01a	25.08b	22.47c
N_{SA}/g	0.429 4a	0.298 6b	0.182 5c
N_{SN}/g	0.119 3a	0.084 2b	0.068 4b
N_S/g	0.548 7a	0.382 8b	0.250 9c
N_{RA}/g	0.167 3a	0.105 8b	0.052 5c
N_{RN}/g	0.076 8a	0.049 5b	0.035 0b
N_R/g	0.244 1a	0.155 3b	0.087 6c
N_{PA}/g	0.792 9a	0.538 1b	0.338 5c
NUE/%	0.419 5a	0.284 7b	0.179 1c

注：横排不同小写字母表示基因型差异显著在 0.05 水平上显著。

2. 纤饲兼用苎麻生产性能调控的生理机制分析

为了明确氮素水平对饲用苎麻氮代谢相关酶的影响，以氮高效基因型苎麻'H2000-03'和氮低效基因型苎麻'册亨家麻'为材料，设置 0 mmol/L、6 mmol/L、9 mmol/L、12 mmol/L、15 mmol/L 氮素水平，观察了苎麻在不同生长时期氮代谢及抗性相关关键酶活性的变化特征（图 3-1）。结果表明：氮素水平的增加可显著提高苎麻各生长时期 GS、GOGAT、GLDH、CAT、SOD 和 POD 等酶活，但超过一定浓度后则导致其降低。苎麻各个生长时期 NR 活性随氮素浓度的提高逐渐升高而 MDA 含量逐渐降低。各生理指标随生长时期的变化特征与随氮素水平的变化特征相似。'H2000-03'的 NR、GS、GOGAT、CAT 活性及高氮水平下的 SOD、POD 活性均高于'册亨家麻'，而 GLDH、MDA 和低氮水平下的 SOD 和 POD 活性较低，整体表现出较高的生理响应和适应能力。苎麻更容易在高氮水平下表现出较强的氮代谢能力，并在 9 mmol/L 氮素水平处理时综合表现最佳。本研究认为：相对于持续提高氮素用量，苎麻可在适宜的氮素水平下达到氮代谢及抗性相关酶活性与苎麻产量和品质的契合；旺长期氮代谢相关酶活性可作为饲用苎麻品种选育的指标之一。

在幼苗期和成熟期，苎麻叶片蛋白质含量与 GLDH、NR 活性显著（$P<0.05$）或极显著（$P<0.01$）正相关，而与 GS、GOGAT 活性相关不显著。旺长期苎麻叶片蛋白质含量则与 GS、GOGAT 和 NR 活性显著正相关，而且各个酶的活性均显著或

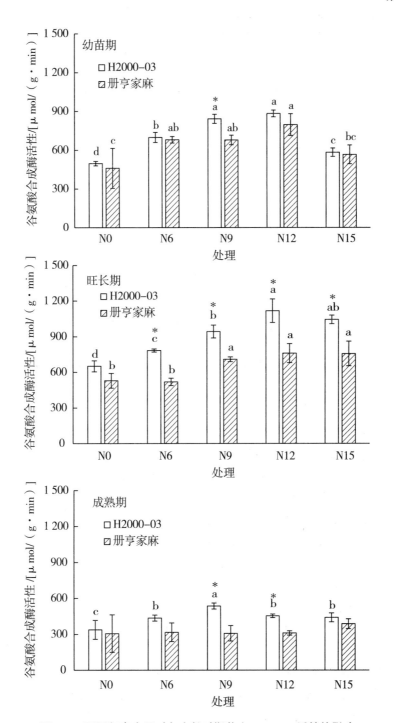

图 3-1　不同氮素水平对各生长时期苎麻 GOGAT 活性的影响

注：N0、N6、N9、N12、N15 处理的氮素水平分别为 0、6、9、12、15 mmol/L。

极显著正相关。NR 活性在各个时期均与叶片蛋白质含量呈显著正相关关系（表 3-9）。

表3-9　不同氮素水平叶片蛋白质含量与氮代谢相关酶活性间的相关系数

生育时期	酶	叶片蛋白质含量	GS	GOGAT	GLDH
幼苗期	GS	0.236 0			
	GOGAT	0.488 4	0.531 2		
	GLDH	0.782 7**	0.562 4	0.454 0	
	NR	0.820 0**	0.639 7*	0.504 0	0.923 3**
旺长期	GS	0.781 6**			
	GOGAT	0.657 0*	0.906 0**		
	GLDH	0.593 7	0.894 1**	0.926 5**	
	NR	0.703 2*	0.757 5*	0.880 2**	0.801 7**
成熟期	GS	0.604 9			
	GOGAT	0.089 8	−0.409 7		
	GLDH	0.656 6*	0.872 2**	−0.448 4	
	NR	0.914 6**	0.516 4	0.280 7	0.614 0

　　苎麻根系不同性状对氮素水平的响应特征不同，其中增施氮素可显著提高苎麻根系总吸收面积、活跃吸收面积及比表面积，但对根长影响不显著（图3-2）。增施氮肥可显著促进苎麻根系体积与活力的增长，其中氮高效基因型苎麻'H2000-03'根系体积在N12时达到最大，为N0的3.06倍，氮低效基因型苎麻册亨家麻根系体积在N9时达到最大，为N0的2.38倍；而过量施氮则会导致指标下降，其中旺长期"册亨家麻"根系活力下降达67.5%。各性状的综合表现导致苎麻氮素回收率在N9时达到最大值。氮高效苎麻'H2000-03'较氮低效苎麻'册亨家麻'具有显著较高的根长、根系体积、总吸收面积、活跃吸收面积，且能够随生长发育维持较高水平。但两者根系比表面积和根系活力没有显著差异，是其根系性状改良的重点。影响苎麻氮素回收率、地上部氮素累积量的关键时期为生长中后期，且关键因素为根量及根系表面特性。

　　苎麻蔗糖合成酶（SS）、β-1，3-葡聚糖酶和吲哚乙酸氧化酶（IAAO）活性随氮素水平提高呈现逐渐增加的趋势，并在超过9 mmol/L后增幅显著下降（表3-10）。各酶活性随生长发育时期均呈单峰变化趋势，表现为旺长期>幼苗期>成熟期。氮高效基因型的相关酶活性均高于氮低效基因型，且SS和β-1，3-葡聚糖酶活性在幼苗期和旺长期达到显著水平，IAAO活性在旺长期和成熟期达到显著水平（$P<0.05$）。相关酶对苎麻原麻产量具有重要影响，不同基因型对其响应特征不同，其中氮高效基因型的响应较敏感。苎麻纤维发育存在适氮水平，氮高效基因型可耐受更高氮素水平，并表现出显著较高的生产力和稳产性。

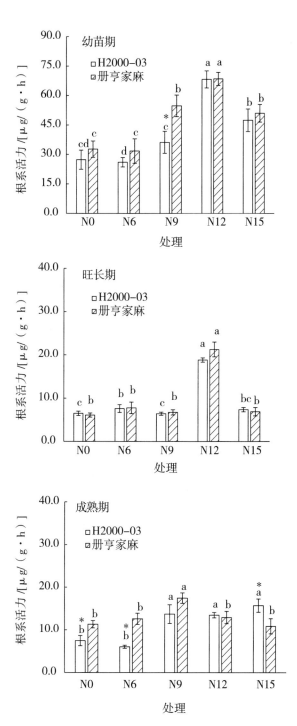

图 3-2　氮素水平对不同生长阶段苎麻根系活力的影响

注：N0、N6、N9、N12、N15 处理的氮素水平分别为 0、6、9、12、15 mmol/L。

麻美作物多用途的理论与技术

表3-10　不同氮效率苎麻纤维发育关键酶活性与原麻产量的相关分析

品种	指标		原麻产量	吲哚乙酸氧化酶活性			蔗糖合成酶活性		
				I	II	III	I	II	III
H2000-03	吲哚乙酸氧化酶活性	I	0.984**						
		II	0.986**						
		III	0.896*						
	蔗糖合成酶活性	I	0.946*	0.945*					
		II	0.911*		0.965**				
		III	0.981**			0.936*			
	β-1,3-葡聚糖酶活性	I	0.963**	0.912*			0.895*		
		II	0.986**		0.983**			0.931*	
		III	0.901*			0.671			0.886*
册亨家麻	吲哚乙酸氧化酶活性	I	0.706						
		II	0.720						
		III	0.679						
	蔗糖合成酶活性	I	0.593	0.936*					
		II	0.507		0.930*				
		III	0.595			0.976**			
	β-1,3-葡聚糖酶活性	I	0.855	0.948*			0.888*		
		II	0.670		0.985**			0.971**	
		III	0.704			0.971**			0.982**

注：Ⅰ、Ⅱ、Ⅲ分别代表苎麻幼苗期、旺长期和成熟期。* 代表相应指标间在 $P<0.05$ 水平上显著相关；** 代表相应指标间在 $P<0.01$ 水平上极显著相关。

3. 纤饲兼用苎麻主要性状的相关分析

利用30份苎麻基因型，对其粗蛋白和粗纤维含量的线性相关关系进行了分析，发现饲用价值（粗蛋白含量提高）和纤维生产性能（粗纤维含量提高）的矛盾关系（图3-3）。但同时也发现饲用价值与纤维品质呈正比例关系的特征，为优质纤饲两用苎麻品种选育提供了依据。

二、苎麻副产物青贮技术

苎麻因其干物质含量低、水溶性碳水化合物含量少、具有较高的缓冲性等特性，因此其副产物难以单独直接鲜贮，采用常规青贮技术很难调制优质青贮饲料。为了抑制青贮过程中不良微生物的生存和繁殖，在实践中常常采用凋萎青贮法或半干青贮法，以调制出品质和适口性更好的苎麻青贮饲料。由于气候原因，大部分苎麻产区每年7月以前刈割后很难顺利进行晾晒工作，难以保证青贮饲料的高发酵品

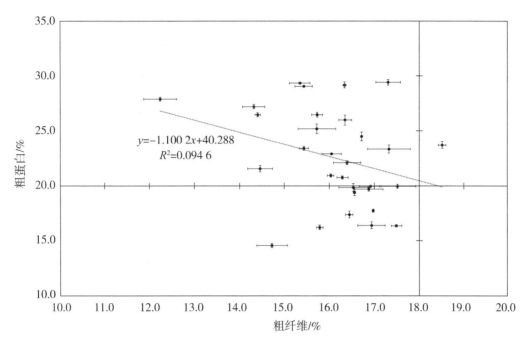

图 3-3　30 份苎麻基因型粗蛋白与粗纤维含量的相关关系

质和稳定性。为此，近年来苎麻青贮添加剂，除传统的添加剂外，还不断研制开发出新的乳酸菌制剂和纤维素酶制剂等生物添加剂，显著提高了苎麻青贮效果和品质。青贮方式也由原来的大型密闭式青贮窖、青贮塔、青贮堆和青贮袋，向作业效率高、发酵速度快、青贮效果好、易于运输、低成本的拉伸膜裹包青贮方向发展，青贮过程和取用也日趋机械化和自动化。

（一）采用技术

1. 半干（低水分）青贮

通过萎蔫使苎麻青贮鲜料含水量降至 65% 左右，能促进乳酸发酵而形成优质青贮料；加大萎蔫强度使其含水量降到 60% 时，就能阻止酪酸发酵。

2. 添加剂青贮

主要是接种某些有益菌种（乳酸杆菌）或添加某些有益的酶以及糖类，使青贮料中充满有益细菌、有益的酶，从而打破平衡并促使其向快速、低温和低损失的发酵过程转变。

3. 混合青贮

（1）添加玉米粉混合青贮。苎麻副产物（原料含水量为 65% 左右）92% ~ 95%+玉米粉 5% ~ 8%。

（2）添加玉米秸秆混合青贮。黄熟期玉米秸秆（含水量 50% 左右）50%+苎麻副产物（原料含水量为 60% ~ 65%）50%。

（二）青贮原料

1. 主料

苎麻纤维收获后留下的苎麻副产物，主要是麻叶、麻骨、麻屑，晾晒至含水量60%~65%。

2. 辅料

黄熟期的玉米秸秆（含水量50%左右）、玉米粉、麦麸皮、蔗糖、乳酸菌种等。

（三）青贮苎麻加工工艺流程

1. 窖藏青贮

（1）窖池消毒处理，保持清洁。

（2）原料准备。机械化剥麻的苎麻副产物无需再行切割或粉碎，晾晒至含水量为60%~65%，直接用于青贮；玉米秸秆一般切成2~3 cm，水分含量调至60%~70%；

（3）快速装料。必须抓紧时间装料以避免杂菌繁殖，致使青贮料品质下降。

（4）撒料装窖。5 t青贮物料用青贮饲料发酵剂1 kg，将饲料发酵剂用米糠（麦麸皮或玉米粉）按1:10左右的比例稀释，喷水，物料水分调至60%~70%，开始装窖，随装随踩，一边装原料，一边撒发酵剂，每装30 cm左右踩实1次，尤其是边缘踩得越实越好，尽量1次装满全窖。

（5）盖草封窖。青料的装填量需高于窖顶边缘30 cm，周围用木板或专业器具围好，2~3 d下沉后除去木板，盖上一层切短至5~10 cm，厚度约20 cm的青草，然后盖土踩实，盖土的厚度为60 cm，堆成馒头形状，拍平表面，也可以用相应重物压顶。也可采用塑料薄膜覆盖，但应注意覆盖塑料薄膜后压土或压上其他重物，薄膜应严格密封。

2. 拉伸膜裹包青贮

原料准备：将机械化剥麻后的苎麻副产物晾晒至60%~65%，如果是苎麻副产物单独青贮，则添加占总质量0.5%的白糖或1%的糖蜜，搅拌均匀；若与玉米粉混合青贮，则按照总质量的5%~8%玉米粉添加混匀；若与玉米秸秆混合青贮，则将黄熟期的玉米秸秆晾晒至50%左右含水量，切成2~3 cm，按50%的比例与苎麻副产物混匀。

原料准备好后，可制包青贮。

（四）苎麻副产物青贮饲料饲喂应用技术

1. 饲料混合与搭配

可以把糟渣料、青贮饲料、精料、干草饲料分开饲喂；也可以将各组分称量准确，按比例混匀后饲喂。肉牛饲喂，一般而言，苎麻副产物青贮饲料，每天每头按体重的3%~5%饲喂；精饲料按体重的1%配料。在用机械混合时，机械至少要开动3 min；手工操作时，所有饲料至少要搅拌3次，直到在饲料堆里看不出有各种饲料层次。

2. 干拌料和湿拌料

苎麻青贮饲料及精饲料的混合物喂牛最好,其中含水量为 40%~50%。育肥牛不宜采食干粉状饲料,因为肉牛边采食边呼吸,极易把粉状料吹起,影响呼吸。

3. 投料方式

投料坚持少喂勤添原则,牛吃料的特点是给得少、吃得快,投料时将配好的饲料堆放在食槽边,少添勤喂,让牛争食而不厌食、不挑食,这样牛吃得多,可增加采食量。牛、羊饲喂适应后,育肥牛按照每天每头 10~20 kg 供给、奶牛按 15~25 kg供给、羊按4~5 kg 供给。

第二节　基料化技术

我国是全球第一大食用菌生产国和消费国,当前食用菌产量达到 3 800 万 t 以上。随着食用菌产业的发展和市场竞争的加剧,缺乏优质栽培基质原料严重阻碍产业发展,急需寻找能显著降低生产成本的基料。如前文所述,麻叶和麻骨富含各类营养物质,且具有比表面积大、疏松透气的突出性能。同时,麻骨麻叶作为纤用麻类的副产物,生物量大、总体成本明显较低,同时也具备了降低食用菌生产成本的潜力。历经麻类副产物基料化技术在常规食用菌、高端食用菌和珍稀食用菌的三步应用提升,当前技术已趋于完善。

一、麻类副产物基质的调制技术

麻类副产物工厂化栽培珍稀食用菌技术,与常规原料相比,栽培周期缩短,生物学效率和品质提高,为食用菌栽培提供了一种新的原料来源;对食用菌基质降解分子机理进行研究,发现麻类副产物培养基能提高木质素降解酶蛋白表达水平与酶活,木质素降解酶的活性与产量呈正相关,为筛选合适的培养基、提高食用菌生物学效率提供理论基础。

利用麻类副产物工厂化栽培榆黄蘑、猴头菇、茶树菇、秀珍菇、真姬菇、羊肚菌和灵芝,与未加入麻类副产物培养基相比,栽培周期缩短 11.1%~21%,生物学效率提高 5.5%~18.6%(表3-11);羊肚菌鲜品中蛋白含量提高了 21.4%,脂肪含量降低了 30% 以上,碳水化合物含量降低了 38.9%,总氨基酸含量提高了 47.6%,必需氨基酸含量提高了 26.6%,谷氨酸含量提高了 65.2%。

表 3-11　不同碳氮比及添加剂对杏鲍菇品种 '杏 1' 栽培效果的影响

培养基主料	含量/%	添加 0.5‰磷、镁、钾	鲜菇重/g	周期/d	生物学效率/%
	50	—	188.4	30	55.7
青贮苎麻副产物	60	—	185.9	29	54.1
	70	—	175.5	31	44.6

（续表）

培养基主料	含量/%	添加 0.5‰ 磷、镁、钾	鲜菇重/g	周期/d	生物学 效率/%
	50	+	205.6	29	66.9
青贮苎麻副产物	60	+	200.6	28	65.1
	70	+	188.2	31	55.6
棉籽壳（对照）	0	—	187.4	35	53.8

对苎麻副产物栽培的杏鲍菇原基期分泌蛋白提取方式以及表达谱进行分析，221 个胞外分泌蛋白得到鉴定，表达谱组成主要为纤维素酶、半纤维素酶、木质素降解酶、蛋白酶和磷酸酶。对苎麻副产物、红麻副产物、棉籽壳以及芦苇秆栽培杏鲍菇胞外酶表达、活性与产量的关系，结果表明麻类副产物培养基能提高木质素降解酶蛋白表达水平与酶活，木质素降解酶的活性与产量呈正相关。苎麻副产物栽培金针菇，酶活表达模式与杏鲍菇类似。转录组测序结果表明蓝光影响杏鲍菇原基分化，蓝光诱导表达的差异基因主要是 CAZymes 和漆酶基因，为筛选合适的培养基、提高食用菌生物学效率提供理论基础。

通过对含水量影响杏鲍菇菌丝生长速度和生物学效率的 LSD 分析显示（表 3-12），含水量为 67.5% 的培养基栽培杏鲍菇菌丝生长周期为 28 d 左右，与 65% 试验组相比无显著差异，与 70% 和 73% 试验组相比有显著差异；与棉籽壳培养基相比少约 3 d。含水量大于 70% 会使菌丝生长周期明显延长；从出菇的生物学效率来看，含水量为 67.5% 的培养基栽培杏鲍菇生物学效率为 67.4%，与 65%、70% 试验组相比无显著差异，与 73% 试验组以及棉籽壳培养基相比有显著差异。综合两方面的试验结果，青贮苎麻副产物培养基的最佳含水量为 67.5%。

表 3-12　水分对青贮苎麻副产品栽培杏鲍菇的影响

水分/%	菌丝长速/（cm/d）	单袋鲜菇重/g	生物效率/%
65	0.361	201.32	65.61
67.5	0.365	204.17	67.77
70	0.316	200.67	65.52
73	0.317	188.25	56.63
CK	0.348	184.00	54.70

二、麻类基料栽培食用菌技术要点

（一）工艺流程

菌种制备

↓

原料准备→配料→搅拌与装袋→灭菌→接种→养菌（菌丝生长）→催蕾出菇→疏蕾→采收。

（二）菌种制备

1. 选择优良品种

菌种质量的好坏关系到产品的量和质。优良的金针菇菌种需具备 3 个条件：①具有良好的性状，如高产、优质、抗逆性强等；②纯度高；③活力强，无老化、退化现象。

2. 菌种的分离与培养

（1）母种制作。

①培养基制备：配置 PDA 培养基：马铃薯 200 g，葡萄糖 20 g，琼脂 18~20 g，磷酸二氢钾 1~3 g，硫酸镁 0.5~1.5 g，加水 1 000 mL，自然 pH 值，加热，琼脂溶解后，分装入试管中，装量为试管长的 1/5，塞上棉塞；或 PDA 添加 3 g 蛋白胨培养基。在高压灭菌锅于 0.15 MPa 压力下灭菌 0.5h，灭菌结束后将试管摆放在斜面板上冷却。

②组织分离、纯化及培养：选择无杂菌、无病虫害，菇体整齐、均匀，外观色泽洁白，菌盖直径 0.8~1.2 cm、菌柄长度 10~15 cm、未开伞的子实体，在无菌条件下，用解剖刀切取菌柄与菌盖间的小块菌肉，用接种针将此组织块迅速接入试管斜面培养基，放在 23 ℃条件下培养，待组织块周围长出白色放射状的菌丝以后，挑选没有污染杂菌试管中的菌丝体移接到新的试管培养基上纯化培养，成为母种。母种转管次数允许转接三四次。

（2）原种的生产。原种生产的培养基主要为棉籽壳培养基，具体配方如下：棉籽壳 78%、麦麸 18%、玉米粉 2%、石灰 1%、蔗糖 1%。按料水比 1∶1.2 原料混合均匀后装袋，于 121 ℃高温条件下灭菌 2.5 h。冷却至室温后接种。接种后放入菌丝房，保持菌丝房内温度 22~25 ℃，湿度 70%。接种后经常检查，将污染的菌袋及时清理掉。

（3）栽培种的生产。为了适应麻类副产物培养基，在制作栽培种时加入了一定比例的对应苎麻副产物。主要有如下 3 种配方。

配方 1：苎麻副产物（麻叶+麻骨）30%、棉籽壳 45%、麦麸 18%、玉米粉 5%、石灰 1%、蔗糖 1%。

配方 2：苎麻青贮原料 30%、棉籽壳 45%、麦麸 18%、玉米粉 5%、石灰 1%、蔗糖 1%，用 NaOH 调 pH 值到 6.5。

配方 3：麻蔸 30%、棉籽壳 45%、麦麸 18%、玉米粉 5%、石灰 1%、蔗糖 1%。

将原料混合均匀后装袋，培养基含水量为 60%，于 121 ℃高温条件下灭菌 2.5 h。冷却至室温后接种。接种后放入菌丝房，培养条件与原种相同。

（4）菌种质量鉴别。

①母种菌丝为白色，外观呈细粉状。低温保存时，容易长出子实体。

②原种与栽培种正常适龄菌种菌丝纤细密集，白色，遇低温会出现丛状子实体。菌丝生长稀疏、尖端浓密，白而泛黄，不再向料内延伸，出现生长界限的为劣质菌种。

3. 原料准备

以头麻副产品（麻叶+麻骨）为原料，粉碎成 3 种粗细不同的物料，按苎麻副产物 80%、麦麸 18%、硫酸钙和蔗糖含量均为 1%，磷酸氢二钾和硫酸镁均为 0.5‰，自然 pH 值，进行配制培养基用于栽培'杏 1'，按配方棉籽壳为对照（CK）。主要考察菌丝长满菌袋所需时间及生物学效率。

苎麻副产品粉碎物为 4~15 mm 时菌丝满袋的时间仅为 25 d，而粉碎物为 0~1 mm 粉末状时菌丝满袋时间延长到 38~45 d，只有粉碎物为 2~5 mm 颗粒大小时，满袋时间为 32 d 与棉籽壳对照的 31 d 相似（表 3-13）。可见，苎麻副产品颗粒越大，菌丝蔓延速度越快，相反颗粒越细则菌丝蔓延速度越慢，满袋时间就会延长。这可能因为菌丝的生长速度与培养基内间隙大小有关，原料颗粒越细培养基内部间隙越小，也就不利于菌丝生长。这三种粉碎物栽培'杏 1'的生物学效率稍有差别，在 68%~74%，差异不显著。总体上苎麻副产品栽培'杏 1'的生物学效率比棉籽壳的高，粉碎物大小以 2~5 mm 为宜。

表 3-13 不同颗粒大小栽培比较结果

苎麻副产品粉碎物大小/mm	长满菌袋所需时间/d	生物学效率/%
0~1	38~45	73.4
2~4	32	72.6
4~15	25	68.4
配方棉籽壳（CK）	31	53.4

4. 配料

（1）苎麻副产物（麻叶+麻骨）。分别按苎麻副产物（麻叶+麻骨）添加 50%、60%、70%、80%、68%、78%、88%、98% 和 0（CK）等配方配制培养基用于栽培'杏 1'。测量各项指标，统计平均值。

从结果看，苎麻副产品栽培杏鲍菇的菌丝生长期基本相同，均为 31 d 左右；而从后期催蕾及子实体生长的管理周期看，苎麻副产品的周期为 30 d 左右（表 3-14），而棉籽壳的需时较长为 35 d，原因是苎麻副产品栽培的杏鲍菇表现为出蕾较早。不同的配方栽培，杏鲍菇的菇长、菌柄直径及菌盖直径等指标差别不大，说明苎麻副产品和棉籽壳对菇型的影响无明显差别。随着苎麻副产品含量的增加，单袋鲜菇重随之变轻；换而言之，棉籽壳含量越高单袋鲜菇重就越重。然而，苎麻副产品栽培杏鲍菇的生物学效率较高，在70%左右，这跟苎麻副产品吸水性较好有关；而在相同出菇管理条件下，棉籽壳对照的生物学效率只在52%左右。在培养基中减少麦麸含量对杏鲍菇的产量影响不明显，可能是由于苎麻副产品粗蛋白含量高可以提供较为充足的氮源。合适的配方可以达到较好的成品率，其中含60%苎麻副产品培养基栽培的成品率可达到96.7%，而棉籽壳对照的成品率最高，达97.2%；苎麻副产品含量越高单袋鲜菇重就随之降低，而菇重不达标是其他配方成品率较低的主要原因。整体分析不同配方的栽培效果，苎麻副产物（麻叶+麻骨）添加60%，在栽培周期、菇型、单袋鲜菇重及生物学效率方面效果较好。

表3-14　不同配方对'杏1'品种栽培效果的影响

苎麻副产物/%	菌丝生长期/d	催蕾及子实体生长期/d	菇长/cm	菌柄直径/cm	菌盖直径/cm	单袋鲜菇重/g	生物学效率/%	成品率/%
50	31	32	15.7	4.2	5.6	131.6	62.0	94.4
60	32	28	16.1	4.2	5.3	136.6	69.1	96.7
70	32	28	15.2	4.3	5.7	128.2	67.8	92.5
80	32	28	14.4	4.0	5.3	120.1	67.7	80.2
68	32	29	15.5	4.4	5.4	132.4	69.4	95.3
78	32	30	14.9	4.3	5.5	129.4	72.2	92.6
88	32	30	14.2	3.7	5.3	118.6	72.9	62.6
98	32	30	13.9	3.8	5.5	116.4	75.4	60.8
0	31	35	15.8	4.5	5.4	138.4	51.3	97.2

（2）苎麻青贮原料。不同碳氮比条件下的菌丝长速、单袋鲜菇重以及生物学效率的统计结果如表3-15所示。通过分析得知：青贮苎麻副产物含量为50%的培养基栽培刺芹侧耳菌丝生长速度最快，为0.341 cm/d，显著大于其他试验组。通过生物学效率分析可得知，50%青贮苎麻副产物试验组生物学效率最高，为70.5%，与60%和70%试验组无显著差异，与其他另外两个试验组相比有显著差异。综合分析对菌丝生长速度以及生物学效率的影响，在生产中可以考虑添加50%青贮苎麻副产物来替代棉籽壳用来栽培刺芹侧耳。

表3-15　苎麻青贮原料培养基碳氮比对刺芹侧耳栽培效果的影响

苎麻青贮原料/%	菌丝生长速度/（cm/d）	单袋鲜菇重/g	生物学效率/%
40	0.329±0.1b	182.4±1.3bc	64.3±0.5b
50	0.341±0.3a	203.2±1.1a	70.5±0.3a
60	0.307±0.7d	187.1±0.7b	66.7±0.8a

（续表）

苎麻青贮原料/%	菌丝生长速度/（cm/d）	单袋鲜菇重/g	生物学效率/%
70	0.319±0.2c	185.9±0.9b	66.3±0.7a
CK	0.314±0.5c	178.7±2.2c	60.9±0.9b

注：同列中相同小写字母表示无显著差异（$P<0.05$）。

（3）麻苵。从麻苵培养刺芹侧耳结果表3-16所示，70%麻苵试验组生长速度最快，为 0.383 cm/d，60%麻苵试验组为 0.375 cm/d，50%麻苵试验组为 0.359 cm/d，40%麻苵试验组为 0.321 cm/d，对照棉籽壳培养基为 0.317 cm/d，除40%麻苵组外，其余试验组与对照组之间菌丝生长速度在统计学上有显著差异。说明麻苵与棉籽壳培养基相比能缩短菌丝生长周期。通过对生物学效率以及单袋鲜菇重的LSD分析显示，当麻苵加至50%时，与60%试验组无论是菇重还是生物学效率均无显著差异，但与其他组有显著差异。因此，在生产中可以考虑添加50%麻苵来替代棉籽壳。

表3-16 麻苵培养刺芹侧耳结果

麻苵/%	棉籽壳/%	麦麸/%	菇重/g	生物学效率/%
40	31	21	199.37±0.7	66.21±0.5
50	21	21	220.00±2.3	73.68±0.3
60	11	21	215.40±2.1	72.85±0.7
70	0	22	188.67±0.9	62.35±0.9
CK	71	21	191.34±0.7	64.53±0.3

（4）菌渣。采用不同比例的菌渣拌料，各处理条件下的菌丝均洁白、浓密。菌丝生长速度各组间无显著差异。通过对生物学效率以及单袋鲜菇重的LSD分析显示，菌渣含量为50%与10%、30%、70%以及CK之间无显著差异（表3-17），与90%、100%有显著差异。结果表明，50%含量菌渣加棉籽壳培养基适合用来再次栽培刺芹侧耳。

表3-17 菌渣加棉籽壳培养基培养刺芹侧耳实验结果

菌渣/%	棉籽壳培养基/%	菌丝生长速度/（mm/d）	菇重/g	生物学效率/%
10	90	3.13±0.3	192.33±1.5	62.34±0.8
30	70	3.14±0.8	193.40±2.1	63.58±0.3
50	50	3.16±0.5	195.37±1.1	65.36±0.7
70	30	3.18±0.7	192.15±0.9	62.23±0.6
90	10	3.12±0.6	173.26±1.3	50.57±0.2

（续表）

菌渣/%	棉籽壳培养基/%	菌丝生长速度/（mm/d）	菇重/g	生物学效率/%
100	0	3.14±0.7	170.57±1.8	48.92±0.3
CK	100	3.10±0.3	188.75±0.7	60.19±0.1

综上所述，苎麻副产物培养料配方为：

①配方1：苎麻副产物（麻叶+麻骨）60%、棉籽壳10%、麦麸18%、玉米粉10%、石灰1%、蔗糖1%。

②配方2：苎麻青贮原料50%、棉籽壳20%、麦麸18%、玉米粉10%、石灰1%、蔗糖1%、用NaOH调pH值到6.5。

③配方3：麻蔸50%、棉籽壳20%、麦麸18%、玉米粉10%、石灰1%、蔗糖1%。

④配方4：菌渣50%、苎麻副产物20%、麦麸18%、玉米粉10%、石灰1%、蔗糖1%。

此外，还可以在培养料中加入0.1%多菌灵，防止杂菌感染。

5. 搅拌与装袋

拌料时按上述配方比例称取培养料，混合均匀并搅拌，培养料含水量应控制在65%左右，即用手紧握指缝有水而不滴下为宜。装袋用聚丙烯塑料袋规格为17 cm×35 cm×0.05 cm，每袋装干料约400 g。在装袋时需要保持袋料松紧度一致。装料过松会导致袋身形成原基，从侧面出菇，不便管理。如果装料过紧会导致菌丝生长缓慢，灭菌不彻底。另外，装好的菌包在移动的过程中要注意不要划破菌袋，导致杂菌感染。

6. 灭菌

灭菌是否彻底是影响食用菌成品率的一个关键因素。高压灭菌保持2.5~3.0 h后，自然降压到零后，打开出锅。常压灭菌可以采用框箱式蒸汽灭菌，即把菌袋放在框内，一框一框叠在灭菌池内，中间有通气道。常压灭菌升温至100 ℃以后，保持时间与菌袋数目有关。一般来说，灭菌1 000袋保持12 h，2 000袋保持14 h，3 000袋保持16h。

7. 接种

接种包括固体菌种的顶端接种、中心及顶部接种以及液体菌种的顶端接种等3种方法。通过对3种方法的菌丝生长速度进行比较，得知顶端接种法菌丝体长满菌袋需29 d左右，中心及顶部接种法菌丝生长周期（长满菌袋）约为23 d，比顶端接种法缩短1周左右。液体菌种的顶端接种法菌丝体生长周期约33 d左右，比固体菌种顶端接种法的满袋时间迟约4 d。顶端接种法虽然菌丝生长周期不是最短，但操作较简易；中心及顶部接种法虽然缩短了菌丝生长周期，但由于袋中间加栓，装袋工序较为烦琐，延缓装袋速度；液体菌接种方法最为简单快捷，但由于液体菌在固体培养基上生长需要几天的适应时间，菌丝生长周期就相应地推迟几天。因此选择何种方式进行接种跟生产上的工艺程序设计有关，若以加快生产速度为主，就选择中心及顶部接种法来缩短整个生产周期，而装袋等工序的投入就得相应增加。固体菌种的顶端接种法如下。

接种前首先将菌包、栽培种及各接种工具（含95%酒精的酒精灯、镊子、酒精棉）放入接种箱内。然后对接种箱进行消毒灭菌。接种箱消毒可采用气雾消毒剂，每立方米的接种箱用1小包药剂（约10 g）熏蒸25 min，或者采用紫外灭菌的方式，在接种前半小时打开接种箱的紫外灯，料袋冷却至28 ℃以下时就可接种了。接种量一般为20 g左右，让菌种散开在料面上。接种结束后将接种箱用消毒剂（甲酚皂等）擦拭一遍。

8. 养菌

菌袋接种以后移到培养室进行发菌培养。在这个阶段，培养室温度控制在20~25 ℃，湿度控制在60%~65%，避光，培养室早晚进行通风换气。另外定期对菌袋进行检查，将感染了杂菌的菌包及时移出，以免交叉感染。一般经过大约30 d的培养后菌丝就可长满袋，营养菌丝基本达到生理成熟。

9. 催蕾出菇

（1）菌丝后熟期。35~40 d菌丝长满袋后，菌袋从菌丝培养房转入菇房进行后熟培养，后熟的最适宜温度是25 ℃左右，需新鲜空气，不需要光照，经过7~10 d的后熟培养，菌丝粗壮、浓密、洁白，达到生理成熟，由营养生长转入生殖生长，并积累足够的养分，才能开袋出菇。菌丝生长后熟时间的长短直接影响到出菇率、转化率、菇体畸形率和产量的高低。

为了出菇整齐一致，幼菇生长健壮，可先进行搔菌处理。空气相对湿度90%~95%的条件下打开袋口，用75%酒精消毒过的小勺刮去袋口料面中央老菌种块和老菌皮，并使袋口料面变齐，但不撑开袋口，以保持袋口料面湿度，约经过10 d的后熟培养，料面重新长出新的白色气生菌丝，即可进行催蕾管理。

如果袋口或菌袋中部已有原基形成，则不再进行搔菌处理，可直接进行出菇管理。

（2）原基形成期。

①温度：经过后熟培养的菌包可进行催蕾出菇，以较低的温度刺激原基形成，出菇房温度设置12~15 ℃（12~18 ℃），与菌丝生长（25 ℃左右）保证有10 ℃的温差。如温度8~12 ℃时，原基发生的时间明显延长，需10~15 d，而且原基往往呈球状，温度越低，球形原基越大，越不容易分化成菇蕾。当气温回升时，有的球形原基经3~5 d可分化成菇蕾，如果气温继续下降，则球形原基越变越大，无法形成子实体。如果高于20 ℃，菌丝又转向营养生长，低温刺激的效应也就消失，原基停止发育，还可能会出现球状、花菜状、珊瑚状的畸形子实体，不容易分化成菇蕾。

②空气相对湿度：90%~95%的高湿环境使料面的菌丝重新恢复，湿度过低难以分化原基。

③通气量：适度通风，较高的二氧化碳浓度对菌丝生长有促进作用，也有利于原基的正常分化形成，但太高会影响子实体的形成和发育，造成不出菇或畸形菇。

④光照：合适的散射光线刺激诱导，光照强度800~1 000 lx。一般10 d左右形成原基，原基形成3 d后，就可在袋面上看到水珠涌出，涌出的水珠淡象牙黄色或白色，如果出现深黄色或红黄色水珠，提示该栽培袋被细菌污染了。吐水珠第3天就很清楚地看到半圆形的小突起，预示原基形成阶段结束，转入菇蕾形成期。随着子实体生长发育，需要适当加大通风量，保证菇房内空气新鲜。

（3）菇蕾形成期。原基分化形成具有菌盖菌柄的小菇蕾这段时间称为菇蕾形成期，也叫菌盖分化期。菇蕾形成期时间较短，原基形成后3 d左右分化成菇蕾。

①温度：菇蕾形成期的最佳温度12~15 ℃。

②空气相对湿度：湿度保持90%~95%，子实体原基形成时以保湿为主。

③通气量：这一阶段代谢旺盛，需加强通风，保持空气新鲜，如果氧气不足，小菇蕾出现萎缩或停止生长，二氧化碳浓度应控制在3 000 mg/kg左右。

④光照：一定的散射光，光照强度为500~1 000 lx，在直射光与完全黑暗的环境中均不易形成理想的菇蕾，在暗光条件下分化形成的子实体，菌盖白而细腻、有光泽，菌柄较长。若光照强，菌盖大而黑，且粗糙无光泽，产品质量差，商品价值低；光照过弱会形成无头菇。

当原基分化形成1~2 cm小菇蕾时应及时开袋进行出菇期的管理。开袋过早原基难以形成或出菇不整齐；开袋过迟，子实体已在袋内长大，会形成畸形菇，严重时子实体会萎缩腐烂。应撑开袋口或剪掉袋口薄膜，也可将袋口塑膜向外翻卷下折至高于料面2~3 cm处，露出小菇蕾。

（4）子实体生长期。子实体生长期是指具有菌盖菌柄的小菇蕾继续生长至可采收的成熟的子实体阶段，维持6~8 d。

①温度：此阶段适宜温度是12~15 ℃，子实体生长良好，菌柄生长速度快、均匀，菌盖光滑，色泽灰色，不易开伞，产量高。气温超过18 ℃，子实体容易枯萎死亡或感染假单孢杆菌，发生细菌性软腐病，子实体上产生暗黄色液滴，而且培养基表面也出现黄棕色水渍，传染速度极快，可导致整个菇房菌袋感染，子实体腐烂发臭，因此需及时移出室外。长期处于8 ℃左右时，子实体生长速度慢，菌盖色泽呈现深灰到灰黑色，表面多有瘤状物出现，菌柄短，商品价值会受影响。

②空气相对湿度：湿度保持在85%~90%，不要向菇体喷水，以防菇体发黄或感染细菌出现腐烂。湿度过低，子实体会干裂萎缩并停止生长。

③通气量：当菇蕾发育至5 cm左右开始进入快速伸长期，此时的重点是促使菌柄拉长。高浓度的二氧化碳具有促进菌柄伸长的作用，适当减少通风量，少许新鲜空气，二氧化碳保持在5 000~8 000 mg/kg，菇柄生长速度加快，明显伸长，菇柄

上下粗细均匀。如果出现中部膨大，柄顶部逐渐变细，表明出菇房内二氧化碳浓度太高，此时要增加通风量。

④光照：暗光培养，保持菇房黑暗。子实体生长期如遇高温高湿，子实体会因受细菌感染而失去活力，造成腐烂。如果菇体表面水分蒸发太快，来不及从栽培袋中获得补充，就有可能造成菇体外表皮开裂，所以以高湿度柔风形成对流比较妥当。

（5）子实体成熟期。子实体伸长至 10~12 cm 或 12~15 cm，菌盖平展，上下粗细比较一致，菌褶初步形成尚未弹射孢子时，此时子实体已达到成熟，开始转入成熟期管理。此时的重点是促进菇体的伸长，将二氧化碳控制在 2 000 mg/kg 左右，菇体逐渐伸长，如果超过 7 000 mg/kg，就会出现无帽菇，失去商品价值。降低相对湿度，湿度保持在 80%~85%，有利于子实体的保鲜。1~2 d 即可采收。

10. 疏蕾与抑制

杏鲍菇与其他菇类不一样，只要生理成熟，有温差刺激，环境条件适合就可在栽培包的表面出现大量原基，随后分化大量小型菇蕾，为了提高商品菇的质量，待菇蕾长至 2~3 cm 时就需集中进行人工疏蕾，控制菇蕾数量，疏蕾期间湿度降到 85%~90%。出现球形原基时，应把球形原基弃除，在保湿升温的条件下，让新的原基早点发生，再疏蕾。疏蕾时注意选留位置好、菇形正、个体大的菇蕾，每袋留 1~2 个健壮菇蕾，其余的用消过毒的小刀在其菌柄膨胀下部平滑割除。在此后的培养过程中，要经常到菇房检查，发现疏过的菇旁边又有小菇冒出时，将其除去，保证养分集中供应到留下的主体菇上。

金针菇长至 3~4 cm 时为最佳抑制期，抑制方法主要有风抑制、光抑制和温度抑制 3 种，即通过低温、强光、强风等综合作用，使菇蕾生长缓慢、整齐一致、坚挺。将菇房温度降至 9~12 ℃，加大冷风机通气量，促使菇房内空气相对湿度快速降低，使金针尖菇在 1~3 d 内迅速枯萎，然后停止吹风，保持菇房空气相对湿度在 85%~90%，待再生菇蕾长至 3~4 cm 时及时用 20 cm×43 cm 的折角聚乙烯袋套袋，然后再通过低温冷风和强光抑制 3~5 d 使再生菇蕾生长平齐健壮。

11. 采收

（1）杏鲍菇。从原基形成到采收需要 15 d 左右。由于杏鲍菇的食用部分主要是菌柄，因此在菌盖平整未完全展开，孢子尚未弹射时为采收适期。一般菌盖直径达到 2~3 cm，菌盖与菌柄的粗度相近，柄长 12~15 cm 时即可采收。子实体后期生长速度较快，稍推迟一天采收，菌盖就会展开上翘，呈漏斗状，颜色变浅；菌柄变松软，纤维素增加，其口感差，质量下降。因此要及时采收，才能保证菇的质量。采收时套上一次性手套，以减少菇体上的指纹印，影响商品外观。工厂化栽培一般只采收 1 潮菇，生物转化率可达 60%~80%。

采收完一潮菇后，在袋口上盖上纸封口，停止喷水，让伤口上菌丝恢复后，再喷水提高湿度诱导下一潮菇生长。杏鲍菇从接种到菌包生理成熟约 35~40 d，出菇到采收结束一般 15 d 左右，整个栽培周期 55~60 d，每一栽培包可收茹 220~320 g。

（2）金针菇。

①采收时期。当菌盖开始展开，开伞度 3~5 层，菌柄长度为 15 cm 左右为采收最适时期。采收时，一手握住菌袋，一手握住菇体根部旋转采下。若菇柄基部带有培养基质，用小刀切整齐。不同级别菇分开包装，做好分级标志，在 0~3 ℃ 下冷藏。

②采收后管理

A. 搔菌：采收后要立即进行搔菌，把原来接种块上的菇头、死菇蕾及其老菌块全部挖去，整理袋口表面培养基，升温至 13~18 ℃，使菌丝休养生息。第二茬菇经过搔菌的刺激后转潮快，出菇整齐，质量较好。

B. 补水：金针菇第一茬菇产量高，导致菌袋内大量水分被消耗，所以第二茬生产时必须及时补水，特别是料面不能缺水。对失水过多、菌料干枯萎缩、重量明显减轻的菌袋，可将菌袋置水池中浸泡，待菌袋吸足水后，倒去多余的水；对失水不多的菌袋，在培养基上喷少量清水，以利于第二批菇蕾的形成。喷水不能过多，以免引起袋内积水，造成菌丝残废或杂菌滋生。

袋栽金针菇的产量多集中在第一潮，第一潮的产量占总产量的 60% 以上，第二潮为 20% 左右。因此栽培前期的科学管理是金针菇高产稳产的基础。

③金针菇鲜品的分级。

1 级：菌盖未开，直径小于 1.3 cm，菌柄长度 11~15 cm，色泽洁白，鲜度好，无腐烂变质现象。无褐斑，无虫蛀，无根余。

2 级：菌盖未开，直径 1.3~1.5 cm，菌柄长度 11~15 cm，基部 1/3 呈黄色或淡茶色（黄色菌株），其余指标同 1 级。

3 级：菌盖稍开伞，直径 1.5~2.0 cm，菌柄长度小于 11 cm，基部 1/2 呈淡茶色至褐色（黄色菌株），其余指标同 1 级。

三、苎麻副产物栽培食用菌效果

当培养基质中苎麻副产物含量为 50%~60% 时，栽培杏鲍菇的生物转化率在 65% 以上，二茬金针菇的生物学效率 106.9%（表 3-18）；成品率可达到 97.1%，与棉籽壳对照的成品率 97.2% 无显著差异；用青贮苎麻副产物栽培刺芹侧耳时，产品的蛋白质含量 3.9%，总糖和脂肪分别为 47.3% 和 0.2%（表 3-19）。与棉籽壳主料相比，具有增收、节支、安全、时间短和品质好等优势。因此，苎麻副产物是栽培高档食用菌的理想原料之一。

表 3-18 苎麻副产物栽培金针菇效果

苎麻副产物/%	第一潮菇周期/d	两潮菇鲜重/g	生物学效率/%
50	58	192.6	106.9
60	58	133.1	78.5

苎麻副产物/%	第一潮菇周期/d	两潮菇鲜重/g	生物学效率/%
70	58	105.8	66.6
CK	69	201.8	74.7

表3-19　青贮苎麻副产物栽培剌芹侧耳的品质检测

	蛋白质/%	脂肪/%	还原糖/%	总糖/%	粗纤维/%
青贮苎麻副产物	3.9±0.1a	0.2±0.02a	0.20±0.03a	61.9±0.4b	2.4±0.1a
棉籽壳	3.0±0.2a	0.3±0.02a	0.24±0.02a	47.3±0.2a	2.2±0.3a

注：同列中相同小写字母表示无显著差异（$P<0.05$）。

四、麻类基料的梯次化利用技术

（一）菌渣二次发酵利用技术

杏鲍菇菌渣通过与麻类副产物复配，可以作为食用菌栽培基质再次使用；榆黄蘑菌渣通过二次发酵，提高漆酶活力，与菌渣提取液复配形成新型脱色剂，增强靛蓝和刚果红脱色率；为菌渣利用提供新的思路，提高产品附加值，延长产业链。

棉籽壳、苎麻副产物以及麻苆等主料中加入40%~50%的杏鲍菇菌渣后可以再次栽培杏鲍菇，产生的生物学效率最高，分别达到了67.59%、70.24%和71.02%。榆黄蘑菌渣接种平菇菌种，进行二次发酵，发酵7~28 d后，对固体发酵物中酶液进行提取，与未经发酵的菌渣提取液进行复配后，提高漆酶活性，刚果红和靛蓝脱色率分别达到59.66%和50.07%。本项目研究结果为脱色液的研制提供了新的思路。

（二）麻基食用菌发酵利用技术

灵芝提取物或者灵芝发酵液具有优良的抗氧化和美白活性，在多个品牌化妆品（羽西）中均有应用实例。灵芝提取物一般为灵芝子实体水/醇提取物，灵芝发酵液的来源均为灵芝子实体发酵产物。北京工商大学王昌涛课题组以灵芝子实体为原料，接种葡萄酒酵母发酵灵芝并测定发酵液中抗氧化能力及抗衰老方面能力。华南农业大学曹庸课题组以灵芝子实体提取液为发酵原料，接种 Kefir 粒、酿酒酵母菌和纳豆芽胞杆菌，对发酵液保湿性能进行检测。上述研究的原料均依赖于灵芝子实体。

形成化妆品级灵芝发酵液大规模、周年化生产模式，降低对灵芝子实体的依赖程度，降低化妆品功效原料成本，针对灵芝发酵液抗氧化和美白功能活性成分进行发酵条件优化，是生产中亟待解决的问题。

本项目研究的灵芝发酵液最适菌丝体发酵培养基为麦芽培养基，最适发酵天数为5~6 d，最适发酵菌株品种为中华红芝。以DPPH自由基清除率和酪氨酸酶抑制率作为评价指标，对中华红芝发酵条件进行了优化。对所有条件进行优化后，其DPPH清除率可达92.36%~94.35%，超氧阴离子清除率可达13.59%~13.98%，酪氨酸酶抑制率达90.35%~92.37%。

综上所述，本项目研发的灵芝发酵液具有良好的抗氧化和美白活性，可以作为一种抗衰老和美白原料进行添加。

第三节　苎麻多用途产业模式与案例

由于学科的交叉和科技的进步促使麻类作物不仅仅停留在纺织领域，要提高麻类作物的综合利用率，充分开发利用的潜力和空间，使其用途向人类生活的各个方面渗透。同时以纺织原料为主线，充分利用麻类作物环保特征，多用途开发除纤维外的茎、叶、麻骨等副产品。也就是要开发产品的多元化特性，包括用途的多元化和产品形式的多元化，从而满足更广泛的农业功能和市场需求。

我国是全球第一大苎麻生产国和加工国，具有最完整的产业链。因而在推进苎麻多用途产业时，既具有原料供给保障，也具有产业引领优势。苎麻多用途产业化技术路线如图3-4所示。

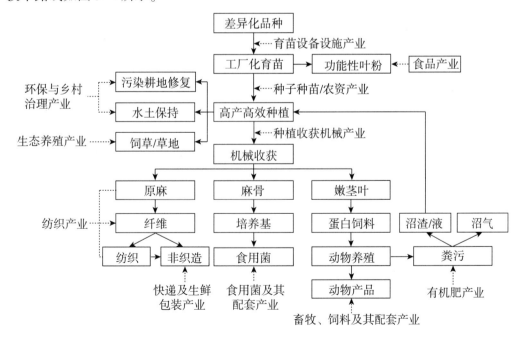

图3-4　苎麻多用途产业化技术路线

典型案例：优质多功能苎麻新品种创制与多用途产业化

优质多功能苎麻新品种创制与多用途产业化技术成果是由国家麻类产业技术体系牵头，依托中国农业科学院麻类研究所等科研院所及企业共同完成的。该成果围绕传统苎麻产业缺乏优质品种、资源利用率低、产业链配套不完整导致整体效益持续下降的瓶颈问题，通过多维度、系统性解析苎麻关键性状形成与调控机理，揭示出苎麻产量与品质的构成因素及其贡献度，探明"一麻多用"的生物学基础，构建基于作物表型与分子标记方法相结合的多目标高效育种技术体系。进一步以新品种原料为基础，通过创制超薄完全生物降解麻纤维膜、创新苎麻饲料化关键技术与产品，实现苎麻纤维和副产物的高值化与产业化应用。

一、创建麻类作物表型与分子标记相结合的育种技术体系，创制出优质高效多功能麻类骨干新品种11个，全国麻类种植面积占比达80%以上

（1）从多维度、系统性鉴定了主要麻类作物性状，解析了纤维细度、产量和功能性化学成分形成与互作机理，提出了"一麻多用"理念，引领麻类育种战略提升。

梳理了麻类作物在纺织、材料、环保、能源等领域的潜在应用路径，聚焦制皮、麻籽、麻骨、麻叶、麻根对3 500余份种质资源的化学成分、农艺性状及生物学性状进行了系统性鉴定，解析了苎麻单苋产量、理论鲜皮重、原麻产量与纤维产量的关联特征，率先提出了采用有效株、皮厚、株高、茎粗作为苎麻产量构成因素，获得了误差<3%的产量预测方程，形成了测试分析规范，破解了苎麻微观生物结构与宏观农艺性状的关联障碍。

通过对苎麻杂交组合农艺性状的主成分分析，明确了苎麻产量与品质构成因素的贡献度，在全球率先完成苎麻全基因组测序，挖掘苎麻品质形成关键基因，提出了多目标性状选择的分子辅助育种策略，为综合性状的聚合与筛选提供了科学工具。

揭示了生态与遗传因子调控功能活性物质含量与产量的规律，结合现代生物信息学技术，建立了麻类作物多目标品种选育和多用途产业发展的技术体系。在国际上率先绘制了包括所有14条染色体的苎麻精细基因组图谱，解析了苎麻纤维细度与纤维产量呈反比、与茎叶蛋白含量呈正比的分子机理，开发出32个与分株力显著关联的SNP、16个与纤维产量相关的SSR标记和1个苎麻特有的雄性不育基因的SCAR分子标记，为苎麻纤维品质改良与纤饲两用苎麻品种选育提供了参考。

（2）构建了"兼顾多功能、分子辅助育种综合改良"的麻类育种路径，研发了纤用、饲用等多功能性状聚合的高效育种技术，创制目标性状优良的苎麻新品种。

建立了叶片蛋白含量、赖氨酸含量、纤维细度和茎秆硬度等表型鉴定方法，结合作物表型鉴定和无性繁殖固定种性技术，破解了单株结籽数以亿计的高杂合、大群体苎麻种质筛选难题，大幅度缩短育种进程，成功培育出聚合高纤维支数（年平均纤维细度2 200 Nm）和高饲用价值（嫩茎叶蛋白质含量21%）的纤饲兼用苎麻品种'中苎2'号，创造了亩产原麻348 kg、嫩茎叶626 kg和麻骨987 kg的超高产模式；育成聚合高分株能力和低韧皮纤维含量的全球首个饲用苎麻品种'中饲苎1号'，赖氨酸含量高达1%。

通过建立抗感分离群体，采用分子生物学技术获得了苎麻雄性不育基因的SCAR分子标记，利用苎麻胞质雄性不育性和宿根性，首创雄性不育两系育种方法，育成苎麻品种'川苎8号''川苎11号'高抗苎麻花叶病毒病、炭疽病，种源繁育系数提高到300倍，坡地适应性和水土保持性能突出。相关品种种植面积占全国苎麻总面积的80%以上。

二、创新了苎麻嫩茎叶、落麻等副产物高值化关键技术，突破了麻类副产物利用率和附加值"双低"的难题，使麻类生物质资源利用率从不到20%提高到80%以上

（1）落麻（纺织副产物）利用技术创新应用。

创新应用高支苎麻纤维，攻克了麻纤维膜成膜、固结和表面处理"三大工艺难题"，创制出低克重完全生物降解麻纤维膜新材料，并创造性地应用于水稻机插育秧。将麻育秧膜克重降至30 g/m^2，抗拉强度提高到1 000 N/m。创造性提出麻纤维膜用于水稻机插育秧新概念，系统探明了麻育秧膜的环保特性和增产增效机理，研究出麻育秧膜水稻机插育秧技术，解决了水稻育秧根际盘结不牢、易散秧、机插伤秧、漏插多、返青慢等问题，南方早稻平均增产13.2%，东北稻区增产8.6%，每亩节本增效110~160元，累计推广面积超过6 000万亩，经济效益达65.6亿元。

（2）饲料化技术创新应用。

研发了苎麻青贮饲料、全价配合饲料、划区轮牧等系列专利技术与产品，克服了苎麻饲用防霉变贮存、氨化损失和养分失衡三大利用难题，开辟了南方蛋白饲料新来源。解析了苎麻嫩茎叶副产物中碳水化合物、蛋白质和氨基酸等典型组分结构及厌氧降解特性，充分利用苎麻新品种高品质副产物特性，形成了青贮饲料、全价配合饲料、划区轮牧等系列专利技术，创制了苎麻原料占比达到30%以上的饲料产品，其中苎麻青贮饲料调制与饲养技术可在保持肉牛正常生长的条件下，替代1/3的精饲料，降低养殖成本24%，饲用抗生素减少30%，达到了精饲料和饲用抗生素"双替代"的目的。同时，饲料化技术的应用，促进苎麻资源利用率从不到20%提高到80%以上，种植效益翻番。

（3）副产物梯次化利用技术创新应用。

创建了麻骨副产物梯次化利用技术体系，突破了麻骨作为珍惜食用菌普适性原料和菌渣二次利用的难题，实现了麻类生物质的全面高值利用。利用麻类副产品工厂化栽培榆黄蘑、猴头菇、茶树菇、秀珍菇、真姬菇和羊肚菌，与未加入麻类副产物培养基相比，栽培周期缩短11.1%~21%，生物学效率提高5.5%~18.6%。羊肚菌鲜品中蛋白含量提高了21.4%，脂肪含量降低了2.4倍，碳水化合物含量降低了38.9%，总氨基酸含量提高了47.6%，必需氨基酸含量提高了26.6%，谷氨酸含量提高了65.2%，为食用菌栽培提供了一种新的原料来源。棉籽壳、苎麻副产品以及麻莞等主料中加入40%~50%菌渣后栽培杏鲍菇的生物学效率最高，分别达到了67.59%、70.24%、71.02%，'杏1'的生物学效率高于其他2个品种，但差异无统计学意义。首次发现麻类副产品培养基能提高木质素降解酶蛋白表达水平与酶活，木质素降解酶的活性与产量呈正相关，为筛选合适的培养基，从而提高食用菌生物学效率提供理论基础。

第四章　工业大麻

工业大麻自古就有多途利用的历史，但近几十年对工业大麻有关的基础理论、应用技术及产品开发成果超过了过去几千年的总和，将工业大麻的多用途展现得更加淋漓尽致。由于本书的目的在于展现"麻"这一经典认知以外的知识、技术与用途，也由于人们对"麻"的用途已经烂熟于心，因此，我们基于目前已有的资料和研究成果，集中介绍工业大麻的"麻"以外用途的理论、技术和产品，主要包括花叶、秆心和麻籽的多途利用及开发价值。

第一节　花叶利用

花叶的用途完全突破了传统的饲料和肥料范畴，在医疗和保健领域展现出非常广阔的应用前景。目前已知大麻花叶中含有 120 多种大麻酚类物质，其中的大麻二酚（CBD）和四氢大麻酚（THC）在常规品种中占 90% 以上。THC 是大麻中的致幻成瘾物质，是国际公约和国家法律禁止使用的。CBD 是大麻中主要的无精神活性成分，在医学上具有减轻惊厥、炎症、焦虑和呕吐，以及对抗 THC 不良效应的作用。含大麻酚类化合物的药物，在缓解化疗带来的不良反应，抑制癌细胞生长，防治艾滋病、精神疾病等方面有显著疗效。大麻叶含有的抗真菌和抗细菌成分对治疗浅表性皮肤病有显著效果；利用大麻花叶提取物开发了新一代的抗紫外线、抗氧化的护肤品。大麻花叶中的低含量酚类物质（如大麻萜酚和大麻环萜酚等）的独特功效也逐渐引起重视，而大麻花叶中还含有黄酮类和萜烯类等具有医学和生物学功效的成分，也逐渐引起了人们的关注。本节内容包括花叶生产、花叶中主要活性成分及其功能、生物合成、检测技术，以及功能成分的制取和产品开发。

一、花叶生产

花叶原料来源包括花叶用工业大麻收获物、籽用（籽、秆兼用）工业大麻的麻糠和纤维用工业大麻收获时顶部收割的花叶。

（一）花叶用工业大麻的栽培技术

花叶用工业大麻的栽培技术，包括土地准备、育苗、移栽、施肥、病虫防治、去雄麻和花叶收获等技术要点。

（1）整地。深耕 30 cm，做到土壤松、碎、平，无杂草、石块等。

（2）垄墒。垄距 1.2~1.8 m，垄高 15~20 cm，垄面宽 60 cm，垄面平整。

（3）移栽密度。行距（垄距）1.2~1.8 m，塘距 0.8~1 m，每亩栽 400~800 株。

（4）施基肥。按塘距 0.8~1.0 m 打塘，塘深 15 cm，使用高氮低磷中、低钾的长效复合肥做基肥，施于塘底部，每塘 30~40 g，与土混匀后再盖一层土。

（5）盖膜。选用 1.2 m 宽的黑色地膜，铺平压实，防止大风吹开地膜。

（6）育苗。在移栽期前 20~25 d，使用 200 孔育苗盘加烟草育苗基质或蔬菜育苗基质育苗，每孔播种 2~3 粒，保持基质湿润，在保护地育苗可消除灾害天气的影响；如麻苗叶色偏黄，可叶面喷施尿素，浓度为重量比 0.4%。

（7）移栽。4 月下旬至 5 月，麻苗长至 15 cm 高度时，选择大田土壤湿润时，取苗带土（基质）移栽，若能看准天气，在下透雨前移栽效果更好，移栽时尽量少弄破地膜，移栽后浇足定根水。

（8）查苗补缺。移栽后 10 d，检查移栽苗成活率，发现死苗、病苗时应及时使用备用苗重新移栽，浇足定根水。

（9）追肥。生长期追肥 3 次，以尿素为主，第 1 次每塘 10 g，第 2 次和第 3 次每塘 15 g，绕麻苗环状施肥与土混匀并盖土；第 1 次在苗高 50~60 cm 时进行，第 2 次在苗高 100~150 cm 时进行，第 3 次在砍雄麻后进行。

（10）病虫防治。育苗圃和移栽初期应注意地老虎等为害幼苗，可清晨人工捕捉或药剂毒杀；生长期注意跳甲、螟虫等为害；雨季要注意检视田间，及时清沟排水，防止渍水涝害，并可减少病害发生。

（11）砍雄麻。8 月中旬，雄麻开始现蕾，在能够辨认雄麻时及时砍掉雄麻，其花叶可以收集晒干保存；砍雄麻务必做到及时（一定要在雄麻开花前）、彻底、干净，因此需要多次田间检视，及时发现，及时砍除。

（12）花叶收获时期。雄麻在现蕾后开花前砍收；雌麻必须在麻籽灌浆充实（麻籽变硬）前收获；如果雄麻砍收彻底（干净），雌麻没有授粉（种子不会发育），则雌麻可以继续生长 6~8 周后收获。

（13）花叶收获技术。将主花序及分枝砍下，扎把晾晒，及时收集花叶，防止雨淋，防止霉变。

（14）花叶标准。无杂质（花叶以外的异物，如麻枝梗、麻籽、薄膜、泥土、树叶、杂草、石子等），含水量 10% 以下，气味颜色正常，无霉变、腐烂、异味。

以上介绍了花叶用工业大麻的育苗、覆膜田间栽培技术要点，在土壤和气候条件适宜时，也可以采用种子直播栽培。还有近年成为关注热点的工厂化栽培，可能成为今后的发展方向，但尚有很多技术细节问题需要解决。

此外，花叶用工业大麻品种的培育和选择、土壤和气候条件（气温、降雨、光照、土壤理化性状和微生物区系等）、种植制度、施肥、生长调节剂、病虫为害等都可能影响工业大麻花叶的产量和品质，值得开展全面、系统的研究与探索。

（二）籽用工业大麻的麻糠

籽用工业大麻的生产在我国传统悠久，目前的生产规模很大。收获分离麻籽后剩余的副产物（即花序残体，主要是花序上的叶片和果实包片），在生产上通常称作"麻糠"，其每亩产量一般可达 60~150 kg。据多次测定结果，与同品种的花叶（专门花叶生产的）相比，麻糠的 CBD 含量显著更高，至少提升 20% 以上，有的可成倍提升，但利用麻糠时需要严格检测其中的 THC 含量变化。籽用（籽、秆兼用）工业大麻种植技术请参考有关资料和专著。麻糠用于 CBD 等药用成分的提取，既解决了废物利用问题，又能显著增加麻农收入。

（三）纤维用工业大麻的花叶或麻糠

纤维用工业大麻多在纤维的工艺成熟期收获，此时的花叶虽因发育程度不够及田间环境（如荫蔽）的影响，与同一品种相比，其有效成分含量偏低一些，但作为纤维大麻的副产物，仍然可以用作 CBD 等药用成分生产的原料。还有些情况下种植的是雌雄同株品种，为兼顾收获麻秆（纤维用）和种子，收获期比正常纤维用大麻推迟，此时获得的种子分离后的副产物麻糠，可以用作 CBD 生产的原料，尽管产量有限，但其 CBD 含量比正常纤维大麻的花叶更高一些。纤维用工业大麻栽培技术请参阅有关专著和文献资料。纤维用工业大麻花叶或麻糠的充分利用，也可在很大程度上增加麻农收入。

二、花叶的主要活性成分与功能

（一）大麻花叶的主要活性成分

构成植物体内的物质除水分、糖类、蛋白质类、脂肪类等必要物质外，还包括次生代谢产物如萜类、黄酮、生物碱、甾体、木质素、矿物质等，这些物质对人类以及各种生物具有生理促进作用，故称为植物活性成分。

大麻的化学成分复杂，目前报道已从大麻中分离出 567 个化合物。大麻中的化学成分主要分为植物大麻素和非大麻素两大类。

1. 大麻素类

大麻素是大麻中特有的一类具有 C_{21} 萜酚骨架结构的次生代谢产物，主要由 1,3-二羟基戊苯和单萜构成。目前已从大麻中检测到的植物大麻素约 150 种，已被分离鉴定 125 余种，根据它们化学结构的差异可分为 11 个亚类，即：①Δ^9-四氢大麻酚类（Δ^9-tetrahydrocannabinol types，Δ^9-THCs）；②Δ^8-四氢大麻酚类（Δ^8-tetrahydrocannabinol types，Δ^8-THCs）；③大麻萜酚类（cannabigerol types，CBGs）；④大麻二酚类（cannabidiol types，CBDs）；⑤大麻环萜酚类（cannabichromene types，CBCs）；⑥大麻酚类（cannabinol types，CBNs）；⑦脱氢大麻二酚类（cannabinodiol types，CBNDs）；⑧大麻环酚类（cannabicyclol types，CBLs）；⑨大麻艾尔松类

（cannabielsoin types，CBEs）；⑩二羟基大麻酚类（cannabitriol types，CBTs）；⑪其他类。前 10 个亚类的母核结构见图 4-1。

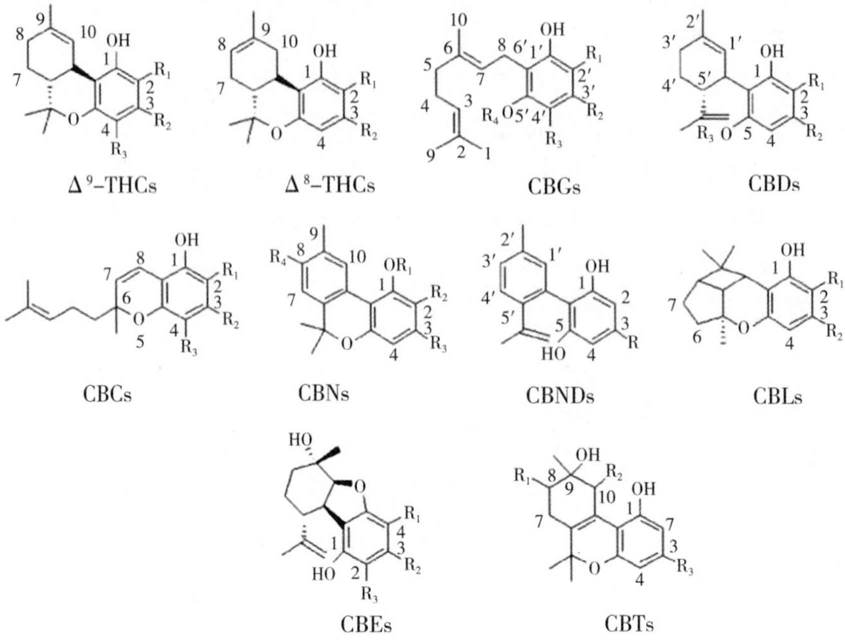

图 4-1　植物大麻素母核结构式

此外，几乎每个亚类还含有通过在 2 号位连接羧基形成的酸性氧化物（称之为酸性大麻素）或 3 号位连接丙基等烷烃取代基形成的系列同系物，例如 Δ^9-THC 的酸性氧化物 Δ^9-THCA、丙基同系物 Δ^9-THCV，除此之外还存在一些新分离的结构复杂的大麻素。

2. 非大麻素类

大麻植株中除分离出植物大麻素外，还有很多非大麻素类成分，如萜类、黄酮类、生物碱、非大麻素酚类、碳氢化合物、脂肪酸、糖类以及一些简单的醇、醛、酮、酸、酯和微量元素等。

（1）萜类化合物。已从大麻中检测到 200 种不同的萜类化合物，主要为单萜和倍半萜类化合物，这也是大麻具有特殊气味的原因。大麻主要的萜类成分有莰烯（camphene）、β-香叶烯（β-myrcene）、柠檬烯（limonene）等近 30 种，其中 β-香叶烯是最主要的单萜成分。

（2）非大麻素酚类。从大麻中分离出的非大麻素酚类化合物已有 40 多个，包括螺环茚满类（spiro-indans）、二氢 1，2 二苯乙烯（dihydrostilbenes）、二氢菲（dihydrophenathrenes）和简单酚类。

（3）黄酮类化合物。从大麻中分离得到的黄酮类化合物有 30 多种，主要为芹菜素（apigenin）、木犀草素（luteolin）、槲皮素（quercetin）和山奈酚（kaempferol）的

C-/O-糖苷化合物，还有异戊二烯型黄酮——大麻黄素 A 和大麻黄素 B，等等。

（4）生物碱。从大麻中发现了生物碱类成分 10 种，主要为胆碱（choline）、葫芦巴碱（gynesine）、毒蕈碱（muscarine）、异亮氨酸甜菜碱（isoleucine betaine）和神经碱（neurine）等。

（5）碳氢化合物。大麻所含的碳氢化合物主要为 C_9 到 C_{39} 的正烷烃、2-甲基烷烃、3-甲基烷烃和一些二甲基烷烃，如大麻挥发油中的正二十五烷、正二十六烷、正二十七烷、正二十九烷等。

（6）脂肪酸。大麻中常见的不饱和脂肪酸有亚油酸、α-亚麻酸、γ-亚麻酸、十八烯酸、十八碳四烯酸等，饱和脂肪酸有棕榈酸、硬脂、花生酸、二十二烷酸、二十四烷酸等，其中亚油酸、α-亚麻酸和十八烯酸这 3 种不饱和脂肪酸在大麻种子含量较多。

（7）糖类。已从大麻中鉴定出 6 种单糖（果糖、半乳糖、阿拉伯糖、葡萄糖、甘露糖、鼠李糖）和 2 种二糖（蔗糖和麦芽糖），以及纤维素、半纤维素、果胶和木聚糖等多糖。

（二）大麻花叶主要活性成分的药用功能

1. 大麻素类

（1）大麻二酚（CBD）。CBD 是一种不具备精神活性的大麻素，具有各种各样的医疗功效。它是一种抗惊厥化合物，可用于治疗癫痫，如 FDA 认证批准的 Epidiolex 就是一种富含 CBD、用于治疗严重的癫痫病的药物。

CBD 具有强力的抗菌消炎作用。研究发现，CBD 对革兰氏阳性细菌有活性，包括那些引起大多严重感染的细菌（如金黄色葡萄球菌和肺炎链球菌），其效能类似于现有的抗生素万古霉素或达托霉素。

CBD 具有抗抑郁和抗焦虑等功效，它还能对情绪低落产生积极的影响。

CBD 还具有抗成瘾的特性，这是它被用作治疗阿片类成瘾药物的原因所在。CBD 还对广泛的神经精神类疾病具有潜在的治疗作用，如辅助治疗创伤后的应激障碍。

CBD 也显示了作为一种抗癌药物的前景。它已被证明对人类乳腺癌细胞具有杀灭能力，能减缓癌细胞的转移和扩散，并可抑制神经性疼痛。当与四氢大麻酚（THC）联合使用时，它可减轻晚期癌症患者的疼痛。

据统计，CBD 目前被研究或开发的医疗用途达到 50 种之多：痤疮粉刺、多动症、成瘾戒断（酒精成瘾、尼古丁成瘾、阿片类药物成瘾、毒瘾渴望等）、肌萎缩侧索硬化症、老年痴呆症、厌食症、抗生素耐药性、焦虑症、关节炎与疼痛、哮喘、动脉粥样硬化、自闭症、自身免疫性疾病（如艾滋病、多发性硬化症、克罗恩病、狼疮和乳糜泻等）、双相情感障碍（躁狂抑郁症）、癌症、克罗恩病（结肠炎）、抑郁症、糖尿病、内分泌疾病（甲状腺功能亢进症、甲状腺功能减退症和肾上腺皮质功能不全）、癫痫、纤维肌痛、青光眼、心脏病、亨廷顿舞蹈症、炎症、肠易激综合征（复发性腹痛、痉挛、腹胀、气体、腹泻和/或便秘）、慢性肾病、肝脏疾病、偏头疼、晕动病

（晕车、晕船）、多发性硬化症（包括麻木、言语和肌肉协调障碍、视力模糊）、恶心、肥胖、强迫症、骨质疏松症、疼痛、帕金森、朊病毒病（进行性神经退行性疾病）、创伤后应激障碍（包括焦虑、愤怒、抑郁、烦躁、睡眠问题和悲伤）、风湿病、精神分裂症、镰状细胞病（遗传性红细胞疾病）、皮肤病、睡眠障碍、脊髓损伤、压力（一种受压的身体反应，包括低能量、头痛、胃部不适、疼痛、睡眠问题）、中风、神经退行性疾病（记忆衰退）、创伤性脑损伤、亚健康。

（2）大麻二酚酸（CBDA）。CBDA 是 CBD 脱羧前的羧酸形式。CBDA 可防止动物模型呕吐，而且它的结合力是 CBD 的 100 倍。CBDA 也可能是另一种具有强大的抗癫痫作用的大麻素。当与其他大麻素结合时，CBDA 对癌症治疗有积极作用，它还可能具有抗焦虑作用。据最新消息称，CBDA 可以对抗病毒。

（3）次大麻二酚（CBDV）。CBDV 是 CBD 的丙基同系物，是另一种无毒的大麻素，也显示出抗惊厥的特性，GW 制药公司（富含 CBD 的癫痫药物 Epidiolex 的制造商）在 2015 年发布了一项基于 CBDV 的治疗癫痫的新药专利。

CBDV 还被评估为一种治疗某些情绪和行为障碍［如蕾特氏综合征（RETT）和自闭症谱系障碍（ASD）］的潜在方法，也具有对重复行为、易怒、社交、生活质量和炎症等方面的潜在治疗效果。

（4）四氢大麻酚（THC）。THC 具有一系列的治疗效果，其中最受欢迎的疗效包括它的止痛特性和肌肉松弛作用。当它与其他大麻素配合使用时，可以缓解多发性硬化症引发的神经性疼痛。THC 可以用来降低眼压，这使得它成为未来抗青光眼药物的可行备选药。THC 也是抗癌症的重要力量，能抑制肺癌细胞迁移和肺腺癌细胞的体内生长。

（5）四氢大麻酚酸（THCA）。THCA 是在大麻中发现的 THC 的一种不致毒的羧酸形式。在脱羧或加热保温条件下，可使 THCA 转化为 THC。大麻素的羧酸形式有其独特的益处，尤其是在抗炎症方面。THCA 也是一种具有抗炎特性的神经保护剂，展现出对一些肿瘤细胞系的作用，对关节炎和肠易激综合征（IBS）患者也有治疗作用。

（6）四氢次大麻酚（THCV）。THCV 是 THC 的丙基同系物，与 CBD 和 THC 不同，临床上对 THCV 知之甚少，首先发现它与抑制食欲而不是诱发食欲相关，因此被认为是一种治疗肥胖和糖尿病的潜在药物。

（7）大麻萜酚（CBG）。CBG 是一种前体分子，其随后可以发展成许多不同类型的大麻素，因此被称为"大麻素之母"。CBG 能比 CBD 更快更有效地阻止恐慌的发作，即它有一种独特的镇定神经的作用。

在小鼠模型的研究中已经证实了 CBG 的神经保护作用，作为神经保护剂使用，能保护大脑免受炎症和氧化应激造成的损伤，因此目前正在被评估作为一种潜在的治疗亨廷顿氏病的药物。CBG 还可能会产生类似抗抑郁药的效果。

CBG 还具有强大的抗菌功能。最新的研究发现，CBG 治愈了感染耐甲氧西林金黄色葡萄球菌（MRSA）的小鼠，这与万古霉素一样有效，而万古霉素被认为是对抗耐药微生物的最后一道防线。强大的抗菌特性也使 CBG 成为一种有效的抗痤疮药物。

CBG 在治疗癌症方面也显示出了潜力。例如，CBG 对人类口腔上皮癌细胞具有抗肿瘤作用，也可抑制结直肠癌模型小鼠化学诱导肿瘤的生长。CBG 还对肠易激综合征（IBS）患者具有疗效，并对减少膀胱痉挛有特殊功效。

（8）大麻萜酚酸（CBGA）。CBGA 是植物中 THCA 和 CBDA 的前体分子，因此在成熟大麻植株中的含量极微。根据最近的消息，CBGA 能抑制病毒。

（9）大麻色烯（CBC）。CBC 又叫大麻环萜酚，是另一种不会中毒的"少数分子"大麻素，在实验大鼠体内具有镇痛、抗抑郁和抗炎作用，还发现了 CBC 抗一系列癌细胞肿瘤的活性，此外 CBC 也具有较强的抗菌活性。

（10）大麻酚（CBN）。CBN 是一种奇特的化合物，常在老熟大麻中发现，因为 THC 可以氧化成为 CBN。尽管如此，CBN 仍然是非精神药物类（非麻醉）大麻素，它具有抗惊厥作用，并对耐甲氧西林金黄色葡萄球菌产生有效作用。此外，它还具有抗炎特性，被认为是一种治疗烧伤的药物，同时也可能对骨骼的形成产生作用。

（11）新型大麻素（THCP & CBDP）。THCP 和 CBDP 是 2019 年年底才发现的两种新型大麻素。THCP 的结合力是 THC 的 30 倍，但目前对于这两种大麻素还知之甚少。有人认为 THCP 可能是一些人对大麻产生不良反应的原因之一。

（12）大麻脂（CBM）。大麻脂是 2020 年才确认的大麻素，可能对胰岛素抵抗相关疾病的治疗有益。

2. 非大麻素类

（1）萜类化合物。萜类具有重要的药用和商业价值。紫杉醇是治疗多种癌症最有效的化疗剂之一，青蒿素是治疗疟疾的特效药，β-胡萝卜素、番茄红素、虾青素等类胡萝卜素具有很高的营养价值，柠檬烯是重要的防癌化合物，薄荷醇、香柏酮、香紫苏醇等可作为食品和化妆品中的香料，芳樟醇是花朵和果实香味的主要成分，杀虫菊酯是高效杀虫剂。

（2）黄酮类化合物。黄酮类化合物具有抗氧化、抗癌、抗艾滋病、抗菌、抗过敏、抗炎、抗抑郁等多种生理活性及药理作用，且无毒副作用，对人类的肿瘤、衰老、心血管疾病的防治具有重要意义。2019 年发表的体内试验结果显示，在胰腺癌动物模型中延迟了局部和转移性肿瘤进展，患胰腺癌动物的存活率显著增加，显示大麻黄酮衍生物在胰腺癌的放射增敏和肿瘤转移等方面具有重要的治疗潜力。

（3）生物碱。生物碱是许多药用植物的有效成分，临床应用主要表现为抗癌、抗肿瘤、抗病毒、抗菌、抗炎、扩张血管、强心、平喘等作用，同时还可以作用于神经系统、心血管系统和维护免疫系统。

三、主要活性成分的生物合成

（一）大麻素合成途径

大麻素的生物合成起源于聚酮化合物途径和脱氧木酮糖-5-磷酸/2-甲基赤藓醇

磷酸（DOXP/MEP）途径。在大麻中，聚酮合酶（polyketide synthase，PKS）首先催化乙酰辅酶A（hexanoyl-CoA）与酶活性位点结合，然后经丙二酰辅酶A（malonyl-CoA）的一系列脱羧缩合，使聚酮链延长，随后酶中间产物闭环并芳构化，形成的聚酮化合物即是戊基二羟基苯酸（olivetolic acid，OLA），它是大麻素合成的起始底物。DOXP/MEP 途径产生异戊烯基焦磷酸（isopentenyl diphosphate，IPP）及其异构物二甲基烯丙基焦磷酸（dimethylallyl diphosphate，DMAPP），两者在合成酶的作用下生成焦磷酸香叶酯（geranyl pyrophosphate，GPP）。在异戊烯转移酶（prenyltransferase）的作用下，OLA 既可以接受 GPP 形成单萜类化合物——大麻萜酚酸（CBGA），也可以接受 GPP 的异构体焦磷酸橙花酯（neryl pyrophosphate，NPP）形成另外一类单萜类化合物——大麻酚酸（CBNA）。由于 GPP 的活性远大于 NPP，所以大麻中 CBGA 的含量远大于 CBNA。CBGA 是 THCA（四氢大麻酚酸）合成酶、CBDA（大麻二酚酸）合成酶及 CBCA（大麻环萜酚酸）合成酶的共同底物，氧化还原后分别形成 THCA、CBDA 和 CBCA（图4-2）。

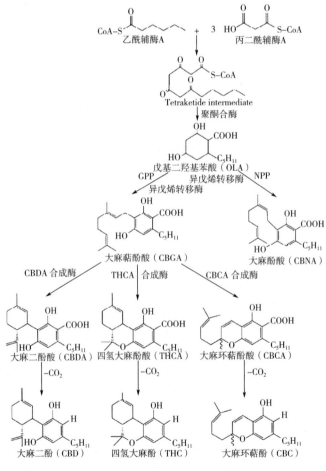

图4-2　大麻素的生物合成路径（Raharjo et al.，2004）

THCA 合成酶和 CBDA 合成酶两者的结构和功能非常相似，催化反应过程均需要结合 FAD，并均需要氧分子的参与，同时释放 H_2O_2，但 THCA 合成酶是从羟基上转移 1 个质子，而 CBDA 合成酶则从末端甲基上转移 1 个质子，最后均通过空间闭合环化，分别形成 THCA 和 CBDA。大麻素合成途径中还存在另外一种形式，即 GPP 与丙基雷锁辛酸（divarinic acid）缩合，而不与 OLA 缩合，产物为 CBGV（CBG 的丙基同系物）而非 CBGA，CBGV 同样可以在相应合成酶的作用下，转化为相应的丙基同系物 THCV、CBDV 和 CBCV。

（二）萜类合成途径

萜类化合物有数万种之多，在植物次生代谢物中萜类化合物是种类最多、结构最复杂的一类。植物萜类的生物合成有两条途径，即甲羟戊酸（MVA）途径和 2-C-甲基-D-赤藓糖醇-4-磷酸（MEP）途径（图 4-3）。MVA 途径存在于细胞质中，以糖酵解产物乙酰辅酶 A 作为原初供体；MEP 途径存在于质体中，原初供体是丙酮酸和甘油醛-3-磷酸。两条途径都生成萜类结构单位——异戊烯基焦磷酸（IPP）及其异构体二甲基烯丙基焦磷酸（DMAPP）。

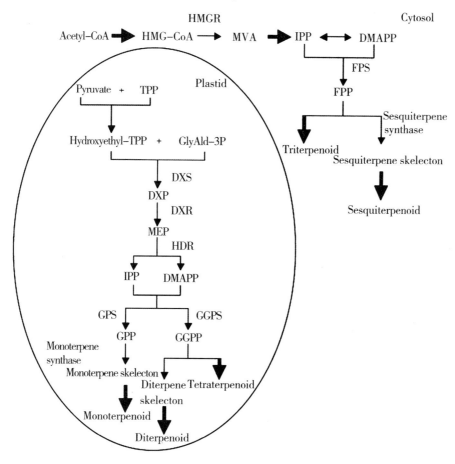

图4-3　植物萜类生物合成路径（韩军丽等，2007）

在 MVA 途径中，首先由 3 个乙酰辅酶 A 缩合生成 3-羟基-3-甲基戊二酰-CoA（HMG-CoA），这一反应由乙酰辅酶 A 硫解酶和 HMG-CoA 合成酶完成，随后 HMG-CoA 在 HMG-CoA 还原酶（HMGR）的作用下生成 MVA，后者经焦磷酸化和脱羧作用生成异戊烯基焦磷酸（IPP），IPP 在异构化酶的作用下生成二甲基烯丙基焦磷酸（DMAPP）。

在 MEP 途径中，丙酮酸和焦磷酸硫胺素（TPP）反应，产生一个二碳片段——羟乙基-TPP，它与甘油醛-3-磷酸缩合，释放出 TPP，生成一个五碳中间产物——1-脱氧-D-木酮糖-5-磷酸（DXP），该反应由 1-脱氧-D-木酮糖-5-磷酸合酶（DXS）催化，接着 DXP 在 1-脱氧-D-木酮糖-5-磷酸还原异构酶（DXR）的作用下发生重排和还原，形成 MEP，后者在羟甲基丁烯基焦磷酸还原酶（HDR）的作用下同时形成 IPP 和 DMAPP。在异戊烯基转移酶的作用下 IPP 和 DMAPP 缩合生成牻牛儿基焦磷酸（GPP），即单萜的前体；GPP 加上第二个 IPP 单元生成法呢基焦磷酸（FPP），即倍半萜的前体；FPP 加上第三个 IPP 单元生成牻牛儿基焦磷酸（GGPP），即双萜的前体；两个 FPP 缩合生成鲨烯，即三萜的前体；两个 GGPP 缩合生成八氢番茄红素，即四萜的前体。单萜、倍半萜、双萜的前体在萜类合酶的作用下生成各种萜类的基本骨架，然后在修饰酶的作用下生成终产物。

异戊烯基转移酶包括牻牛儿基焦磷酸合酶（GPPS）、法呢基焦磷酸合酶（FPS）、牻牛儿牻牛儿基焦磷酸合酶（GGPPS）等；萜类合酶包括单萜合酶、倍半萜合酶、双萜合酶等；修饰酶包括细胞色素 P450 羟化酶、脱氢酶、还原酶、糖基转移酶和甲基转移酶等。

（三）生物碱合成途径

生物碱是一大类含氮有机化合物，目前已发现的约有 6 000 余种，根据含氮结构特征的不同可分为萜类吲哚生物碱如长春碱和喜树碱，苄基异喹啉生物碱如小檗碱和吗啡，莨菪烷类生物碱如莨菪碱和东莨菪碱，嘌呤生物碱如茶碱和咖啡因，以及其他生物碱如紫杉醇和乌头碱等。不同类型的生物碱都有其特定的生物合成途径，如萜类生物碱含氮部分多数为吲哚结构，故吲哚生物碱大部分属于萜类吲哚生物碱，由萜类合成途径和吲哚合成途径结合而成（图 4-4）。

萜类部分合成主要有发生于细胞质中的甲羟戊酸（MVA）途径和发生于质体中的 2-C-甲基-D-赤藓糖醇-4-磷酸（MEP）途径，二者均通过生成异戊烯基焦磷酸（IPP）及其异构体二甲基烯丙基焦磷酸（DMAPP）进入后续反应。

MVA 途径由三羧酸循环产生的乙酰-CoA 经由乙酰辅酶酰基转移酶（AACT）、3-羟基-3-甲基戊二酰辅酶 A 合成酶（HMGS）、3-羟基-3-甲基戊二酰辅酶 A 还原酶（HMGR）、甲羟戊酸激酶（MK）、甲羟戊酸磷酸激酶（MPK）、甲羟戊酸 5-磷酸脱羧酶（MDC）等的催化生成 IPP。

MEP 途径则由丙酮酸和 3-磷酸甘油醛在脱氧木酮糖-5-磷酸合成酶（DXS）、脱氧木酮糖-5-磷酸还原酶（DXR）作用下合成 MEP，再经由 4-（5′-二磷酸胞苷）-2-甲基-D-赤藓醇激酶（CMK）、2-甲基-D-赤藓醇-2，4-环二磷酸合成酶（MECS）、异戊烯基单磷酸激酶（IPK）等催化生成 IPP。

两条途径产生的 IPP 可在 IPP 异构酶催化下生成其同分异构体 DMAPP。IPP 与 DMAPP 通过头尾缩合的方式在二磷酸香叶醇酯（GPP）合成酶的作用下生成十碳化合物 GPP，GPP 可在单萜还原酶作用下形成单萜及其衍生物；GPP 与 IPP 再缩合可生成十五碳化合物二磷酸金合欢酯（FPP），它可在倍半萜还原酶作用下生成倍半萜及其衍生物；同样 FPP 可再与 IPP 缩合生成二磷酸香叶酰香叶醇酯（GGPP），而后可在二萜环化酶的作用下生成二萜，或在 n 萜环化酶作用下生成三萜、四萜、多萜及其衍生物。

吲哚生物碱以萜类吲哚生物碱居多，其含氮部分多数来源于莽草酸途径产生的色氨酸，图 4-4 中显示莽草酸在莽草酸激酶（SK）、分支酸合酶（CS）、邻氨基苯甲酸合酶（AS）的作用下生成邻氨基苯甲酸，再由吲哚-3-磷酸糖苷合成酶（IGPS）、色氨酸合成酶（TSA/TSB）催化生成色氨酸，最后经色氨酸脱羧酶（TDC）作用生成色胺，色胺是吲哚生物碱的重要前体物质之一，可与开联番木鳖苷在异胡豆苷合成酶（STR）的催化下生成异胡豆苷，此后再经各不同分支上的催化酶作用后生成多种生物碱如利血平、文多灵、喜树碱、长春碱等。

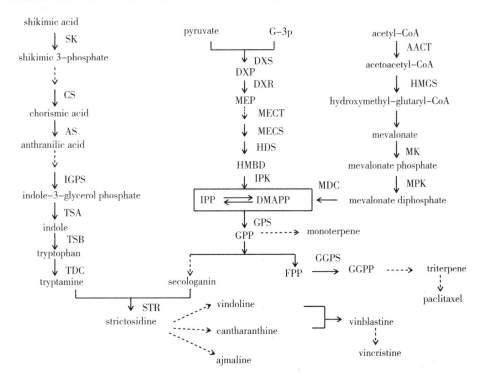

图 4-4　萜类吲哚生物碱代谢途径（虚线表示多个反应步骤；黄玉香等，2016）
注：MECT—2-甲基-D-赤藓醇-2，4-环二磷酸转移酶；HDS—羟化甲基丁烯基-4-二磷酸合成酶；GPS—二磷酸香叶醇酯合成酶；GGPS—甘油磷酸香叶醇酯合成酶。其他缩写符见正文。

四、主要活性成分的检测方法

(一) 大麻素检测

1. 样品前处理

大麻素提取方法包括溶剂提取、超临界流体提取、浊点提取等，提取溶剂有甲醇、乙醇、乙腈等。遇到大麻食品如火麻籽、火麻油、火麻饮料、糕点、糖果、饼干等复杂基质，仅靠简单的提取方法往往杂质残留较多，干扰检测结果，因此需要优化样品基质的纯化方法，以达到最大程度的提取目标化合物并减少基质干扰。大麻素类物质的纯化方法主要有液液萃取（liquid-liquid extraction，LLE）、固相萃取（solid phase extraction，SPE）及由固相萃取发展起来的在线固相萃取（online-SPE）等。表4-1比较了不同前处理方法的优缺点。

表4-1　大麻素样品前处理的常见方法比较（周莹等，2019）

前处理方法	样品	分析成分	回收率/%	优点	缺点
乙醇提取	食用油	11种大麻素	75.0~86.0		
乙醇提取	汉麻植物	3种大麻素	100.0~102.0	操作比较简单，成本相对较低	选择性差，消耗大量的有机溶剂
甲醇提取	印度大麻	3种大麻素	91.0~111.0		
乙腈提取	火麻油	3种大麻素	91.2~95.7		
浊点提取	大麻植物	四氢大麻酚	87.5~93.4	不使用有机试剂	大麻素易受热分解
超临界CO_2	大麻植物	3种大麻素	80.0~95.0	保护热不稳定大麻素	设备昂贵，操作复杂
超临界CO_2-SPE	大麻植物	四氢大麻酚	85.0~90.1	大麻素提取率提高	操作复杂，可能会损失
SPE	牛奶、油、大麻籽	3种大麻素	80.0~108.0		萃取步骤比较繁琐
SPE	火麻食品	3种大麻素	77.0~107.0	萃取时间短，回收率高减少人为误差	设备比较昂贵
Online-SPE	血液	3种大麻素	46.0~78.0		

2. 检测

大麻素的检测方法主要有色谱法、质谱法，以及色谱—质谱联用等。色谱技术如薄层色谱法（TLC）、气相色谱法（GC）、高效液相色谱法（HPLC）等是目前大麻素检测的主流方式。由于质谱（MS）具有高灵敏度、高特异性的特点，常常与色谱联用实现对结构相似、色谱不易分离的大麻素类化合物定性定量检测的目的，如气相色谱—质谱联用法（GC-MS）、液相色谱—质谱联用法（HPLC-MS）是目前食品中大麻素类物质精确定性定量测定应用最广泛的方法。此外，光谱分析（如核磁共振光谱 NMR）是初步分析和监测大麻植物中大麻素类物质的常用方法，具有分析时间短、准确度高的优点。

利用 HPLC 检测大麻花叶中 CBD 和 THC 含量。

（1）样品。工业大麻花叶样品，置于鼓风干燥箱中 80 ℃烘干至恒重（水分小于 5%），粉碎（细度≤0.425 mm），混匀置于自封袋中保存，待测。

（2）仪器。Agilent1260 高液相色谱仪（包括 G7111A 四元泵，G7127A 自动进样器，G7116A 柱温箱，G7115A 二极管阵列检测器，OpenLab CDS2 色谱工作站）；Agilent ZORBAX Eclipse PlusC18 色谱柱（150 mm×4.6 mm，5 μm）；电子天平（精度 0.1 mg）、超声波清洗器、旋转蒸发仪、纯水仪、0.22 μm 有机相微孔针筒过滤膜。

（3）试剂。甲醇（色谱纯）、乙腈（色谱纯）、超纯水，THC 和 CBD 标准品（1 mg/mL，1 mL，美国 Sigma-Aldrich 公司）。

（4）工作曲线制作。将 CBD 及 THC 标准物质（1 mg/mL，1 mL）分别转移至 10 mL 容量瓶中，用甲醇稀释并定容，得 100 μg/mL 的 CBD 或 THC 标准溶液，移取一定量 100 μg/mL CBD 或 THC 母液，用甲醇逐级稀释定容，分别得 CBD 和 THC 浓度范围约为 1~100 μg/mL 系列标准工作溶液。HPLC 检测系列标准工作溶液，以浓度为横坐标 C、峰面积为纵坐标 A，根据实验数据形成的散点图绘制标准曲线，得到计算公式 $A=aC+b$，记录其中常数 a、b。

（5）样品分析。称取 1 g 工业大麻花叶样品于锥形瓶中，加入 10 mL 甲醇，超声提取 30 min，然后过滤收集滤液，滤渣再用 10 mL 甲醇超声提取两次，合并三次滤液，用旋转蒸发仪（温度 40 ℃）浓缩除去部分溶剂，然后将浓缩液转移至 10 mL 容量瓶，用甲醇定容，经 0.22 μm 滤膜过滤后，进 HPLC 分析。若样品溶液浓度超过标准工作曲线浓度范围，则稀释后再检测。HPLC 条件：Agilent ZORBAX Eclipse Plus C_{18} 色谱柱，流速 1 mL/min，流动相 A 为水，流动相 B 为乙腈，等度洗脱，乙腈：水=65：35（体积比），柱温 30 ℃，进样体积 10 μL，检测波长 220 nm。

（6）含量计算。

$$\omega（\%）= s（A_i - b）\times 10^{-5}/a \cdot m_i \times 100$$

式中，ω——试样中的 THC（CBD）含量百分率；s——样品溶液的稀释倍数，若无稀释步骤则为 1；A_i——样品溶液中 THC（CBD）的峰面积；a——标准工作曲线所得公式 $A=aC+b$ 中的斜率 a；b——标准工作曲线所得公式 $A=aC+b$ 中的截距 b；m_i——样品质量，单位为 g。

大麻花叶样品中的 CBDA 和 THCA 经高温脱羧成为 CBD 和 THC，而该方法中没有花叶样品高温脱羧过程，因此测定的样品 CBD 和 THC 含量必然偏低。可以在测定过程中加入一个步骤，即称取的样品置于鼓风干燥箱加热 15 min（温度 150 ℃±1 ℃；也可使用 135 ℃±1 ℃、40 min），冷却后加入甲醇溶液，再超声提取。也可以增加使用 CBDA 和 THCA 标样，分别测定 CBD、THC 及 CBDA 和 THCA 含量，再通过下式计算总 CBD 和 THC 含量：总 THC = THC + 0.877×THCA，总 CBD = CBD + 0.877×CBDA。

（二）萜类检测

萜类化合物种类繁多、结构多样，化学性质差异较大，通常低分子量的单萜和倍半萜多具有挥发性，而高分子量的双萜及其以上的化合物一般不具有挥发性。另外，植物萜类化合物含量还具有时空特性。因此，要根据特定的需要，采用合理的方法测定萜类化合物。

1. 提取方法

（1）溶剂提取法。溶剂提取法是利用溶剂与溶质之间的亲和性，从植物组织或器官中分离出萜类物质，是运用比较广泛的方法之一。通常先通过分离、切碎、干燥、破碎和致冷碾磨等方法对植物材料进行预处理。随后加入溶剂浸提一段时间，接着对浸提液进行过滤、浓缩，得到粗提物。粗提物经蒸发浓缩后便得到最终样品。常用的提取剂有甲醇、乙醇、正乙烷、乙醚、氯仿、苯等。该方法操作简单，回收率较高，适合大量样品的提取，但溶剂消耗量大，所用的有机溶剂往往对人体有害，且只能对离体植株进行提取，无法实现挥发性和非挥发性组分的分离。

在传统的溶剂提取方法基础上，出现了新的溶剂提取技术，如自动索氏提取、微波辅助提取、超声波辅助提取和加速溶剂提取等。

（2）水蒸气蒸馏提取法。水蒸气蒸馏法的主要步骤是：首先使水相和有机相充分接触溶解，然后通过蒸汽将水相中夹带的植物萜类成分提取转移至有机相中，最后对有机提取液进行脱水和浓缩。常用的有机溶剂有乙醚、二氯甲烷、氯仿等。该方法比较适合提取大部分低挥发性的萜类化合物。水蒸气蒸馏法包括减压蒸汽蒸馏法和同步蒸馏萃取法等，其中同步蒸馏萃取法较为常用。

（3）超临界流体提取法。超临界流体萃取技术（Supercritical fluid extraction，SFE）是利用超临界流体（常用 CO_2）作为萃取剂，从液体或固体中萃取特定成分，分离目的产物。该技术综合了溶剂提取和水蒸气蒸馏两种方法的功能和特点，在超临界状态下，将超临界流体和夹带剂混合物与待分离的物质接触，这样能够有选择性地按物质的极性大小、沸点高低和分子量大小依次萃取出来，再借助减压、升温的方法使超临界流体变成普通气体，被萃取的物质便被分离出来。常见的夹带剂有甲醇、乙醇、丙酮、苯和氯仿等。该法优点是溶剂（CO_2）易于和产物分离、安全无毒、操作条件温和、不易破坏有效成分等。

此外，还有静态顶空技术，适于挥发性萜类物质的定性分析，可用于检测某一时间点不同植物种或品种萜类物质的释放情况；顶空动态分析法，用于提取自然状态下或不同处理下整株或某个器官产生的挥发性萜类物质。

2. 检测

植物萜类化合物的分离常使用气相色谱（GC）技术。通过溶剂提取的样品以分流或不分流的方式进样；通过吸附剂吸附的样品则可直接在 250~300 ℃下通过热解析的方式释放出来进样。进样后，样品可借助不同的固定相在熔凝硅石毛细管色谱柱上分离。常用的固定相包括非极性的二甲基聚硅氧烷以及极性的聚乙二醇。样品在色谱柱上分离后，化合物可通过不同的检测器进行分析鉴定。定性分析时，质谱检测器（MS）是最常用的检测器。定量分析时，氢火焰离子化检测器（FID）适用范围广、稳定性好、敏感性高，应用广泛，但光化电离检测器（PID）更适于定量分析挥发性的萜类物质。

此外，一些不基于 GC 的技术也用于分析植物萜类物质。例如，高效液相色谱（HPLC）用于双萜类物质的分析，液相色谱与串联质谱联用（LC-MS-MS）用于三萜类成分研究。

质子转移反应质谱（Proton transfer reaction-mass spectrometry，PTR-MS）可在大气环境中检测痕量植物挥发物的含量，具有测量速度快、灵敏度高、绝对量测量不需要定标、无需复杂的样品前处理等优点。傅里叶变换离子回旋共振质谱技术（Fourier transform ion cyclotron mass spectrometry，FT-SCR/MS），具有极高的分辨率和精确度，能够更准确地获得分子量信息，并且不需要前期的色谱分离步骤。

因缺乏大麻萜类检测的文献，这里介绍锦鸡儿中 4 种三萜类化合物含量测定方法，以供参考。

（1）仪器设备与试剂。岛津 LC-20AT 高效液相色谱仪：四元梯度低压泵、CTO-20A 柱温箱、SPD-M20A 二极管阵列检测器、自动进样器、LC Solution 色谱数据处理系统；高效液相色谱柱 Agilent Eelipse XDB-C_{18}（4.6 mm×250 mm，5 μm）、Inert Sustain C_{18}（4.6 mm×150 mm，5 μm）；十万级电子天平、超声波清洗机。纯度≥98%的白桦脂酸、齐墩果酸、熊果酸和羽扇豆醇对照品。色谱纯甲醇、乙腈，纯净水；其他试剂均为分析纯。

（2）样品溶液制备。样品粉碎过 50 目筛，约 7 g，精密称定，置于带塞锥形瓶中，精密加入乙酸乙酯 50 mL，称重，超声处理 30 min（200 W，40 kHz），放冷，用乙酸乙酯补充减少重量，抽滤，取续滤液，回收溶剂至干，浸膏加甲醇溶解并移至 10 mL 量瓶中，稀释至刻度，摇匀，过 0.22 μm 微孔滤膜，取续滤液 1 mL，装入进样瓶即得供试品溶液。

（3）对照品溶液制备。精密称取白桦脂酸、齐墩果酸和熊果酸对照品 2.79 mg，2.10 mg 和 0.96 mg，置 10 mL 量瓶中，用甲醇溶解并稀释至刻度，摇匀，过 0.22 μm 微孔滤膜，制得质量浓度为 0.279 g/L、0.210 g/L 和 0.096 g/L 的混合对照品溶液 A。同样的方法制备羽扇豆醇标准溶液 B，质量浓度为 3.05 g/L。

（4）HPLC 分析条件。白桦脂酸、齐墩果酸和熊果酸的色谱条件：色谱柱 Agilent Eelipse XDB-C18、流动相甲醇：0.1%磷酸水溶液（85：15）、检测波长 204 nm、流速 0.6 mL/min、柱温 25 ℃、进样量 30 μL。

羽扇豆醇的色谱条件：色谱柱 Inert Sustain C_{18}、流动相乙腈：水（70：30）、检测波长 204 nm、流速 0.8 mL/min、柱温 30 ℃、进样量 30 μL。

在上述色谱条件下，样品中白桦脂酸、齐墩果酸、熊果酸和羽扇豆醇色谱峰保留时间与对照品一致，4 种成分的色谱峰能达到较好的分离。白桦脂酸、齐墩果酸、熊果酸和羽扇豆醇在 0.56 ~ 5.58 μg、0.42 ~ 4.20 μg、0.19 ~ 1.92 μg 和 6.10 ~ 61.00 μg 内线性关系良好，平均加样回收率分别为 99.8%、98.5%、98.0% 和 99.5%。

（三）生物碱检测

1. 提取与纯化

目前使用的传统方法可分为静态方式（煎煮、浸渍）和动态方式（回流、渗漉）。煎煮法是最早、最常用的方法之一，适用于有效成分能溶于水且加热不敏感的材料，能够提取出相对较多的有效成分。浸渍法可在常温或加热的条件下浸泡样品获取有效成分，操作简单易行，但所需时间长，溶剂用量大，有效成分浸出率低；常温浸渍是较为常用的生物碱提取方法。回流法是以乙醇等易挥发的有机溶剂为溶媒，对浸出液加热蒸馏，其中挥发性溶剂馏出后再次冷凝，重新回到浸出器中继续参与浸取过程，多采用索氏提取器完成；此法操作简便，提取率较高。渗漉法的提取过程类似多次浸取过程，浸出液可以达到较高浓度，浸出效果较好；此法常温操作不需加热，溶剂用量少，过滤要求较低，使分离操作过程简化，尤其适用于热敏性、易挥发且有效成分含量较低的材料提取，但操作技术要求较高，否则会影响提取效率，当提取物为黏性、不易流动的成分时，不宜使用。超声辅助提取，可以缩短提取时间、提高提取率，并且无需加热，提高了热敏性生物碱的提取率，且对其生理活性基本没有影响，溶剂使用量相对较少，可以降低成本。微波辅助提取，利用介电损耗和离子传导的原理，根据不同结构物质吸收微波能力的差异，对某些组分选择性加热，可使被萃取物质从体系中分离进入萃取剂；此法萃取质量稳定、产量大、选择性高、节省时间且溶剂用量少、能耗较低，但萃取的溶剂、时间、温度和压力等参数均影响提取效果。超临界 CO_2 萃取具有得率高、选择性高、分离彻底、工艺简单、操作费用低、操作温度低、适于热敏性物质提取、无毒、不易燃、安全性高等优势。

经过溶剂提取后的生物碱溶液除生物碱及盐类之外还存在大量其他脂溶性或水溶性杂质，需要进一步纯化处理，将生物碱成分从中分离出来。通常使用有机溶剂萃取、色谱和树脂吸附，随着新技术如分子印迹、膜分离技术的发展和应用，大大简化了过程，提高了纯化效率。

2. 测定

生物碱测定方法中，高效液相色谱法（HPLC）以经典液相色谱为基础，引入气相色谱法的理论和技术，流动相采用高压输送，并使用高效固定相及现代化色谱工作站，可实现在线分离和分析，具有适用范围广、分离效率高、分析速度快、灵敏度高等特点。此外，还有高效毛细管区带电泳法（HPCE）、薄层扫描法（TLC）、紫外可见分光光度法（UV-VIS）等方法。

生物碱测定方法实例 1　桑叶生物碱的紫外可见分光光度检测方法

（1）样品制备。样品材料于 50 ℃烘干至恒重，过 40 目筛，置密封袋中冷冻保存备用。

精确称取样品 1 g 于 50 mL 离心管中，加入 25 mL 25%乙醇—0.05 mol/L 盐酸溶液，混匀后 30 ℃水浴超声 10 min，提取液在室温下 10 000×g 离心 5 min，收集上清液，沉淀物再按上述步骤重复提取 1 次，合并上清液，得样品提取液。

（2）活性炭脱色除杂。

①活性炭的用量。按样品制备要求制备 4 份样品提取液，以 1 份为对照品，其他 3 份每份中分别加入 0.3 g、0.5 g、0.8 g 活化后的活性炭，放入恒温振荡培养箱中，转速 220 r/min 混匀 2 h，取出抽滤，滤液用旋转蒸发仪浓缩蒸干，用 0.05 mol/L 盐酸溶解并定容至 5 mL，得总生物碱待测液，测定每份样品的总生物碱及 1-脱氧野尻霉素含量。

取 2.5 mL 0.4 mol/L 的标准品母液，按样品的制备方法，得到 50 mL 0.002 mol/L 标准品溶液。制备该标准品溶液 4 份，以 1 份为对照品，每份中分别加入 0.3 g、0.5 g、0.8 g 活化后的活性炭，放入恒温振荡培养箱中，转速 220 r/min 混匀 2 h，取出抽滤，滤液用旋转蒸发仪浓缩蒸干，用 0.05 mol/L 盐酸溶解并定容至 5 mL，得到 4 份理论浓度为 0.02 mol/L 的标准品溶液，测定溶液吸光值。

②加入活性炭的振荡时间。按样品制备要求制备 4 份样品提取液，按上述所得量加入活性炭，并按转速 220 r/min 分别恒温振荡 0.5 h、1 h、1.5 h、2 h，取出抽滤，滤液用旋转蒸发仪蒸干，用 0.05 mol/L 盐酸溶解定容至 5 mL，测定总生物碱含量，重复 3 次，取平均值。

（3）4-羟基哌啶醇标准液的配制。精确吸取 0.4 mol/L 的标准品母液 5 mL，加入 45 mL 0.05 mol/L 盐酸将其稀释为 0.04 mol/L 标准液。制作标准曲线时分别取稀释后的标准液 0.1 mL、0.2 mL、0.4 mL、0.6 mL、0.8 mL、1 mL，加入 0.05 mol/L 盐酸溶液配成 2 mL 浓度为 0.002 mol/L、0.004 mol/L、0.008 mol/L、0.012 mol/L、0.016 mol/L、0.02 mol/L 溶液备用。

（4）测定。吸取 2 mL 标准品或样品总生物碱待测液于 10 mL 离心管中，加入 0.02 g/mL 雷氏盐溶液 3 mL，冰浴 2 h。抽滤，沉淀附着在滤纸上，用冰浴过的乙酸乙酯冲洗滤纸至除沉淀外其他地方变白，烘干滤纸，放入 50 mL 离心管中，用 10 mL 70%丙酮溶液溶解，溶解液于 523 nm 处测定其吸光值。

（5）主要溶液、试剂制备。

①盐酸溶液（0.05 mol/L）。吸取分析纯盐酸液 4.2 mL，加超纯水定容至 1 000 mL。

②4-羟基哌啶醇标准母液（0.4 mol/L）。精确称取 4-羟基哌啶醇 2.042 g，用 50 mL 0.05 mol/L 盐酸溶液溶解即为 0.4 mol/L 的 4-羟基哌啶醇标准品母液。

③饱和雷氏盐溶液（0.02 g/mL）。取雷氏盐 2 g，溶于 100 mL 超纯水中，保鲜膜封口，放入恒温振荡培养箱中，220 r/min，摇匀后，加滤纸用布氏漏斗过滤，滤液即为 0.02 g/mL 的饱和雷氏盐溶液。

④活性炭活化。取活性炭若干克于烧杯中，放入恒温烘箱，120 ℃烘烤 4 h，冷却后装入干燥玻璃瓶中备用。

⑤25%乙醇—0.05 mol/L 盐酸提取液。用 0.05 mol/L 盐酸溶液稀释无水乙醇，用酒精计配制 25%乙醇—0.05 mol/L 盐酸溶液。其他不同浓度的乙醇盐酸溶液也照此法配制。

生物碱测定方法实例 2　长春花叶片中萜类吲哚生物碱（Terpene indole alkaloids，TIAs）的检测

Hitachi L-2000 高效液相色谱（HPLC）系统，使用 Sapphire-C$_{18}$（4.6 mm×250 mm，5 μm）column 色谱柱。系统由 L-2000 Organizer、L-2130 Pump、L-2200 Autosampler、L-2300 Column Oven 和 L-2455Diode Array Detector 组成；进样量 18 μL，进样速度 1 mL/min，DAD 检测器波长 220 nm。生物碱的种类通过吸收色谱的紫外分析进行鉴定，记录各组分的峰面积。各类生物碱的量通过各自的线性回归方程计算。测定的生物碱种类为二萜类生物碱长春碱，以及合成它的两个前体文多灵（Vindoline）和长春质碱（Catharanthine）。

（1）材料准备和处理。叶片样品于 45 ℃烘箱中烘至恒重，研磨成粉末。精确称取 0.1 g 叶片干粉于 2 mL 离心管中，加入 1 mL 分析纯甲醇，4 ℃浸泡过夜，然后室温条件下 80 W 超声波处理 30 min，10 000 r/min 离心 10 min；重复进行上述处理；吸取约 950 μL 上清经 0.4 μm 孔径的有机滤膜过滤，滤液用于 HPLC 检测长春花生物碱的含量或 4 ℃保存待测。

（2）标准溶液的配制。精确称取文多灵、长春碱和长春质碱标准品各 0.1 g，加入 10 mL 分析纯甲醇、80 W 超声处理 20 min，使各标准品完全溶解，处理后的溶液经 0.4 μm 孔径的有机微孔滤膜过滤后保存于-20 ℃，得到文多灵、长春碱和长春质碱浓度为 10 mg/mL 的标准品储藏液。HPLC 测定时将储藏液用甲醇稀释为 10 mg/L 的标准液。

（3）流动相的选择。固定相为 Sapphire-C$_{18}$色谱柱，柱温 30 ℃。流动相为：A. 分析纯甲醇；B. 分析纯乙腈；C.1.0%二乙胺溶液（磷酸调整 pH 值=7.0，抽滤除杂，超声波处理除去气泡）。

将上述三种溶液以不同比例组成的流动相进样标准品混合物，调整三种溶液的比例，直到标准品混合物中的三种生物碱可以分离鉴别。然后，把由长春花样品中提取得到的生物碱进样，观察生物碱各目的成分吸收峰与杂质吸收峰的分离情况。若它们的吸收峰有重合现象则需继续调整流动相三种溶液的比例，重新加标准品混合物分离、测定。如此反复调整流动相中各溶液的比例，直到待测样品中目标生物碱各成分与杂质得到较好的分离为止。

（4）含量测定标准曲线制作。将各标准品储藏液用甲醇稀释至 0.1 μg/μL，通过 L-2200 AutoSampler 自动进样器分别进样 5 级标准品，其体积分别为 2.0 μL、6.0 μL、10.0 μL、20.0 μL 和 40.0 μL。按照上述试验得到的最优色谱条件进行洗脱，同时测定各样品的吸收峰面积。通过 Empower 软件制作以长春花生物碱文多灵、长春质碱和长春碱的进样量 X（单位：μg）为横坐标，吸收峰峰面积 Y（单位：μV）为纵坐标的标准曲线，用于长春花 TIAs 含量的 HPLC 测定。

五、主要活性成分的提取工艺

（一）大麻二酚的提取

目前大麻二酚（CBD）提取的主要流程包括原料烘干粉碎的前处理、萃取技术、浓缩层析纯化和结晶干燥等后处理技术，其中萃取技术和纯化技术是关键。

目前用于工业生产的萃取技术主要是有机溶剂萃取和超临界二氧化碳萃取，两种方法各有优缺点。在纯化方面通常采用一种或多种层析柱，根据不同组分的分子量和极性等性质差异除去杂质。

1. 原料的前处理

CBD 在大麻各个部位中的含量通常按照苞片、花、叶、细茎和粗茎的顺序递减，在雌株的花叶中含量高，因此通常采用花叶为提取 CBD 的原料。

原料处理通常包括干燥和粉碎步骤。通过加热干燥或晾干使原料中的水分降低至 8%，甚至 5% 以下，原料花叶适当粉碎，以增加萃取过程中原料与萃取试剂的接触面积，提高效率。

2. CBD 的萃取

常用的萃取方法包括有机溶剂萃取法和超临界二氧化碳萃取法，以及亚临界水萃取法，其中有机溶剂萃取法使用较多。

有机溶剂萃取法的优点是操作简便、设备要求低、能耗低，但存在有机溶剂易残留、溶剂溶解能力受限、潜在环境污染等问题。有机溶剂提取法还可分为浸泡提取、回流提取和超声提取。

浸泡提取是将有机溶剂与物料直接混合浸泡进行提取，耗时较长。

回流提取是通过对浸出液加热蒸馏，使其挥发蒸馏出来后又被冷凝，重新回流到浸出器中继续参与萃取的方法，该方法虽然提高了萃取效率，但由于需要连续加热，可能会对 CBD 造成破坏。

超声提取法是利用超声波的机械效应、空化效应和热效应提高萃取效率。超声提取可以在较低的温度下进行，提取速度快、效率高、溶剂用量少，较前两者有一定的优势。

超临界 CO_2 萃取法的优点在于分离范围广，并且可以通过改变温度和压力来实现对萃取剂溶解能力的调节，但是其对设备要求高，能耗大且仪器清洗困难。在实际操作中，为了提高萃取效率，通常会在超流体中加入混合溶剂，称为夹带剂，是超临界萃取法发展的主要方向。

亚临界水萃取法是采用亚临界状态的水进行萃取，与超临界 CO_2 萃取相比，一定程度上降低了能耗，同时也减少了环境污染。

3. CBD 浓缩和纯化

萃取得到的提取液在用色谱柱纯化之前，通常需要进行加热浓缩，蒸发并去除萃取溶剂，剩下 CBD 等成分组成的浸膏。

蒸发浓缩一方面可以去除部分挥发性杂质，另一方面可将溶剂更换为层析所需的流动相，方便进行层析纯化。更换溶剂的步骤较为灵活，有的采用水沉法进行浓缩，有的采用有机溶剂多次溶解和浓缩。

浸膏采用层析流动相所需的溶剂溶解之后，用层析柱纯化。常用层析柱的填料包括硅胶、大孔吸附树脂、聚酰胺吸附树脂等。层析的洗脱溶剂常使用极性或非极性的有机溶剂。

不同层析柱和不同的溶剂所能去除的杂质不同，回收率也不尽相同，可以结合多种层析柱纯化，以提高纯度。在层析过程中，纯度与回收率不可兼得，层析柱的选择、层析溶剂的选择和层析纯化方式的选择均需要综合考量。

4. 纯化后处理

经过层析纯化的 CBD 溶液同样需要浓缩以去除溶剂，得到纯度较高的 CBD 油状或酯状物，再采用蒸发、干燥或过饱和等方法制备得到 CBD 的晶体或者 CBD 油。

实例：工业大麻 CBD 的超临界 CO_2 萃取

工业大麻花叶提取 CBD 的整个生产工艺流程设计，必须符合公安部门的严格管控要求，必须从各个环节360°无死角进行公安联网监控，生产过程完全透明化，以防止提取过程中不法利用毒性物质四氢大麻酚（THC）。

（1）CBD 的萃取。超临界 CO_2 萃取法提取的分子大于蒸馏法提取的类别，保证获得100%纯天然性和高活性成分物质的提取物；同时，重金属物质又不会被 CO_2 所携带萃取出来，避免了提取物重金属超标问题，但装置单元设备投资比较大。CO_2 萃取的基本流程如图 4-5 所示。

超临界 CO_2 萃取 CBD 的基本原理：在一个密闭的体系中，处于临界压力和临界温度以上的 CO_2 流体，萃取工业大麻花叶中的活性物质和挥发油成分。当饱含 CBD 萃取物的 CO_2 流体进入分离器时，由于压力的下降或温度的变化，使得 CBD 萃取物与 CO_2 迅速成为两相（气液分离）而立即分开。CO_2 重复循环使用，同时得到 CBD 油状粗提物。大麻花叶中的 CBD 提取率最高可以达到90%，粗提物的纯度可达57%。

（2）CBD 粗提物的分离纯化。采用分子蒸馏和树脂吸附法（柱层析或者工业色谱柱）来获得高纯度精品 CBD。

①分子蒸馏。分子蒸馏依靠不同物质分子运动平均自由程的差别来实现物质的分离，是一种非平衡状态下的特殊蒸馏。分子蒸馏过程是，分子从液相主体向蒸发

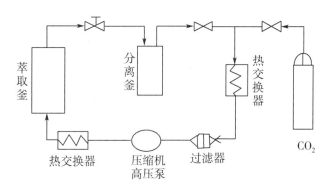

图 4-5　超临界 CO_2 萃取的流程

表面扩散—液层上自由蒸发—从蒸发面向冷凝面迁移—轻分子在冷凝面上冷凝（图4-6）。

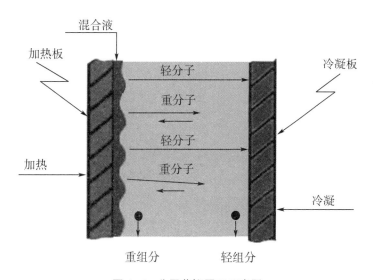

图 4-6　分子蒸馏原理示意图

分子蒸馏器主要有自由降膜式、机械离心式和旋转刮膜式 3 种型式，与常规蒸馏相比，具有如下特点：A. 在远离沸点下进行操作，可大大降低能耗；B. 受热时间短，降低热敏性物质的热损伤，避免物质的分解或聚合；C. 分子蒸馏的相对挥发度大于常规蒸馏，因此更容易实现物质的分离；D. 要求在高真空度下操作。因此，分子蒸馏在提纯、脱除提取物中的溶剂、脱色、去除有害金属和化学残留物等方面具有优势。采用分子蒸馏对超临界 CO_2 萃取所获得的 CBD 粗提物进行富集和分离纯化，富集 CBD 后样品纯度可达 83.73%。

②树脂吸附法（工业色谱柱）制备精品 CBD。经过分子蒸馏获得的富集 CBD 提取物，还需要通过树脂吸附法（柱层析或者工业色谱柱）进行分离纯化，以得到

高纯度精品 CBD 产品。

工业色谱柱的进样量大，分离负荷大，色谱柱的填料多，设备的直径和长度也大，使用相对多的流动相。随着负载的加大，色谱柱的柱效急剧下降，从而得不到纯品。从经济上来说，要求工业色谱柱少用填料和溶剂，尽可能地多得产品，解决生产效率的问题。

利用普通液相色谱的分离原理，根据原料分离纯化需求设计的工业色谱柱系统，以大直径的液相色谱柱和大流量的输液系统为基础，通过采样数据系统（DDS）优化流体的流速稳定性、流体分配、洗脱溶剂及比例，实现在线监测规模化操作，使样品在尽可能小的扩散情况下平行移动，达到良好分离的效果，自动化程度、分离效率和生产能力大大高于传统的柱层析设备。该系统主要由输液部分、动态轴向压缩柱、匀浆部分、检测部分、进样部分、馏分收集部分、控制和数据处理部分等 7 部分组成，其原理结构如图 4-7 所示。

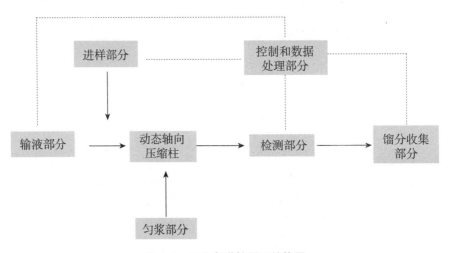

图 4-7　工业色谱柱原理结构图

采用工业色谱柱对 CBD 富集品进行深度分离纯化，通过控制载样量、流动相和流体分配等工艺参数，可以获得不同品质的 CBD 产品，也可获得回收率在 90% 以上、纯度 99% 以上的 CBD 产品。

（二）萜类的提取

萜类化合物根据理化性质不同有多种提取方法。水蒸气蒸馏法可用于提取单萜与倍半萜成分；溶剂提取法可用于二萜类物质的提取；超声提取法和超临界 CO_2 萃取法可用于提取三萜类成分。超声提取法利用超声波的空化作用、机械效应和热效应等加速细胞内有效物质的释放扩散和溶解，显著提高提取效率。超临界 CO_2 萃取的原理是在高压超临界状态下，以液态 CO_2 作抽提溶剂进行抽提，然后减压分离，随着压力下降，液态 CO_2 不断气化，从而分离出所要提取物的有效组成。

1. 泽泻［*Alisma orientalis*（Sam.）Juzep.］三萜类成分超声提取

例1：泽泻烘干粉碎，过10目筛的粉末按1∶10的料液比加入85%乙醇，回流1 h，60 ℃温浸3 h，超声（250 W，50 kHz）提取2次，每次1 h。合并所得提取液，浓缩至每1 ml含0.5 g生药的溶液，取100 ml以2 BV/h（1 BV = 30 ml）的速度上D101大孔吸附树脂柱（树脂利用6次后需要再生），上完样后用水4 BV洗脱，再用6 BV 40%乙醇以4 BV/h的速度除杂，8 BV 80%乙醇以2 BV/h的流速富集总三萜。50 kg规模的中试结果，该工艺稳定可行，所得提取物中总三萜含量大于50%、得率约77%，23-乙酰泽泻醇B的含量约为8%。

例2：取泽泻粉末（过65目筛），按1∶8料液比加入85%乙醇，超声提取60 min，重复2次。抽滤，合并滤液，挥干溶剂。用蒸馏水分散，依次用石油醚和乙酸乙酯萃取。取乙酸乙酯部分，挥干溶剂，得浸膏。取浸膏，用10%乙醇溶解，于D101大孔吸附树脂柱上样，浸泡24 h后装柱，先后用蒸馏水、30%乙醇和80%乙醇洗脱。取80%乙醇洗脱液，挥干溶剂，得泽泻三萜类成分，其平均含量为4.55%。

2. 翻白草（*Potentilla discolor* Bung.）三萜类成分提取

翻白草30 g，置于圆底烧瓶中，加入75%乙醇，加热回流提取二次。第一次加10倍量（料∶液 = 1∶10），提取2 h；第二次加8倍量（料∶液 = 1∶8），提取1 h，提取液过滤合并，浓缩至无醇味，得提取物。

（三）生物碱的提取

溶解性能是生物碱提取的重要依据之一。游离状态的生物碱可分为亲脂性和水溶性两大类。前者数目较多，绝大多数叔胺碱和仲胺碱都属于这一类，它们易溶于苯、乙醚、氯仿、卤代烷烃等极性较低的有机溶剂，在丙酮、乙醇、甲醇等亲水性有机溶剂中亦有较好的溶解度。后者主要是季铵型生物碱，数目较少，它们易溶于水、酸水和碱水，在甲醇、乙醇和正丁醇等极性大的有机溶剂中亦可溶解。

1. 生物碱的提取与纯化

一般来说，除少数具有挥发性的生物碱可用水蒸馏法，具有升华性的生物碱可采用升华法提取外，绝大多数生物碱是利用溶剂提取法提取，有粗提和纯化两个步骤。

（1）根据溶剂分类。生物碱提取分为水或酸水提取法、醇类溶剂提取法、亲脂性有机溶剂提取法及其他溶剂提取法。

①水或酸水提取法。具碱性的生物碱在植物体中多以盐的形式存在，而弱碱性或中性生物碱则以不稳定的盐或游离碱的形式存在。生物碱盐类一般不溶于亲脂性有机溶剂而溶于水或醇。用水作溶剂提取生物碱，植物体中一些亲脂性的弱碱或中性碱提取不完全或不被提出，但如用酸水提取，则使生物碱都以盐的形式被提出。酸水提取法常用0.5%~1%的乙酸、硫酸、盐酸或酒石酸等为溶剂。

②醇类溶剂提取法。游离生物碱及盐类一般都能溶于甲醇和乙醇，因此它们作为生物碱的提取溶剂应用较为普遍。虽然甲醇对生物碱盐类的溶解性能比乙醇好，

但它的毒性很大，所以多数用乙醇（包括 60%~80% 的稀乙醇）为溶剂，也有用酸性醇提取的。醇类溶剂提取液中除含有生物碱及其盐类外，尚含有大量的其他脂溶性杂质，若用稀醇提取的还含有一些水溶性杂质，需进一步处理。

③亲脂性有机溶剂提取法。大多数游离生物碱都是脂溶性的，因此可用亲脂性有机溶剂，如氯仿、二氯甲烷或苯等提取。生物碱一般以盐的形式存在于植物中，故采用亲脂性有机溶剂提取时，必须先使生物碱盐转变成游离碱，其方法是先将药材粉末用石灰乳、碳酸钠溶液或稀氨水等碱水湿润后再用溶剂提取。亲脂性有机溶剂提取法提出的总生物碱一般只含有亲脂性生物碱，不含水溶性生物碱。这种提取方法得到的总生物碱，杂质较少，易于进一步纯化。

此外，有人试验发现，混合溶剂（体积比为 50∶30∶20∶1 的四氢呋喃、水、乙腈及冰乙酸）对马铃薯糖苷生物碱提取效果很好。溶剂提取与超声提取结合，可以提高生物碱提取的效率。

（2）根据操作方式分类。生物碱提取有浸渍法、渗漉法、热回流法、连续回流法和煎煮法等。

①浸渍法。浸渍法简便，是最常用的方法之一，即将处理过的药材，用适当的溶剂在常温或温热（60~80 ℃）的情况下浸渍以溶出其中成分。一般在常温下进行，对中药中有效成分尤其是热敏性物质的提取非常有利，但操作时间长，浸出效率差，用水为溶剂时提取液易腐败变质，须注意防腐。

②渗漉法。渗漉法是往药材粗粉中不断添加溶剂使其渗过粗粉，从渗漉筒下端流出浸液的方法。浸出效果优于浸渍法，适用于有效成分含量较低或贵重药材的提取，但溶剂消耗量大，费时长，操作烦琐，且新鲜及易膨胀的药材和无组织结构的药材不宜用此法。

③热回流法。热回流法是一种比较成熟的分离方法。其最大特点在于通过溶剂的蒸发与回流，使得每次与原料相接触的溶剂都是纯溶剂，从而大大提高了萃取动力，同时提高萃取速度和效果。此法不适宜受热易破坏成分的提取，而且溶剂消耗量大，操作复杂。

④连续回流法。为了弥补回流提取法中需要溶剂量大和操作复杂的不足，可采取连续回流提取法。实验室常用脂肪提取器或称索氏提取器，因此又称索氏提取法。此法提取液受热时间长，对受热易分解的成分不适宜。

⑤煎煮法。煎煮法是将样品粗粉加水加热煮沸，将其成分提取出来，方法简便，样品中大部分成分可被不同程度地提出，但不适应挥发性成分及遇热易破坏成分的提取。

⑥超临界 CO_2 萃取法。超临界 CO_2 萃取对固体或液体的萃取能力在其超临界状态下较之在常温常压条件下可获得几十倍、甚至几百倍的提高。但非极性的 CO_2 只能有效萃取分子质量较低的非极性的亲脂性物质，而生物碱往往具有一定的极性，且生物碱母体与生物碱以一定的化学方式相连，具有束缚作用，因此需加入适当的

非极性或极性溶剂作夹带剂，并进行一定的前处理，以提高萃取能力。较常用的夹带剂有水、甲醇、丙酮、乙醇和乙酸乙酯等，其中甲醇和乙醇使用最多。此法兼备了精馏和液—液萃取的特点，操作参数易于控制、溶剂可循环使用，萃取速度快、效率高、能耗少，特别适合于分离热敏性物质，且能实现无溶剂残留。

（3）生物碱的纯化。用溶剂直接提取出的粗生物碱除了含生物碱及盐类外，还含有大量其他脂溶性杂质或水溶性杂质，须进一步纯化处理，常见的有树脂法和有机溶剂萃取法。

①树脂法。包括离子交换树脂法和大孔树脂吸附法。离子交换树脂法通常是将提取液酸化后，通过强酸型（氢型）阳离子交换树脂柱，使生物碱盐阳离子交换在树脂上而与非碱性的化合物分离。对于亲脂性生物碱可采用氨液碱化树脂，使生物碱从交换树脂上以游离碱的形式游离出来，树脂晾干后，再用亲脂性有机溶剂提取即得总生物碱；对于水溶性生物碱也可直接用碱水液洗脱，得游离生物碱。大孔树脂吸附法也是一种很有效的纯化方法。

②有机溶剂萃取法。此法是利用亲脂性生物碱溶于亲脂性有机溶剂，而其盐溶于水的性质。即水或酸水提取液用碱液（氨水、石灰乳或石灰水等）碱化，使生物碱盐转变成游离碱，再用氯仿、乙醚或苯等亲脂性有机溶剂萃取，合并有机溶剂萃取液，浓缩即得总生物碱。对于醇类溶剂提取液，通常采取酸水—碱水—亲脂性溶剂的方法（或称氯仿提取法）反复进行。具体操作是将醇提取液减压回收溶剂，用稀酸水溶解，过滤除去不溶解的非碱性脂溶性杂质。未除净的脂溶性杂质，可用乙醚或氯仿萃取几次。酸水液碱化后用亲脂性有机溶剂如氯仿萃取，使生物碱盐转化为游离碱而溶于亲脂性有机溶剂并与水溶性杂质分开。在碱化后用有机溶剂萃取操作中，也可在碱化前加入有机溶剂，然后碱化，使刚游离出来的生物碱立即溶入有机溶剂，提取效率较高。

2. 生物碱的超临界 CO_2 萃取工艺

例1：超临界 CO_2 萃取菊三七总生物碱

样品粉碎过 60 目筛（100 g），用2%氨水按料液比 1∶2 将样品粉末润湿过夜，将碱化过的样品粉末烘干，投入萃取釜中，CO_2 提取流量为 20~30L/h，以95%的乙醇为夹带剂。工艺条件为：萃取压力 25 MPa、温度 60°C、时间 3 h，乙醇用量 200 mL/100 g 样品。此条件下生物碱的得率为 0.192%，提取率较高。

例2：超临界 CO_2 萃取益母草总生物碱

不经碱化的益母草中生物碱很难被超临界 CO_2 萃取，经碱处理后的样品再加夹带剂，可以极大地提高生物碱萃取率。

益母草的碱化 将益母草粗粉 100 g 碱化，使样品中生物碱游离，同时又能使样品中所含的叶绿素遇碱转化为水溶性盐，使超临界 CO_2 不能或难以提取这些无效成分。

益母草总生物碱的萃取 将碱化过的样品投入萃取釜，对萃取釜、解析釜1、解析釜 2 等系统加热到预定值，用高压泵加入 CO_2 到预定压力，开始循环萃取，另以夹带剂泵慢慢加入夹带剂氯仿，萃取物流经解析釜 1、解析釜 2、分离柱分离，1 h 后放料。解析釜 1 出料为少量黏稠油性大的绿色膏，经检查几乎不含生物碱，大多为叶绿素，弃去。解析釜 2 出料为含有益母草生物碱的棕红色萃取物。分离柱出料为澄清的夹带剂液，仍可作夹带剂再次加入萃取釜进行第二次萃取。优化工艺条件为：萃取压力 30 MPa、温度 70 ℃、时间 3 h，萃取率达 6.5%，总生物碱含量达到 26.6%，比常规法（2000 版中国药典益母草流浸膏的制备工艺）高 10 倍。

六、健康产业与产品开发

工业大麻花叶主要用来提取对人类健康有益的大麻素。大麻素中的最主要成分之一大麻二酚（CBD）具有种种有益人体健康和非精神活性特点，它通过激活大麻素受体影响内源性大麻素系统，改善人体健康。人们可以在药品中用它，在食品中吃它、在饮料中喝它、在肌肤上抹它，还可以在雾化器中吸它。CBD 不断刷新人们的认知，开发出来的各种产品带给人们全新的感受。工业大麻花叶（包括提取大麻素后的废渣）还可以用来开发动物饲料或有机肥料等。

（一）药品

经过分离纯化的 CBD 广泛应用于医药研发方面。世界范围内开展了大量的 CBD 应用临床试验，涵盖癫痫、缓解疼痛、戒除酒精大麻成瘾、帕金森综合征、阿尔茨海默症等方面，同时也包括一些罕见病如脆性 X 染色体综合征。

2018 年 6 月 25 日美国 FDA 批准英国制药公司 GW Pharmaceuticals 研制的口服液体制剂 Epidiolex 上市。该药用于辅助治疗两岁以上患儿 Lennox-Gastaut 综合征（LGS）和 Dravet 综合征相关的罕见癫痫。Epidiolex 是一种口服高纯度 CBD 液体制剂，是 FDA 批准的首个来源于植物的大麻素类处方药。

LGS 和 Dravet 综合征通常在儿童期开始发展，是癫痫发作的严重破坏性形式，不仅发病率和死亡率高，对家庭和看护者也会造成重大负担。超过 90% 的 LGS 或 Dravet 综合征患者每天癫痫发作多次，这使他们持续处于跌倒和受伤的危险中。临床试验证明，Epidiolex 联合其他抗癫痫治疗，可显著降低 LGS 和 Dravet 综合征患者的癫痫发作频率。

有人发明了经口递送的含 CBD 60~1 200 mg 的压制片剂，当持续 4 周给予精神分裂症患者 1 500 mg/d CBD（溶于油）时，在治疗期间改善显著，而中断使用时即观察到恶化。

2005 年 GW Pharmaceuticals 公司开发的 Sativex 在加拿大上市，该药是含有 CBD 和 THC 的口腔喷雾剂，目前已在 20 多个国家获得批准用于治疗多发性硬化症（MS）患者的痉挛症状。

CBD 可以通过调节内源性大麻素系统、别构调节 μ-和 δ-阿片受体、调节 5-羟色胺受体和降低谷氨酸毒性等多靶点和多通路来调节与药物成瘾有关的神经回路，对烟草、酒精、大麻类、阿片类、可卡因类和中枢神经兴奋剂等成瘾有治疗作用，可望成为治疗药物滥用的候选药物。

尽管 CBD 药用价值巨大，涉足研发 CBD 药品的企业或研究者甚多，但由于 CBD 药品开发周期长、投入大、要求高，甚至还受政策限制，至今推出的药品非常有限。因此，CBD 的应用和产品开发在食品、保健品和美容产品方面展现出美妙诱人的前景。

（二）美容产品

据国外权威预测，2019—2027 年，全球 CBD 护肤品销售额将以 33% 的年复合增长率增长。大麻叶挥发油中主要成分有石竹烯、α-石竹烯及其石竹烯氧化物，这些物质能渗透进皮肤，促进活性因子的局部传递，是安全的皮肤渗透增强剂，可应用在化妆品配方中，开发出高档化妆品。如保湿抗衰的面部精华、改善肌肤细腻度的身体精华、焕亮肤色的亮肌液、唇膏等，还有肥皂、防晒霜、护发产品等。

CBD 用于口腔护理，具有很好的消炎抗菌作用，能够减少牙龈肿胀、消除引发感染的细菌，在对抗牙龈炎、牙周炎等口腔疾病方面有很大的潜力，目前已经推出了多款 CBD 牙膏。

（三）食品、保健品

2020 年 11 月 19 日，欧盟最高法院（CJEU）裁定，CBD 不是麻醉品。12 月 2 日，欧盟委员会向欧洲工业大麻协会发送了一份声明，认为工业大麻的提取物 CBD 不应作为麻醉品进行监管，可以作为食品。该决定将大力推动 CBD 食品化进程。已经生产出添加 CBD 成分的各种食品，包括饼干、巧克力、糕点、甜品等。

CBD 最有价值的应用市场将是保健品领域，功效包括改善免疫力、心血管健康、睡眠质量、消炎止痛、消除焦虑和抑郁、减轻癌症的相关症状、改善皮肤问题、食欲问题及糖尿病并发症等。已布局或正在研发 CBD 保健品的著名生产品牌包括安利（Amway）、麦克森（McKesso）、卡迪那健康（Cardinal Health）、建安喜（GNC）、汤臣倍健（By-Health）等。CBD 保健品至少在下列方面大有作为。

CBD 对一些由免疫力系统失衡造成的疾病有良好的治疗作用，因此 CBD 保健品将挑战蛋白粉、大豆肽粉、氨基酸、维生素、大蒜精华等产品。

CBD 对心脏有多重好处，包括降血压和阻止心脏受损，挑战对象包括深海鱼油（Omega-3）、膳食纤维、亚麻籽油、红曲、纳豆激酶、月见草等。

CBD 有很好的镇静和安神作用，可以很好地提升睡眠质量，因此将挑战褪黑素、氨基酸、安眠药等产品。

多发性硬化症病人服用 CBD 药物后，疼痛感、行走能力和肌肉痉挛情况都有非常明显的改善；风湿性关节炎的病人服用 CBD 后运动和休息时的疼痛感都大大降低；难以治疗的肌纤维痛慢性病人服用了 CBD 后疼痛程度减轻 30%。已有一种 CBD 身体软膏，用于缓解肌肉和关节疼痛。挑战对象是深海鱼油（Omega-3）、姜黄素、艾叶、葡萄糖氨酸、ω-3 脂肪酸等。

有社交焦虑症的人事先服用 CBD 精油，在演讲中表现出更少的焦虑情绪、认知功能障碍和不舒适感；CBD 精油也用来给遭受打击引起应激障碍的儿童治疗失眠和焦虑，且无不良影响。如含有 1 200 mg 广谱 CBD 的"Calm"舌下酊剂，用于紧张的时候放松情绪，集中注意力。挑战产品有 5-羟色胺、γ-氨基丁酸、左旋酪氨酸、磷脂酰丝氨酸、苯二氮平等。

CBD 可以有效降低癌症引起的疼痛，以及治疗癌症引起的恶心、呕吐等。挑战产品有亚麻籽、人参皂苷、ω-3 脂肪酸、灵芝孢子粉等。

CBD 可以有效地刺激食欲，且对血糖水平没有明显影响，因此是刺激食欲的安全有效方法，将挑战赖氨酸、益生菌等产品。

CBD 可以降低患糖尿病小白鼠的相关症状达 56% 和有效减轻炎症，可望挑战肉桂、硫酸锌、硫酸铬等产品。

CBD 可以抗感染和抑制皮脂分泌，从而消除粉刺和痤疮，将挑战水杨酸、茶树油、维生素 B、谷胱甘肽等。

（四）健康饮料

大麻饮料成为大麻产品开发的热点领域。据专业人员预测，2025 年美国的大麻饮料市场价值为 28 亿美元，复合年增长率 17.8%，如果美国联邦政府解除了对大麻的禁令，这个数字会变得更大。另有数据显示，2020 年，美国加利福尼亚州、科罗拉多州、内华达州、俄勒冈州和华盛顿州的大麻饮料销售额较 2019 年增长了 40.3%。产品有 CBD 精酿啤酒和葡萄酒，各种 CBD 饮料如咖啡、茶、冲泡速溶粉、气泡水、果汁、运动饮料等。

（五）清洁用品

工业大麻叶中的多酚类、生物碱、有机酸和多糖等物质除对霉菌有不同程度的抑制作用外，对多种革兰氏阴性菌和革兰氏阳性菌也有明显抗菌性能。在进行体内体外抗氧化、抑菌活性评价的基础上，可开发出各式各样的日化品，如洗手液、空气喷雾剂、驱蚊剂等。

（六）电子烟

CBD 成分有很多消费形式，可舌下滴服、涂抹、吸入、口服等，其中雾化是让 CBD 进入血液的更快方式，也是见效更快、利用率更高的方式。CBD 雾化的利用率达到 30%~40%，滴剂约为 20%~30%；胶质/胶囊的利用率约为 5%，因为口服 CBD 产品，需要经过消化系统、肝脏，然后才能到血液中，过程长、生物利用度低。另有越来越多的证据表明，CBD 能帮助戒断烟草尼古丁成瘾。

2020 年 9 月，美国《大麻产业日报》发表的数据显示，到 2025 年，大麻电子烟产品销售额将达到 3 亿~4 亿美元，远超此前预测的 0.7 亿~0.8 亿美元数额。

（七）饲料

工业大麻植株体的营养丰富（表 4-2），此外还至少含有 17 种氨基酸（其中 7

种是人体必需的）、维生素 C、维生素 PP、维生素 B_1、维生素 B_2 和 β-胡萝卜素等
5 种维生素，Na、Mg、Fe、K、Ca、Cu、Zn、Co、P 和 Mn 等多种矿质元素。工业
大麻制药副产物的粗蛋白质、粗纤维和磷含量，以及茎叶的粗蛋白含量均高于紫花
苜蓿、毛苕子和红三叶草。

表 4-2　大麻植株体基本营养成分含量　　　　（单位:%，干重）

资源类别	粗蛋白	粗脂肪	粗纤维	粗灰分	钙	磷
制药副产物	20.0~25.2	0.3~0.4	49.6~74.5	11.2~13.9	0.4~0.6	1.2~2.6
麻籽壳	3.6~3.8	0.4~0.5	31.4~42.6	11.1~15.9	0.3~0.4	0.1~0.2
茎叶	20.9~24.8	0.2~0.3	15.7~34.3	9.2~13.5	1.4~3.6	0.3~0.6

注：大麻制药副产物即经特定工艺提取大麻素后剩余的大麻茎、叶、果混合物。

　　虽然工业大麻花叶目前国内尚无在动物生产中应用的文献报道，但籽壳、茎叶
以及制药副产物均含有较丰富的营养，而且大麻素提取废渣中富含黄酮类、生物碱
类、香豆素类等功能活性成分，能够促进动物生长、调节免疫与抗氧化等，故将其
开发成功能性饲料产品前景可观。不过营养成分的稳定性、利用效率以及生物活性
成分的影响等尚需系统研究。

　　目前国内 CBD 提取工艺中主要使用的有机溶剂是乙醇，或者使用 CO_2 超临界萃
取，都不存在有害残留，因此，花叶、麻糠提取大麻酚类后的废渣，具有开发动物
饲料的潜力。目前国内提取 CBC 后的残渣，主要是用于制作有机肥料，能否利用这
些残渣开发饲料还值得进一步研究和试验，但可以肯定的是残渣的 THC 和 CBD 含
量在 0.01% 以下，安全性基本无忧。

　　纤维用工业大麻花叶（麻糠）直接作饲料，欧洲已经开发多年，国内也在研究
和试验中。

（八）宠物用品

　　CBD 宠物用品市场是 CBD 行业增长最快的类别之一，这包括宠物的食品、药
品和护理品等方面。含 CBD 的宠物食品有饼干、肉干、罐头等，可改善宠物焦虑、
炎症、疼痛等；CBD 有潜力治疗宠物癫痫、抑郁症、骨关节炎、眼科疾病，甚至是
某些特定癌症，可用于研发 CBD 宠物药品；CBD 具有很好的抑菌消炎作用，可用
于研发 CBD 宠物洗护用品。美国推出了培根味酊剂、涂抹膏、软膏等 CBD 宠物产
品，中国推出了 CBD 植萃氨基酸猫咪沐浴露。

（九）有机肥料

　　目前国内提取 CBC 后的残渣（工业大麻花叶粉碎物），THC 和 CBD 含量都在
0.01% 以下，主要用途是制作有机肥料，安全性没有问题。

第二节　麻籽利用

非种子用途的工业大麻（大麻）果实习惯上被称作麻籽，俗称火麻籽、汉麻籽等，以其丰富的营养价值，自古就是人们非常喜爱的食品之一，有着"长寿圣籽"的美誉，我国古书记载最早的"五谷"——"麻、麦、稷、黍、豆"中的"麻"即指大麻籽。2002 年，国家卫生部在"关于进一步规范保健食品原料管理的通知"中，将大麻籽仁列入"既是食品又是药品的物品名单"。下面从麻籽生产、麻籽的主要功能成分及制备工艺、麻籽产品的开发等方面介绍目前工业大麻籽的生产利用现状。

一、麻籽生产

近年来，以麻籽为原料开发的农副产品及保健品深受市场的欢迎，因而麻籽的需求大幅提升，麻籽的种植生产受到了人们的重视，这里我们结合相关的研究报道，将麻籽的高产栽培技术要点总结如下。

（一）选地

大麻喜温暖湿润、通风、阳光充足的环境，尽量选择地势平坦、土层深厚、疏松肥沃、排灌良好的沙壤土或壤土，忌选择地势低洼、土壤黏重的田块。

（二）整地与施肥

大麻为深根作物，深耕有利于根系伸展，防止下雨刮风时植株倒伏，同时深耕可以消灭杂草及病虫。先年冬季或当年整地时清除前作根茬，翻耕 30 cm 以上，翻耕后土壤达到细碎、无残茬、无较大土块的良好播种状态。一般地势较平坦、易干旱、难保水的山地、台地、坡地及平地，整地时应采用便于保水的平畦式，低洼易涝、排水不便的地块应采用高畦（墩垄）低沟（深沟），以便排涝防渍。结合翻耕施足基肥，肥料以有机肥为最佳，施肥量应根据土壤营养状况和栽培密度而定。

（三）播种

1. 品种选择

目前，包括纤用大麻在内所有的大麻品种均可进行麻籽生产，其中以雌株比例高、千粒重大、麻籽产量高的品种为最佳。但在选择品种时需特别注意大麻为短日照植物，北方的品种引种到南方会出现早花现象，由于前期干物质积累不足麻籽产量下降明显。确定好品种后需精选种子，先经风选和筛选，除去杂草种子、瘪籽、破碎粒、嫩籽等杂质，使种子清洁率达到95%以上，然后挑选饱满、千粒重大、大小均匀、色泽新鲜且发芽率85%以上的种子方可作种用。

2. 适时播种

籽用大麻的播期各地有所不同，北方不早于4月，南方6—7月最佳。生产上一般晚于纤用大麻，因为过早播种，营养生长过旺，植株高大且木质化程度较大，提前消耗养分，影响生殖生长和发育，不利于籽粒产量的提高。籽用大麻有条播和点播两种方式，生产上多采用点播的方式进行。播种时，按留苗数 3 倍的量进行播种，由于幼苗的顶土能力弱，宜浅覆土，一般覆土 2~3 cm，或进行育苗移栽，以保证出苗。

3. 播种密度

大麻在不同种植模式下均能获得一定的麻籽产量，但以每亩 2 000~4 000 株、行株距（100~150）cm×（35~45）cm、每塘（穴）定苗 2 株较好。一般土壤肥沃、播期较早时，可以适当稀植，以增加分枝数（打顶）、提高籽粒产量，反之则需适当密植。

（四）田间管理

1. 补定间苗

籽用大麻种植密度较低，缺苗对麻籽的产量影响较大。因此，出苗后应及时检查出苗情况，在苗高 5~8 cm 时，对缺苗的地段进行补苗；待苗高 20~25 cm 时，按规定株距进行定苗，拔除弱小苗，每塘留 2~3 株健壮幼苗。

2. 中耕除草

中耕是苗期的重要管理措施之一，具有松土除草、散湿增温、促根系控茎叶的作用。一般需进行 2 次中耕除草，第 1 次结合定苗进行，第 2 次封行前进行，生育期内随时拔除杂草。

3. 追肥培土

大麻整个生育期内应根据土壤肥力状况和植株生长状况进行多次追肥，一般营养生长期以追施尿素为主，营养生长末期及生殖生长期以磷、钾肥为主，并追施一定量的微肥，如硼砂等，以促进雌株开花。追施尿素时，应在距离植株基部 5~6 cm 处开沟追施，避免肥料成堆灼伤基部或伤害根系。同时，结合追肥，适当培土，可提高肥效和预防植株倒伏。

4. 排灌水

大麻不耐涝，麻田积水超过 2 d 可导致植株死亡，雨季要及时疏通沟渠，防止麻田受涝。但要注意防止麻田受旱，特别是大麻现蕾至开花期间耗水量较大，这一时期耗水量占全生育期的 50%，若花期干旱，需及时进行灌溉，可有效防止落花，保障麻籽产量。

5. 清除雄株

籽用大麻的收获产物是籽粒，因为雄株只开花，不结籽粒，一般在雄株现蕾后或 60%~70% 的雄株开花散粉（纤用和籽秆兼用型）时，及时间伐大部分雄株（需留少部分雄株传粉），以减少养分消耗，增加雌株通风透光和肥水供给，从而增加产量。

6. 病虫害防治

大麻植株的叶、根系分泌物有一种特殊气味，一般病虫不易侵害，很少发生病虫害。由于麻籽主要是食用和药用，病虫害防治应以预防为主，常采用轮作、深翻耕、增施有机肥、开沟排涝、清除田块四周的杂草等农业防治措施预防病虫发生。若发生严重病虫害也应当选用高效、低毒、低残留农药进行防治。此外，应当注重防治鸟害，因为大麻籽粒灌浆期就不断有成群的麻雀啄食麻籽，对麻籽的产量影响较大。

（五）收获

当大麻植株中下部叶片枯萎，60%~80%的雌花序中部花叶呈黑褐色时，籽粒已成熟，应及时进行收获。采收时，先将果穗砍（剪）下，捂麻1~2 d，然后集中进行翻晒，枝条基本晒干后敲打脱粒，除去残枝碎叶和杂质，最后晒干麻籽，收贮入库。

此外，还有籽秆兼用、纤维用及花叶用大麻的麻籽，同样用于工业大麻麻籽多用途产品开发。

二、麻籽的主要成分和功能

大麻籽营养丰富，是我国乃至世界的传统食品，其含有25%~35%的油脂、20%~25%的蛋白质、20%~30%的碳水化合物、10%~15%的膳食纤维，以及人体所需的维生素和微量元素，这些营养成分对人类健康有重要的作用。到目前为止，对大麻籽油脂和蛋白质的研究较多，对其他营养物质功能特性的研究相对较少。

（一）麻籽油

大麻籽油是一种干性油，主要含有亚油酸、α-亚麻酸、γ-亚麻酸、油酸、花生四烯酸、棕榈酸、硬脂酸等脂肪酸，其中不饱和脂肪酸含量89.4%~91.8%，多不饱和脂肪酸含量73.8%~80.5%。此外，大麻籽油还含有植物甾醇类、生育酚类、矿物质元素、挥发性油、黄酮类等成分。

亚油酸和α-亚麻酸人体自身不能合成，是必须从食物中获取的两种十分重要的必需脂肪酸。人的膳食中如果亚油酸与α-亚麻酸的比例过高，患癌症、炎症和心血管疾病的风险增加，而在大麻籽油中其比例为2.29~4.68，符合人体正常代谢所需的比例。亚油酸在大麻籽仁油中含量高达56.25%以上，而现代人普遍缺乏的ω-3系列脂肪酸（主要是α-亚麻酸）含量也大于13.54%，远高于大豆、花生、菜籽、橄榄、山茶等其他油脂中的含量。另外，α-亚麻酸作为ω-3长链多不饱和脂肪酸的前体物质，具有提高记忆力的功效，因其在人体内可以合成二十二碳六烯酸和二十碳五烯酸两种活性因子，而这两种物质是构成大脑细胞和人体神经细胞的主要成分。

花生四烯酸、油酸、γ-亚麻酸均是对人体健康非常有益的油脂成分。其中，γ-亚麻酸是前列腺素PG-Ⅰ和PG-Ⅱ的前体，通常只有蓝绿藻和黑醋栗种子油中才含有，在常用的食用油中均不含有，而大麻籽仁油中γ-亚麻酸含量却高达0.50%~2.40%。

植物甾醇与胆固醇存在竞争性作用，摄入适量的植物甾醇可以减少胆固醇的吸收，从而起到降血脂的作用，同时还具有保护肝脏、预防骨质疏松、抗氧化、抗癌、抗菌、消炎等多种功效。生育酚是一种天然抗氧化剂，具有延缓衰老的作用，能增强皮肤的抗氧化能力。大麻籽油中的 K 和 Na 两种矿质元素的比例较为理想，对癌细胞的繁殖具有一定的抑制作用。

（二）麻仁蛋白

大麻籽是一种十分优异的蛋白质来源，其蛋白质含量为 20%～25%，其中 65%是麻仁球蛋白，35%为白蛋白。麻仁蛋白不含胰蛋白酶抑制因子，不会造成蛋白质吸收的障碍；不含豆类中的低聚糖，不会造成胃胀和反胃；也不含任何已知的致敏物，易于消化，因此适宜大部分人群食用。麻仁蛋白富含精氨酸、组氨酸、蛋氨酸、半胱氨酸、L-亮氨酸、异亮氨酸、缬氨酸等 21 种氨基酸，能供给人体所需的全部可食性氨基酸，完全符合人体制造血浆主要成分（白蛋白和球蛋白）的全部需要，是维护人体健康必不可少的营养成分。其中，精氨酸和组氨酸对儿童的生长非常重要，同时精氨酸还可以预防和治疗心血管疾病；蛋氨酸和半胱氨酸是人体合成酶所必需的氨基酸；L-亮氨酸、异亮氨酸和缬氨酸等支链氨基酸对人骨骼肌代谢、身体修复和生长极其重要。

此外，麻仁蛋白经不同的蛋白酶进行适当的水解，可得到各种具有不同功能活性的蛋白肽，是一种比完整蛋白质更有效的营养辅助物质。蛋白肽具有充当金属离子螯合剂、清除自由基和抑制亚油酸氧化等抗氧化作用，还具有抗高血压和改善多囊肾疾病相关症状的功效。

（三）其他成分

大麻籽中除了含有上述主要成分外，还含有很多有益的成分，如纤维素、酚类物质、矿质元素和维生素等。纤维素大部分存在于大麻籽壳中，少部分存在于麻仁中，可作为食品的添加成分，使产品营养更加完善，长期食用具有疏通肠道、排毒养颜、调节血脂、调节血糖等生理功效。酚类物质主要存在于大麻籽壳、大麻籽粕及大麻籽油中，主要是木脂素酰胺类物质和羟基肉桂酸两种酚类物质。大麻籽中的矿质元素，主要是磷、铁、镁、钾、锌、钙等，其中铁、锌含量及比例适合人体代谢需要。大麻籽中含有的维生素，主要是维生素 C、烟酰胺、维生素 B_1、维生素 B_2 和 β-胡萝卜素等，其中维生素 B_2 含量最高。

三、主要功能成分的制备工艺

（一）麻籽油的提取

工业化生产中提取大麻籽油的方法很多，不同的方法各具优势与不足。目前，生产上常用的是压榨法（热榨、冷榨）、溶剂浸出法、水酶法以及超临界流体萃取法等。

1. 压榨法

压榨法是一个物理过程,利用机械压力将油从麻籽中挤压出来,属于传统的制油工艺,所需设备简单,主要包括冷榨和热榨。热榨需要对大麻籽进行蒸炒或烘烤加热处理,出油率较高,但高温和压榨会使蛋白质变性,并使游离脂肪酸和油脂的酸败氧化物都被压榨出来,从而导致油脂品质降低,不利于后续利用。相比之下,冷榨法的大麻籽不需要经过高温处理,提取的火麻籽油的品质要优于热榨法,其不饱和脂肪酸的保留效果最好,但是出油率比较低。

2. 水酶法

水酶法是一种新兴的提取方法,主要采用各种酶分解细胞壁中的纤维物质和细胞质中的脂蛋白复合体,达到释放油脂的目的。水酶法提取大麻籽油的工艺是先用机械法将麻籽粉碎后加水,使酶在水相中水解,然后用酶液降解包裹油脂分子的纤维素、木质素及半纤维素和细胞壁等,使油脂游离出来,最后经固液分离得到油脂。水酶法的作用条件温和,可以有效地保护油脂、蛋白质等可利用成分的品质,但水酶法出油率不高,存在废水处理难的问题。

3. 溶剂浸出法

溶剂浸出法是利用油脂和有机溶剂相互溶解的性质,将原料(麻籽)破碎压成胚片或者膨化后,用有机溶剂将油脂萃取溶解出来。溶剂浸出法提取大麻籽油的工艺是先通过粉碎颗粒的工序,使麻籽的细胞壁破裂,继而将油脂暴露到细胞外,溶剂渗透进去,油脂完全溶解于萃取剂中,最后对有机溶剂进行蒸发回收,去除萃取剂得到油脂。溶剂浸出法出油率较高,但提取时间长,后续需要大量精炼工序,容易出现溶剂残留问题。

除上述的方法外,超临界流体萃取、水代法等工艺也被用于提取大麻籽油。其中,超临界流体萃取技术以二氧化碳为萃取介质,绿色、低温、安全、出油率较高,又能最大限度地保留油的生理活性物质和对热不稳定成分的破坏,油脂品质较好。水代法是纯天然的提取方法,工艺简单,在提取过程中未引入有机溶剂,符合安全、营养、绿色的要求,对环境污染少,成本低。此外,利用超声波和微波辅助萃取,获得的大麻籽油中 α-亚麻酸含量丰富,是获得高纯度 α-亚麻酸的优质原材料,具备广阔的市场前景。

(二) 麻仁蛋白的提取

目前,国内外麻仁蛋白提取技术主要是碱溶酸沉法和胶束提取法。

1. 碱溶酸沉法

碱溶酸沉法作为提取蛋白的传统工艺,是最常用的麻仁蛋白提取技术,其原理是利用麻仁蛋白在碱性条件下溶解性高,并能在等电点条件下沉淀进行分离的性质,进行麻仁蛋白的提取。碱溶酸沉法提取麻仁蛋白的工艺是先将脱壳大麻籽粉碎成一定粒径范围的全粉,而后经脱脂、碱提、酸沉、中和、冻干后得到大麻籽分离蛋白,蛋白质提取率为 50%~70%,蛋白质纯度为 83%~92%。碱溶酸沉法优点是操作简单，便于工业化生产，但缺点是碱溶酸沉中会形成大量的盐，同时产生大量废水，并且在碱性条件下部分蛋白质容易发生变性和极性氨基酸侧链的暴露，导致表面疏水性增强，所得蛋白持油性能强。

2. 胶束提取法

麻仁蛋白胶束提取法的原理是胶束中表面活性剂的极性端朝内聚集增溶一部分水形成"水池"，该"水池"具有增溶蛋白质的能力，从而实现蛋白的提取。其主要工艺是先将大麻籽粉碎后，使用盐溶液进行蛋白的溶解，然后离心分离去除不溶性物质，最后通过透析得到持水性较好的分离蛋白。其优点是提取条件温和，胶束化过程有利于排除非蛋白类物质，提取的蛋白含量高于碱溶酸沉法，达到 98.8%，且蛋白颜色较浅，适合加入高蛋白食物产品中，但是操作较繁琐，不利于工业化生产。

3. 蛋白肽的获得

大麻蛋白肽主要通过酶水解的方式获得，而通过不同蛋白酶及处理工艺获得的蛋白肽具有不同的特性。例如，以脱脂大麻籽粕为原料，采用木瓜蛋白酶与中性蛋白酶复配水解制得的大麻多肽粉富含多功能的生物活性成分，可对抗导致氧化应激相关疾病的各种自由基；采用碱性蛋白酶水解大麻籽分离蛋白，然后大孔吸附树脂对获得蛋白肽进行脱盐，脱盐后蛋白肽的抗氧化能力和清除自由基的能力比脱盐前有不同程度的增强；采用胃蛋白酶和胰蛋白酶水解大麻籽分离蛋白，再通过超滤对蛋白肽进行逐次分离，得到不同分子量的蛋白肽，这些蛋白肽的抗氧化特性不同。

此外，在大麻籽油和蛋白提取过程中产生的废弃物，这些废弃物包括大麻籽壳、大麻仁麸等，其中仍含较多的有效成分，如大麻籽壳多酚含量高于麻仁。研究发现，大麻籽壳中多酚可用 60% 的乙醇溶液进行提取，最适宜提取的条件为料液比 1∶10、提取时间 30 min、提取次数 3 次，同时利用大孔树脂进行纯化，可获得较高纯度的多酚。此外，以大麻仁麸为原料，采用连续湿磨、喷射蒸煮及膜超滤技术相结合制备富含大麻二酚（CBD）的蛋白，与碱溶酸沉法制备的蛋白对比发现，膜法制备的大麻蛋白品质更高，且功能特性表现更好。

四、食用产品开发

大麻籽因其丰富独特的营养成分，在食品和保健品方面具有巨大的应用和开发价值。人们利用大麻籽仁、大麻仁麸、大麻籽壳以及大麻籽油、大麻蛋白等开发出了很多独具特色的大麻产品，有力地推动了大麻产业的发展。

（一）大麻籽仁

1. 麻仁饮料

大麻籽仁是大麻籽脱壳后的产物，含有丰富的脂肪酸和蛋白质，是制作植物饮料的优质原料，营养价值很高。麻仁饮料是以大麻仁为原料，经过选料、除杂、浸泡、磨浆、调配、杀菌等工序制成，蛋白质含量不低于 0.5% 的饮品，味道特殊、清香、口感好，可与椰汁和杏仁露等饮料媲美，并根据其 pH 值不同，可分为中性饮料和酸性饮料两大类。目前，国外关于大麻仁饮料的生产技术已经十分成熟，系列产品已经成熟面世，中性大麻仁饮料有大麻能量饮、原味大麻乳以及大麻冰镇茶饮料等，酸性大麻仁饮料有大麻葡萄乳、大麻草莓乳以及大麻蓝莓乳等。但是，国内大麻仁饮料的发展较为落后，没有成熟产品面市，不过已有部分研究人员开展相关方面的研究。另外，大麻籽仁也可以作为辅料，与牛奶、玉米、花生、核桃、小麦以及银耳和芦荟等配合制成保健饮品；也可添加到其他饮料中，制成大麻可乐、大麻咖啡、大麻酸奶、大麻奶茶、大麻茶等。

2. 大麻酒

大麻酒是以大麻仁为原料经发酵或者浸泡而成。目前大麻酒酿制工艺主要有两种，一种是大麻籽除杂脱壳，低温烘干后粉碎，再进行挤压膨化、碾磨，并在其中添加 2~4 倍的纯净水浸泡 1~1.5 d，然后再添加 0.2~0.5 g/L 的干酵母发酵 3~5 d，过滤后得到成品；另外一种是以米酒为酒基，将粉碎并炒香的大麻仁添加其中，浸泡数小时后过滤即得成品。大麻保健白酒发酵或浸泡过程中没有高温环节，同时不添加任何化学试剂及酶制剂，因此可以很好地保留大麻仁中原有的营养物质。

3. 大麻豆制品

大麻豆制品是以大麻仁和大豆作为原料开发的食品，营养价值丰富，具有大麻仁特有的馨香和甘甜，主要有大麻仁豆腐、大麻仁豆腐竹等产品。大麻仁豆腐的制作工艺是先将浸泡的去壳大豆和大麻仁分别磨成细料，并装入包袱加温水搅拌挤浆，然后按照大豆与大麻仁（75~90）：（10~25）的质量比混合煮熟，倒入陶缸中，加入凝固剂制成水豆腐，再将水豆腐加入模具，挤出部分水分并撒上适量的食盐即得大麻仁豆腐。大麻仁豆腐竹的生产工艺是先采用质量比为（65~90）：（10~35）的脱壳大豆与大麻仁，按照大麻仁豆腐的做法挤浆、混合，然后将混合生浆送至不锈钢锅熬煮揭皮、晾晒，卷或折成矩形即得成品大麻仁豆腐竹。另外，大麻籽仁还可以做成大麻仁酱、大麻醋、大麻奶等食品，也可以作为鸟食、狗粮等高蛋白宠物饲料。

4. 大麻休闲食品

随着生活水平的提高，人们对大麻营养价值的认识逐渐加深，越来越多大麻休闲食品被开发出来。例如，大麻籽仁作为馅料的辅料，制作月饼、汤圆、粽子等食品，可满足不同人群营养和口感的需求；大麻籽仁可作为干果副食品的副料，制作大麻蛋糕、面包和饼干，以及大麻巧克力和大麻糖果等产品；以大麻仁为原料，采用湿磨法磨浆、过滤、干燥、粉碎制得大麻粉，按照 100 g 大麻粉、18 g 食盐、4 g 鸡精制作的大麻固体汤料，汤水黄色透明、香气浓郁，具有大麻特有的清香。国外，大麻籽食品的生产销售量也很大，大麻籽食品包括意大利面食、干酪、麦片、糖果和冰淇淋等，并且不断有新产品推出。

（二）大麻籽油

1. 大麻籽食用油

大麻籽油是经机械压榨精炼提取的植物油脂，其食用性评价是安全无毒的，可以作为生活食用油食用。大麻籽油除炒菜之用外，更是凉拌食品最理想的油料，其营养价值远高于花生油、玉米油、豆油及山茶油等植物油。特别是采用低温冷榨技术和高科技提纯制成的大麻籽原生油，能够最大限度地保留大麻籽仁的原生精华及特有的自然香味，并最大限度地富集了 $\omega-3$ 和 $\omega-6$ 等多种人体必需的不饱和脂肪酸，被人们称为"长寿油"。

2. 食品营养补充剂

大麻籽油中可提取很多营养成分，如亚油酸、γ-亚麻酸、α-亚麻酸、生育酚和叶绿素等，可添加于特定的食品和保健品中。亚油酸、γ-亚麻酸、α-亚麻酸制品已被 50 多个国家批准作为营养补充剂和功能性食品；生育酚和叶绿素具有抗氧化作用，可作为天然抗氧化剂添加于特定的食品和保健品中。此外，应用大麻籽油制作的黄油口感好，较人工黄油更加健康营养。

（三）麻仁蛋白

1. 用作膳食补充食品

麻仁蛋白是优质完全蛋白。一方面，将麻仁蛋白加工成速溶大麻蛋白粉，可制成早餐蛋白粉、婴幼儿配方蛋白粉等高蛋白营养食品。另一方面，大麻分离蛋白和蛋白肽可作为营养强化剂以及食品和饮料中的蛋白添加剂，取代邻叔丁基对苯二酚（TBHQ）等抗氧化剂应用在食品领域，添加到冰淇淋、饮料、麦片等食品中，安全性更好。

2. 提高食品蛋白质含量

麻仁蛋白可以添加到某些蛋白质含量偏低的食品中改善其营养结构。例如，添加适量的麻仁蛋白粉到压缩饼干中，可以制成营养构成合理的大麻仁压缩干粮，能明显促进人体生长，并且无毒副作用。

3. 制作运动食品、饮料

麻仁蛋白与其他动植物蛋白配合，用来制作富含蛋白的运动食品，如蛋白能量棒，能增强运动员的肌肉力量和耐力。同时，麻仁蛋白肽添加在运动饮料中易于快速消化吸收，有助于快速补充运动员的能量，提高成绩。

（四）大麻仁麸

大麻籽仁麸是麻仁榨油后的渣，也叫大麻仁粕，约含有 33% 粗蛋白、30% 膳食纤维、7%~8% 脂类、10% 碳水化合物，以及多种维生素和矿物质等，常作为加工废弃物直接丢弃或用作肥料，这是对产量有限、弥足珍贵生物资源的浪费。鉴于此，人们将大麻仁麸浓浆按一定的比例添加到面粉中，制作大麻保健面条，各项指标接近普通面条，且风味独特。此外，大麻籽仁麸可以作为培养平菇、黑木耳等食用菌的有机培养基，也可作为鸡的饲料，能提高鸡蛋的蛋黄质量。这些做法有效地提升了大麻籽的利用价值。

（五）大麻籽壳

大麻籽壳中的主要成分是纤维素，在提取膳食纤维、制备活性炭和麻塑复合材料等方面都有利用空间。大麻籽壳膳食纤维可用在减肥食品、果蔬乳饮料、咀嚼片等功能性食品中，可以疏通肠道、养颜排毒；添加到糖尿病、高血压病人膳食中，可以调节血糖、血脂；在面包、饼干等食品中添加 5%～10% 的大麻籽壳膳食纤维，可以改良食品的口感；用大麻籽壳制作活性炭可用于食品脱色、香味调整、水处理和各种食品制造中催化剂的载体；用大麻籽壳制备麻塑复合材料适用于高档食品的包装材料和仓储物流。除此之外，大麻籽壳还可以提取多酚，对质粒 DNA、人血低密度脂蛋白和牛血清蛋白的氧化损伤都有显著的保护作用。

五、麻籽的药用

大麻籽被用作药物至少有 3 000 年的历史，很多中国古代的医药典籍均对其药用功效进行了记载。《中国药典》认为火麻仁甘、平，归脾、胃、大肠经，有润肠通便功能，主治血虚津亏、肠燥便秘。近年来人们才对麻籽药理作用进行了较为深入的研究，其在预防和治疗心血管疾病、神经退行性疾病、癌症、皮肤病等慢性疾病的作用也被发现，具有进行药物开发的潜力。例如，麻籽中的克罗酰胺具有抗炎作用，是神经退行性疾病中抑制神经炎症的潜在药物；麻籽中的 ω-3 多不饱和脂肪酸可通过诱导肝脏和骨骼肌中的脂肪酸氧化和抑制肝脏脂质合成来改善脂质代谢，减少体内炎症和血管壁脂质堆积起到降低血压的作用，可用于心血管疾病的预防和治疗；麻籽中的一些寡肽表现出抑制葡糖苷酶的活性，可以作为潜在的降血糖药物；大麻籽粕酶解物中的 Hep3B 细胞活性肽，对治疗肝癌具有特殊的疗效，可用于抗肝癌肽类药物的开发。

目前，大麻籽药用主要集中在肠道疾病的治疗上，其对便秘、胃溃疡、调节肠道微环境方面效果显著，特别是老年人的慢性便秘，并开发出了相关的药剂。例如，以大麻籽为主要成分的火麻仁丸、麻仁软胶囊、麻仁润肠汤等中草药汤剂，其中火麻仁丸更是被日本的老年医学会作为治疗老年慢性便秘的首选药物之一。虽然大麻籽在治疗其他方面疾病的潜在价值尚未得到充分的挖掘，但是随着人们对麻籽药用价值认识的加深以及市场的认可，未来基于大麻籽开发的相关药品会更多地出现，将大幅提高大麻籽的社会价值和经济效益。

第三节　秆芯利用

目前我国对大麻秆芯的利用不足，大部分被焚烧在地里面，不仅导致资源的浪费，还引起空气污染。充分发掘大麻秆芯的利用价值，实现高值化利用，是增加农民收入、促进工业大麻产业健康可持续发展的重要途径。本节介绍大麻秆芯的形态结构及理化特性，总结国内外科技工作者从不同角度研究大麻秆芯高值化利用的成果。

一、原料来源

大麻的茎秆由外向内大致分为韧皮部、木质部和髓部（图4-8，彩图见文前彩页第4页）。韧皮部通常称为麻皮，是纤维用麻种植的主要经济器官，髓部成熟时退化为一个薄层附着于木质部内壁，因而通常将木质部和髓部统称为秆芯。

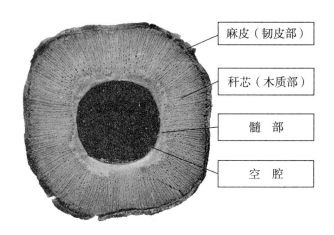

图4-8　大麻茎秆的横切面（汤开磊摄）

大麻秆芯一般为纤维用大麻去除麻皮之后的茎秆部分，占全秆质量的70%～80%，每亩产量可达350～500 kg。若以手工方式剥取麻皮，秆芯能够完整保留，中部有髓退化后形成的空腔，长度可达2～4 m，粗度约1～2 cm（图4-9A，彩图见文前彩页第4页），若通过机械挤压方式获取麻皮，秆芯通常破碎为屑状，长约1～3 cm，宽约0.5 cm（图4-9B）。籽用或花叶用大麻收获之后的茎秆也是秆芯的重要来源，通常带有麻皮，每亩产量与纤维用麻的秆芯产量相当，但由于种植密度小，茎粗壮，基部直径可达5～10 cm（图4-9C，彩图见文前彩页第4页）。

二、主要成分与功能

大麻秆芯的微观构造类似于阔叶材的散孔材（图4-8），含有单管孔和复合管孔，是多孔性材料，因而密度比木材物理性质五级分级法中的小级更小，气干密度为0.19～0.29 g/cm³。大麻秆芯还具有尺寸稳定性好、吸水率高等特征，其气干干缩率为7.3%～13.3%，吸水率可达本身质量的5.6倍。

大麻秆芯的纤维长度中等、长宽比大、壁腔比小，是一种优质的纤维原料。李晓平等研究发现，'云麻1号'秆芯的纤维细胞的长度为0.24～1.04 mm，平均值为0.65 mm；宽度为7.9～59μm，平均值为25.0 μm；长宽比为7.8～82.5，平均值为

A   B   C

图 4-9　工业大麻秆芯

A. 手工剥取麻皮后的秆芯（汤开磊摄）；B. 机械挤压获取麻皮后的麻屑（网络图片）；
C. 花叶用麻的麻秆（牛江龙摄）

29.5；细胞壁厚度为 0.08~8.6 μm，平均值为 2.7 μm；细胞腔宽度为 6.1~50.1 μm，平均值为 19.7 μm，壁腔比为 0.01~1.44，平均值为 0.32。吴宁等测试了不同灌溉条件下'云麻 2 号'品种秆芯的纤维特性得出，纤维细胞的长度为 0.27~0.76 mm，宽度为 13.7~49.6 μm，细胞腔宽度为 4.0~33.3 μm，细胞壁厚度为 1.0~5.0 μm。

　　大麻秆芯的主要化学成分为纤维素、半纤维素和木质素。吴宁等形象地将纤维素比作"骨架"，起支撑的作用，将半纤维素和木质素分别比作"钢筋"和"混凝土"，起粘接和填充的作用。Gümüşkaya 等报道大麻秆芯的纤维素含量为 40%~48%，半纤维素含量为 18%~24%，木质素的含量为 21%~24%。Van der Werf 等测定的大麻秆芯纤维素含量为 31%~37%，半纤维素含量为 15%~19%，木质素的含量为 19%~22%。吴宁等测定了不同灌溉条件下'云麻 2 号'品种秆芯中的化学成分，得出生长天数为 120 d 的秆芯中纤维素含量、半纤维素含量和木质素含量达到最高，分别为 48%~50%、19%~21% 和 19%~21%。宋善军等研究得出，取自陕西省靖边县的大麻秆芯中的木质素含量在阔叶木的平均范围内（18%~22%），约为 20%，但低于针叶木的平均含量范围（25%~35%）。

　　除了纤维素、半纤维素和木质素之外，大麻秆芯中还含有少量的灰分、蛋白质等成分，唐晓莉等测定的大麻秆芯中含有 1.5% 的灰分，宋善军等测定的灰分含量为 4.1%，Gandolfi 等测定的大麻秆芯中的蛋白质含量约为 1.6%。

三、产品开发与制备工艺

　　目前国内外对大麻秆芯的高值化利用主要包括：制作复合材料、造纸、生产粘胶纤维、制造建筑材料、制成燃料、用作动物窝圈垫料、农用覆盖材料等。

（一）复合材料

　　大麻秆的结构类似于阔叶材，是一种低密度的纤维原料，且其纤维细胞壁的力学性能较小麦等其他农作物秸秆、针叶材和阔叶材要小，更易于压缩，有利于形成良好的胶合界面，适合制作复合材料，用于生产汽车中的车顶、侧板，家用产品的窗户、相框、果盘、花盆以及风扇罩和叶片等。

大麻秆制成碎屑可以直接添加胶黏剂，压塑成为高性能板材。例如，李晓平等发明了一种利用大麻秆制作木质刨花板的方法，将大麻秆粉碎成刨花，然后添加 0.5%~5% 的胶黏剂（脲醛树脂、酚醛树脂等），再经热压后制成刨花板。利用该方法制作的板材与同类木质刨花板产品相比，具有密度低、强度高、承重性能好的特性，可用于制备家具、墙体、木门、包装箱等。以大麻秆为原料，脲醛树脂为胶黏剂，在目标密度为 0.55 g/cm^3、施胶量为 10%、热压温度为 130 ℃或 170 ℃条件下，制作的刨花板力学性能可达到国标普通刨花板的标准要求；当目标密度等于或高于 0.65 g/cm^3、施胶量等于或高于 12%、热压温度在 140~160 ℃、热压时间为 20~45 s/mm 时，制作的刨花板力学性能可达到国标室内装饰和家具用材的标准要求，并可与相同工艺条件下，目标密度为 0.75 g/cm^3 的木质刨花板的各项性能相媲美。大麻秆芯也可以提取纤维制作具有不同性能的纤维板。例如，李晓平等通过向大麻秆中密度纤维板中添加阻燃剂，制备性能优良、成本低廉的阻燃中密度纤维板。大麻秆芯粉还可以作为填料制备以 PP、PE、PVC、EVA、PLA 等为基体的天然纤维复合材料。例如，王春红等以大麻秆粉和可降解聚乳酸（PLA）为原料，通过双螺杆挤出机造粒，模压成型制备了一种汽车内饰用的完全可降解的木塑复合材料。有研究还利用微生物将大麻秆芯转化为生物塑料。例如，Khattab 等将大麻秆芯的水解产物用于培养富养罗尔斯通氏菌（*Ralstonia eutropha*），然后提取细菌中的聚羟基丁酸酯用于生产生物塑料。

大麻秆芯的纤维是天然木质纤维，含有大量的极性羟基和酚羟基等官能团，因而利用大麻秆芯制作复合材料的一个显著缺点是其极性使其与疏水性、热塑性基体间的不相容，这种不相容会导致纤维与基体间界面结合不良，从而导致复合材料的机械性能受损。为此，可对大麻纤维进行硅烷处理、碱处理、偶联剂等化学处理，以有效地改善木质纤维素纤维的亲水性、热稳定性，改善纤维与基体界面的结合性、相容性，提高复合材料的抗冲击性能、拉伸强度、弯曲强度，使大麻秆芯纤维能广泛地用于聚合物基复合材料的增强材料。

一种利用大麻秆芯制造高强度轻质板材的方法

（李晓平等，2011）

（1）原料制备：调节工业大麻秆含水率至 30%~50%，剥除麻秆表皮后将秆芯粉碎成 5~10 cm 长的碎料，然后进一步粉碎成刨花。

（2）干燥和施胶：在温度 140~180 ℃条件下将刨花干燥至含水率 3~5%；然后对干燥好的刨花施胶，施胶量为 0.5%~5%，施胶后的含水率控制在 8%~10%。

（3）板坯铺装：将经过干燥和施胶的刨花进行板坯铺装，并设定 0.1~0.3 MPa 的压力对板坯进行预压。

（4）板材热压：在热压温度为 180~220 ℃，热压压力为 1.0~2.5 MPa 的条件下对预压后的板坯热压 20~40 s/mm，设定板材密度为 0.25~0.45 g/cm³。

（5）板材后处理：将完成热压的板材置于温度为 25~30 ℃、湿度为 30%~50% 的条件下 2 h，即得到所需的高强度轻质板材。

（二）造纸

大麻的麻皮（韧皮部）纤维长度长（平均约 22 mm）、壁腔比小（平均约 0.4）、木质素含量低（平均约 4%），而且具有抗腐性强、可以重复利用等特点，是优质的造纸材料。但麻皮产量低，且一年仅能收获一次，因而使用大麻皮造纸的成本是普通木浆纸的数倍，目前多运用于生产高端用纸，例如，卷烟纸、过滤纸、防伪纸、证券纸、圣经纸等。据欧洲工业大麻行业协会统计，欧洲生产的大麻皮有超过一半用于制造特种用纸。

与麻皮相比，秆芯的木质素含量高而纤维素含量低，用于制造纸张的难度较韧皮部大。但大麻秆芯的产量高，且纤维的理化指标接近于硬木纤维，有研究表明大麻秆芯也可作为造纸的原料。例如，周红光等在竹子、蔗渣制浆生产文化用纸的生产线上，单独用大麻秆芯来制浆、抄造生产浆板，产品的白度平均可达到 71% 左右，尘埃基本在要求范围内。

大麻秆芯纤维较短，单独使用不利于制造优质纸张。但在抄配不同比例的长纤维浆（如大麻韧皮部浆）的前提下，大麻秆芯也可以制造出纸板芯层以及优质的文化类用纸。例如，陈克利等发明了一种利用连续蒸汽爆破法对大麻秆芯制浆后用于生产新闻纸的方法。该方法将经机械皮秆分离出来的大麻秆芯直接进行预浸处理，然后进行连续蒸汽爆破制浆，获得的浆经漂白处理，配抄少量长纤维用于生产新闻纸，达到国家 A 级质量标准。为了简化后期抄配长纤维的过程，有研究尝试使用全麻秆（包括麻皮和秆芯）来造纸。例如，齐宇红等在小型试验、生产试验的基础上，在沈阳某纸业公司进行了大麻全秆漂白纸浆的批量生产，获得的纸浆白度为 78%，灰分为 0.35%，打浆度为 30°SR，湿重为 8.5 g。再如，关庆芳等在前期工业大麻秆芯制浆以及大麻全秆小试制浆的基础上，对大麻全秆制浆进行了中试生产实践，获得的纸浆白度达到 78%~85%，打浆度为 37~49°SR，湿重为 0.8~11.5 g。需要注意的是，在使用碱性过氧化氢机械法、有机溶剂法等制浆时，由于大麻皮和秆芯两部分纤维的化学成分和物理特性差异巨大，很难获得兼顾两者的最优工艺条件，容易出现麻皮纤维过处理的现象。因此，大麻全秆制浆造纸仍存在一定的争议，仍需对制浆工艺进一步探索。

一种利用工业大麻秆芯制备新闻纸的方法

（陈克利等，2011）

（1）以秆芯料片为原料，经料片仓进入料液混合器，然后向料液混合器中加入原料重量4~6倍的水，同时加入占原料重量1%~6%的碱和/无机盐（可以是氢氧化钠、亚硫酸钠或亚硫酸氢钠中的一种，或它们的混合物），混合均匀。

（2）将混合后的固液混合物送入预蒸室，在70~100 ℃下预蒸2~6 min；然后在175~220 ℃条件下进行连续蒸汽爆破制浆，反应停留时间为3~8 min，连续爆破间隔时间为4~10 s。

（3）采用多段挤压洗涤上述步骤得到的爆破浆，进浆浓度的质量百分数为12%~20%，出浆浓度的质量百分数35%~42%，并经筛选，得到质量百分数≥2.5%的秆芯爆破浆。

（4）将以上步骤得到的爆破浆经洗提、过氧化氢漂白及洗涤、磨浆，即得到新闻纸生产的主要配抄浆种。其中，①秆芯爆破浆的洗提：其金属络合剂用量的质量百分数为0.5%~1.0%，氢氧化钠用量的质量百分数为1%~2%、浆浓度的质量百分数为4%~6%、温度为35~50 ℃、时间为30~60 min；②过氧化氢漂白及洗涤：过氧化氢用量的质量百分数为2%~4%、氢氧化钠用量的质量百分数为2%~3.5%、硫酸镁用量的质量百分数为0.5%、硅酸钠用量的质量百分数为1%、浆浓度的质量百分数为10%~20%、温度为70~90 ℃、时间为40~60 min；③磨浆：盘磨间隙0.05~0.2 mm、磨浆浓度的质量百分数为3%~6%、经3台串联，出口打浆度40~45°SR；④成浆结果：漂白浆得率大于72%、白度为53%~55%、抗张指数为42~60 N·m/g、撕裂指数为2.7~3.5 mN·m²/g、不透明度大于90%。

（5）将上步骤得到的配抄浆种按造纸技术领域的常规生产方法进行纸机抄造，即得到所需的新闻纸成品。

（三）建筑材料

大麻秆碎屑可以直接填充到墙体的夹层中，起到保温隔热的作用。也可作为混凝土的增强材料用于生产水泥基复合材料，该材料与传统建筑材料（如水泥砌块、红砖、蜂窝混凝土）相比，有着质量轻、水分缓冲能力优良、低导热系数、隔音效果强等优点，在建筑行业有着较好的发展前景。肖瑞等研究得出，添加一定量的水泥能够基本保证工业大麻秆纤维板的力学性能，并且较大地改善纤维板的吸水厚度膨胀率（TS）。当水泥添加量相同时，以大麻秆芯纤维为原料制得的中密度纤维板的内结合强度（IB）、静曲强度（MOR）、弹性模量（MOE）和吸水厚度膨胀率（TS）均优于以大麻秆皮纤维为原料制得的板材。Rahim等研究认为大麻秆芯与石灰制作的混凝土具有较高的水汽扩散能力和水分缓冲能力。Kinnane等研究表明大麻秆芯制作的混凝土对 500~2 000Hz 声波吸收效率可达到 40%~50%。需要注意的是，大麻纤维与水泥混合时，容易因水泥水化而产生 Ca（OH）$_2$，导致纤维素发生降解，影响耐久性。这一问题可以通过加入硅灰、基体碳化等预处理来有效地克服。

一种利用工业大麻秆芯制作低密度外挂强化轻质模制石材的方法

（矫民等，2011）

（1）原料配比：按重量百分比，大麻秆芯为 25.0%~35.0%、磷酸二氢铵为 3.0%~5.0%、磷酸二氢钾为 8.0%~10.0%、氧化镁为 24.0%~32.0%、调凝材料为 0.8%~1.5%、石英砂为 16.2%~34.1%、消泡剂 0.10%~0.15%、颜料 0.5%~1.0%。

（2）将上述材料加入搅拌器中，搅拌 1.5~2.5 min。

（3）按以上各材料质量比 0.16 称取水，加入搅拌器中，快速搅拌 1 min 形成料浆，形成均质拌合物。

（4）将上述步骤形成的均质混合料快速浇筑到设计好的指定形状和尺寸的橡胶模具中，轻振捣 1.5~2.0 min 成型，静置后脱模，即可形成表面光洁的轻质多功能人造石材。

（四）生物能源

大麻秆芯含有较高的热值（约 18.1 MJ/kg），优于小麦等其他作物的秸秆。大麻秆芯可以直接燃烧发电，也可以制作成为不同类型的燃料。苗国华等总结了利用大麻秆芯制作固体燃料、液体燃料和气体燃料的方法（图 4-10）。利用大麻秆芯制作固体燃料主要是在一定的温度、压力下，将秆芯压制成颗粒、棒状、球团状、块状等各种形状的燃料或者在氧气隔离的条件下，通过热解（约 400 ℃）将麻秆转化成木炭。制作液体燃料主要分为直接液化、间接液化以及纤维素乙醇生产。直接液化是在高压下利用有机溶剂进行热化学反应，产物主要是碳氢化合物的液态油；间接液化是对生物质热解后生成的热解气进行合成；纤维素乙醇的生产是将纤维素原料预处理（蒸汽爆破、浓酸处理或碱处理）后进行水解、发酵，产生乙醇。利用大麻秆芯制作气体燃料主要是通过原料在气化剂（O$_2$、H$_2$ 等）高温作用下发生热化学反应或通过厌氧发酵生成 CO、CH$_4$、H$_2$ 等可燃性气体。

（五）动物窝圈垫料

大麻秆芯是多孔性材料，吸湿透气性好，能够吸收自身重量 5 倍以上的水分，因而将大麻秆芯制成的碎屑用作动物窝圈垫料，可以延长更换时间，增加动物的舒适性，还能减少臭味扩散。另外，麻屑与木屑、秸秆、干草等相比，不容易引发动物过敏现象。据欧洲工业大麻行业协会统计，欧洲有将近一半的大麻秆屑被用作马

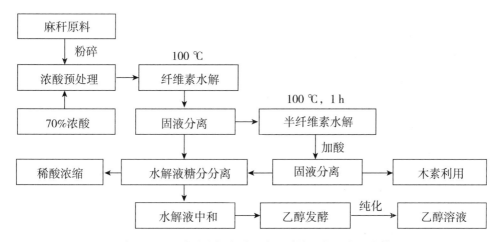

图 4-10　大麻秆芯经浓酸水解发酵生产乙醇的工艺（苗国华等，2020）

圈垫料，有近20%的大麻秆屑被用作猫、狗、兔子等宠物的窝圈垫料。随着我国经济社会的发展，饲养宠物的人越来越多，大麻秆芯用作宠物窝圈垫料的市场前景广阔。

（六）黏胶纤维

大麻秆芯纤维素含量与阔叶木相近，可以用来生产黏胶纤维。与棉浆、竹浆、木浆3种黏胶长丝织物相比，大麻秆芯生产的黏胶长丝织物的硬挺度较大，表面较粗糙，回潮率高，吸湿透气性好，抗静电、散热性好，具有良好的染色性能，色彩鲜艳，适宜制作夏季面料。有研究发现大麻秆芯黏胶纤维织物的抗紫外线性能与竹纤维黏胶织物相当，但明显优于棉短绒黏胶织物。此外，大麻秆芯黏胶纤维的结晶度高于普通黏胶纤维，力学拉伸性能略优于普通黏胶纤维，并且还具有优良抗菌性能。

李小保等以大麻秆浆和醋酸为原料制备了醋酸纤维素，得出制备三醋酸纤维素的适宜条件为：硫酸用量为 0.13 g/g，醋酸酐用量为 9.0 g/g，冰醋酸用量为 9.0 g/g，反应温度为 50 ℃，反应时间为 1 h。该条件下合成的醋酸纤维素取代度为2.92，聚合度为121。

大麻秆芯黏胶纤维生产工艺

（周永凯等，2008）

1. 浆粕的制备

①预水解：将预浸后的大麻秆芯及水装入蒸煮球（罐）内，经过多段升温、排气后进行水煮；

②蒸煮：预水解后经压液，在蒸煮球（罐）内加入一定数量的氢氧化钠、硫化钠和其他蒸煮药剂进行蒸煮；

---

③打浆：蒸煮结束后进行打浆，氢氧化钠质量分数为 3.0%~3.5%；

④漂白：打浆后浆粕经前精选工序，精选结束后对浆粕进行氯化，而后漂白，漂白结束后经酸处理、后精选、抄浆工序；

⑤成浆（粕）：漂白浆经滤水、挤压（水）、烘干成薄片状浆粕。

2. 黏胶制备

①浸渍：大麻秆芯浆粕在 60~70 ℃及 280 g/L 浓碱条件下浸渍 90 min；

②压榨：将浸渍后的浆粕经压榨机压榨；

③粉碎：将压榨后的浆经粉碎机粉碎；

④老成：浆粕在一定温度的老成鼓中老成一定时间；

⑤CS_2黄化：黄化前先碱化 50 min，调节黄化温度为 20 ℃，CS_2 用量为 36%、黄化时间为 110 min；

⑥溶解：将纤维素黄酸酯加入稀碱溶液中搅拌成为黏胶溶液。

3. 纺前准备

①过滤：溶解胶经三道过滤工序，滤材为单面绒和丙纶布，过滤压力为 0.4~0.5 MPa；

②熟成：在 20~22 ℃条件下将过滤的黏胶溶液放置 8~10 h；

③脱泡：黏胶在~0.1 MPa 的负压下脱泡，气泡膨胀上升至液面而后破裂。

4. 纺丝

纺丝胶在 0.2~0.3 MPa 的压力下进行纺丝，丝条出喷丝头后经酸浴及牵伸浴至纺丝筒上，牵伸浴温度 98 ℃，纺速 55 m/min。

（七）农用覆盖材料

大麻秆屑或使用秆屑制作的地膜可以用作园艺覆盖材料，覆盖于蔬菜、花卉土壤的表面，可以减少水分散失和杂草滋生，减轻管理负担。大麻秆屑是可降解材料，使用其作覆盖材料，还能起到调节土壤肥力的作用。

第五章　亚麻

亚麻的多用途主要针对麻屑和麻籽的深度开发利用。亚麻屑拉伸强度和抗弯强度接近阔叶树木材，物理和化学特性与木材相似，且品种单一、质地均匀、容易收集，亚麻屑中的木质素和纤维素含量接近于杨树。因而充分利用麻屑，制作板材或用于食用菌栽培，是替代木材资源的有效途径。对于纤用亚麻来说，利用好籽粒也是进一步挖掘种植效益的重要部分。

第一节　麻屑

一、麻屑的来源及其主要成分

亚麻麻屑是机械加工碾压剥麻过程中，亚麻秆纵向分裂而成的矩形屑，是分离出纤维后的剩余物。亚麻屑长 $2 \sim 17$ mm、宽 $1 \sim 2.5$ mm、厚 $0.05 \sim 1.5$ mm，麻根多呈弯曲状，两端粗细不一，表面附着有质地较脆的麻纤维。亚麻秆壁的密度 $0.42 \sim 0.46$ g/cm³。亚麻屑的堆积密度 0.105 g/cm³，含水率 $10\% \sim 15\%$。pH 值为 $5.5 \sim 6.0$，含热水抽提物 $3\% \sim 4\%$，综纤维素 68.7%，木质素 28.9%，戊糖 22.5%，灰分 5.09%。亚麻屑的形态随剥麻机型号和加工原理的不同而有差异，杂物的含量也不相同。亚麻屑中含 $5\% \sim 8\%$ 短麻纤维，$10\% \sim 12\%$ 麻根，10% 尘土和细砂石。

二、麻屑产品开发

亚麻纤维加工过程中会产生大量的亚麻屑，其产量每年达上百万吨，主要用于生产刨花板、阻燃板、复合板、麻塑复合板等麻屑板，也可应用于栽培基质、造纸，制造活性炭、吸水保水树脂、染料吸附剂等产品。

（一）刨花板

我国是木材资源贫乏的国家，亚麻屑板各项物理力学性能接近木质刨花板，可以代替木质刨花板用于家具、室内装饰、包装、船舶、装修等领域。目前以亚麻屑等非木材原料生产刨花板是解决我国木材供不应求，保护森林资源的有效措施。

我国从 20 世纪 80 年代就已经开始生产亚麻屑刨花板。1990 年在黑龙江省建成我国第一条年产 1.5 万 m³ 的亚麻屑刨花板生产线。亚麻屑刨花板成本低、强度高，且由于只是用单一原料，因此质地均匀，被广泛应用于建筑装修、家具制作、车船制造等领域。

麻屑板和木质刨花板制造工艺中最明显的区别在备料工段。亚麻屑在备料工段不需要切削加工，备料的主要任务是清除尘土、麻纤维和麻根等杂物。细砂石和粉尘影响麻屑板质量，还会损坏设备；麻纤维易结团，气力输送时常缠绕在风机的叶片上，拌胶时常有结团或缠在搅拌桨上，造成板坯铺装不均，严重影响产品的质量；麻根质地脆，并保持圆柱状的小段，形态较差，还时常带有未除净的韧皮纤维，对板材性能也有影响。在生产时必须清除以上杂物。

孙世良等以棉秆、亚麻屑、稻草、甘蔗渣等为原料，对亚麻屑刨花板制板工艺进行了研究，但当时利用亚麻屑生产刨花板还处于初期阶段，耐水性和耐老化性能差等一些问题没有得到解决。濮安彬等利用酚醛胶压制得到了防水性、耐老化性较好的亚麻屑刨花板，性能不仅达到了德国室外用建筑刨花板标准 DIN68763V100 型的要求，按美国标准 ASTMD1037 加速老化标准检验，其静曲强度老化剩余率超过50%。陆仁书等以脲醛胶对亚麻屑碎料板进行改性，使其耐水性、耐磨性、刚度和抗压性能都有明显改善。用玉米秆-亚麻屑、芦苇-麻屑刨花板、水泥-麻屑板、粉煤灰-水泥麻屑板等混合原料制造刨花板，降低了亚麻屑板的异味，提高了麻屑板基本性能。FRitz Troger 等研究发现在木制复合板中加入亚麻秆、亚麻屑制造刨花板，强度和韧度都有很大提高，超过木制刨花板的50%。

（二）阻燃板

以粉状无机盐类为阻燃剂，采用阻燃剂直接与亚麻屑混合拌胶工艺，开发生产出阻燃亚麻屑板，用于建筑、车船等有防火要求的行业，扩大了亚麻屑板产品的应用范围。林利民对阻燃亚麻屑板的生产工艺进行了研究，亚麻屑形态比较均匀，可以采用在拌胶时直接施加阻燃剂的工艺方法。一般是在亚麻屑干燥后，拌胶前添加阻燃剂，可避免阻燃剂对干燥设备的腐蚀，降低干燥机的能耗。同时阻燃剂直接与亚麻屑混合，不直接加入胶黏剂，对胶黏剂的性能影响小。

阻燃剂的施加量易于控制，同时能减少能源消耗，解决废水处理等问题。加入阻燃剂后，对亚麻屑板的性能有影响，当阻燃剂添加20%时，静曲强度和内结合强度降低25.2%和31.7%，氧指数提高41.1%。提高表层阻燃剂的添加量（总量不变）可提高阻燃效果。经常采用的是脲醛树脂胶作黏合剂，但是这类麻屑板甲醛含量超标，有异味，已逐渐失去市场。聚氨酯——丙烯酸酯，由于其本身无甲醛，也无异味，是一种绿色环保混合胶，目前采用这种胶做出的板材耐水、耐湿、耐老化，再加上有亚麻屑板的强度支撑，将成为建材发展的新方向。

（三）复合装饰板

亚麻屑制成的材料板上加上一层铝板可形成铝亮色、金色、银灰色各种装饰色彩，可以做内装饰板（顶、包柱、墙围、台面等），也可做外面广告装饰板，色泽鲜艳。内有麻屑板的强度支撑，外有铝彩板的金属彩面效果。既掩蔽自身缺点又共同发挥各自优点。这种复合板材符合目前建材的发展方向。

（四）麻塑复合材料

哈尔滨纺织科学研究所研发的一种麻塑复合材料，将亚麻屑与一定比例的塑料原材料混合，加入适量添加剂，可制造出麻塑复合材料。麻塑复合材料是以塑料为基料，将亚麻屑转化为亚麻粉，在基料中加入适量亚麻粉混合而成，在生产过程中可根据不同用途，分别加入30%~70%的亚麻粉，从而生成韧性、刚性、硬度和强度指数不一的麻塑复合材料。麻塑复合材料可以做成门窗等建筑、装饰材料和汽车零配件，还可以做成汽车保险杠，而这些产品的成本比同类塑料制品便宜20%以上。

塑料原料价格均在每吨万元以上，麻塑复合材料至少可以加入30%几乎零成本的亚麻粉，在成本方面麻塑就比同类塑料制品至少降低20%。麻塑复合材料形态接近于木材，性能则接近于塑料，完全可以同木塑复合材料媲美。而且，在实现废物利用的同时其制品也可以回收再利用，具有极大的环保效益和经济效益。

（五）牲畜圈垫料

洁净度高的亚麻屑对有呼吸道过敏和蹄有问题的马匹来说是最好的干草。亚麻屑能抑制氨的生成，马匹可以在更加干燥的铺垫环境中休息。洁净度低的亚麻屑也可以铺垫于牛、山羊/绵羊和家禽的窝棚。美国北达科他州立大学的研究人员对马圈垫圈的两种材料亚麻屑和松木刨花进行了试验研究，结果表明，浸泡24 h后，亚麻屑的吸水率比松木刨花的吸水率高56%，两种垫层材料的氨、硫化氢和温室气体浓度无差异，除磷和钾外，这两种材料的养分含量基本相同。亚麻屑非常适合应用于牲畜垫圈。使用亚麻屑垫圈具有以下优点：100%天然产品，无任何添加物，经济实惠，吸收性好（高达450%），使用方便，可制成快速降解和中性 pH 值的环保堆肥。

（六）造纸

亚麻屑用于造纸，具有成本低、质量高的特点，可以作为木材等传统造纸原料的替代品，有利于保护生态；亚麻浆卷烟纸是国际新潮流，欧洲所有高档卷烟纸都含有亚麻浆，甚至有的是全亚麻浆生产。胡后福等利用亚麻屑制浆抄造高档卷烟纸，控制条件制得的浆再配以其他原料抄造的03#烟纸跟掺用大麻抄造的03#烟纸质量基本相当，且透气度有不同程度的提高。南京林业大学科研人员对含麻高档卷烟纸生产进行了研究，开发出满足市场要求的高档含麻卷烟纸（含麻比例为15%），满足卷烟行业的升级换代要求。

（七）栽培基质

利用亚麻屑做栽培基质培育各种花卉和食用菌类。傅福道等分别用25%、50%、75%、和100%的亚麻屑和红麻芯替代普通泥炭作为仙客来栽培基质。结果表明：用25%的亚麻屑或75%的红麻芯替代普通泥炭均有利于仙客来的生长与开花，其植株高度、冠径、开花数等各项指标均优于常规基质。江祖豪等利用亚麻屑种植竹荪、茶树菇、大球盖菇等12个品种的珍稀食用菌均获得成功，其中大球盖菇亩产鲜菇达3 000~4 000 kg。

张波采用浸泡控水和发酵处理等措施用亚麻秆屑种平菇，其生物利用率达75%~125%，所产平菇香味浓郁，水分偏少，有明显经济效益。朱炫等用亚麻屑为基质主料栽培平菇，试验表明，以温水沤麻生产的亚麻屑与玉米芯混合作基质主料栽培平菇，发菌速度快，子实体生长健壮、产量和生物转化率较高，亚麻屑占总投料量50%、玉米芯占40%和亚麻屑占总投料量30%、玉米芯占60%，两个配方表现较好，其发菌速度快，子实体生长健壮、产量和生物转化率较高，所产平菇香味浓郁，水分偏少。

因亚麻屑质地较硬，使用袋栽方式栽培食用菌时需将亚麻屑先粉碎加工，粗细适宜，如亚麻屑过粗，装料过程中容易戳破菌袋，接种后造成污染；在配料前对亚麻屑进行1~2 d的堆制发酵，可促进亚麻屑营养物质分解和茎秆软化，栽培效果更好。

王金贺等利用亚麻屑替代木屑栽培黑木耳，结果发现替代量在45%以下均适合栽培黑木耳，替代量为30%的配方黑木耳产量最高，生物学效率可达106.24%。张鹏等研究利用亚麻屑代替木屑栽培茶树菇，试验结果表明茶树菇在不同亚麻屑添加量配方下均能正常发菌、出菇。亚麻屑对茶树菇菌丝生长具有明显的促进作用，适量的亚麻屑可提高子实体品质和产量。当亚麻屑添加量为45%时，菌丝长势和商品性状较好，其产量和生物学效率最高，与对照和其他配方相比差异显著，且发菌期菌袋污染率最低；而当亚麻屑添加量为30%时，产量略高于对照，但其子实体菌盖颜色较浅，不受市场欢迎。综合看45%亚麻屑添加量栽培茶树菇效果最佳。而添加量为78%的配方，茶树菇发菌速度快，菌丝质量较好，可以考虑将其作为2级菌种在生产中应用。亚麻屑添加量为20%的配方虽然产量不高，但其子实体商品价值较高，通过进一步改良有可能提高产量。利用亚麻屑替代阔叶木屑在技术上具有可行性，不仅能够提高产量，降低原料成本，还可为废弃亚麻屑的处理提供科学依据，同时具有经济效益和生态效益。

(八) 高吸水保水树脂

高吸水保水树脂是近几年来发展迅速的功能性高分子材料，能够吸收其自身几十到几千倍的水甚至在一定的压力下也可以保住水分，可以在农林园艺、医药卫生、建筑材料、油田开发、工业脱水、食品、人工智能材料及化妆品等方面得到应用。谷肆静等对利用亚麻屑纤维素制备高吸水保水树脂的性能进行了研究，结果表明：利用水溶液聚合法将亚麻屑中的纤维素成分分离出来，与丙烯酸接枝合成的高吸水保水树脂为亚麻屑纤维素与丙烯酸的接枝共聚物，其表面布满孔隙结构。合成的高吸水保水树脂在10 min之内即可达到饱和吸水状态，吸水倍率达2 949.97 g/g，其吸水饱和形成的凝胶在30 ℃和60 ℃下干燥15 h保水率分别为66.53%和

30.46%。合成的树脂吸水、保水性能好并可重复使用 3 次。在 0.1%氯化钾、尿素和过磷酸钙溶液中吸水倍率分别为 603.56 g/g、1 844.63 g/g 和 10.91 g/g。试验合成的高吸水保水树脂在农林领域有一定的应用性。

（九）染料吸附剂

冯昊对亚麻屑吸附孔雀石绿、壳聚糖改性亚麻屑吸附活性红和活性黄染料及亚麻屑纤维素季铵盐吸附活性红和活性翠蓝染料进行了系统的研究。以 80~100 目的亚麻屑颗粒为吸附剂，在 10 mg/L 溶液中吸附量最高可达 9.54 mg/g；30 mg/L 溶液中吸附量最高可达 18 mg/g。壳聚糖改性亚麻屑对活性黄、活性红染料的去除率随吸附剂用量的增加而增加，当用量为 0.5 g 时，染料的去除率可达到 98%和 95%左右，壳聚糖改性的亚麻屑对活性红和活性黄的吸附能力提高 17 倍左右。亚麻屑纤维素季铵盐吸附剂对于活性红、活性翠蓝染料都具有较强的吸附能力，当用量为 40 mg 时，染料的吸附量均可以达到 200 mg/g。染料溶液 pH 值对吸附有明显的影响，随着 pH 值的升高，吸附效果明显下降。在相同条件下，亚麻屑纤维素季铵盐对活性翠蓝染料溶液的吸附效果要优于对活性红染料。利用 NaOH 溶液处理，活性翠蓝比活性红的脱附率高。

（十）活性炭

亚麻屑还是制作活性炭的好材料。涂建华等研究了在不同浸渍时间、不同氯化锌浓度及不同微波功率和辐射时间等条件下，采用微波辐射法用亚麻屑制备活性炭的吸附性能和产出率，并确定了最佳工艺条件。采用这一制备方法得到的活性炭碘吸附值为 1 071.3 mg/g、亚甲基蓝吸附值 165 mL/g、得率可达 37.1%，均超过了国家标准一级产品的指标，而且该工艺所需炭活化时间为传统方法的 1/30。

（十一）优化聚烯烃类高分子复合材料

亚麻废弃物就是亚麻原茎在进入原料加工厂进行脱胶沤制后，在梳制加工时，不能用于制成纺织用的纤维，含超短纤维、麻屑、粉尘等物质的混合物。哈尔滨纺织科学研究所开展了亚麻废弃物与聚烯烃类高分子材料复合的研究工作，既能解决亚麻废弃物的成型问题，同时也可对聚烯烃类高分子材料进行改性。通过与北京化工大学的合作，成功地解决了亚麻废弃物与聚烯烃类高分子材料的亲合性、流动性和分散性问题，以及亚麻废弃物在与聚烯烃类高分子材料一起加工时的高温燃烧、炭化和产生的烟气等难题，并申请了国家发明专利。

亚麻废弃物和聚烯烃类高分子材料复合，制品完全可以与木塑材料制品媲美，可应用在建筑行业、汽车制造业、运输业、室外景观休闲装置、室外美化设施和室内装修等行业。产业发展前景广阔，原因有以下几点：

（1）原材料丰富，亚麻的废弃物是由天然植物麻在加工纺织用的麻纤维时产生的，亚麻当年播种，当年收割，产量高。

（2）原材料集中且价格低廉。亚麻在收割和进入原料加工厂脱胶沤制后，其打成麻进入麻纺厂。这些在加工亚麻纤维和梳、纺过程中产生的废弃物都集中在原料加工厂和麻纺厂。工厂均作为废弃物处理，给亚麻废弃物就地加工形成了最好条件。对原料加工厂和麻纺厂来说，为了处理这些废弃物还必须付出一些费用。

（3）亚麻的废弃物和聚烯烃类高分子材料、复合材料制品加工方法多样、简单、大众化。聚烯烃类高分子材料品种繁多，有 HDPE、LDPE、PVC、PP、PS 和 ABS 等，这些原料来源广泛且无毒、无味、无污染，加工方法也多样、简单、大众化。这些加工方法可完全应用于与麻废弃物进行复合加工。根据聚烯烃类高分子材料的特性和制品需要，也可用废旧的聚烯烃材料与麻的废弃物复合，这样制成的制品也可重复再生利用，是循环利用的好项目。

（4）市场广大，前景喜人。木塑制品市场已有近 20 年的历史，市场遍布全世界。麻的废弃物和聚烯烃类高分子材料、复合材料制品完全可以与木塑制品媲美，有些性能甚至优于木塑制品。它可以广泛应用在建筑行业、汽车制造业、运输业、室外景观休闲装备、室外美化设施和室内装修等木塑制品所能应用的领域。

（5）经济效益可观。按黑龙江省历年最好的亚麻产量估算，能产生亚麻粉尘 3 750 t/年，短纤维似的落物和二粗落麻 1 500 t/年，及 17.5 万 t/年的更短纤维、超短纤、麻屑、粉末和麻秆等，这些废弃物与聚烯烃类高分子材料复合，还改善了聚烯烃本身的性能。按同类木塑制品销售价格计算，仅黑龙江省每年就可创造产值约 20 亿元。

第二节　麻籽

一、亚麻籽生产

亚麻属亚麻科，是北温带地区一种分布很广的重要纺织纤维和油料作物，其种子是食用油和蛋白质的重要来源。按用途分为纤用亚麻、油用亚麻（胡麻）和兼用型亚麻 3 种类型。胡麻的栽培以提高种子产量为主要目的，提高胡麻单产必须根据胡麻的生长发育规律，因地制宜实行科学种田，才能实现低成本、高产、稳产。

（一）播前准备工作

1. 合理轮作换茬

胡麻不宜连茬或迎茬种植，连作或迎茬种植容易引起病害，还会过多地消耗土壤中的同一种养分，降低土壤肥力，造成减产。胡麻是直根系作物，一般主根入土深度在 1 m 左右，侧根入土深度 20~30 cm。胡麻生育期较短，在生育期间，能够经济有效地利用土壤中的养分养料，是一种比较省水省肥的油料作物，因此在轮作换茬中，胡麻是一种比较好的茬口，各地因种植习惯不同，应该因地制宜合理轮作换茬。张家口坝上地区以及同类型种植区域可按：豆类—春小麦—马铃薯—胡麻—莜麦的方式进行轮作换茬。

2. 精细整地

胡麻对土壤质地要求不高，黏土或是沙土均可种植，以有机质含量高、土层深厚的沙壤土最为适宜，这样的土质容易保苗，有利根系发育。胡麻种子较细小，幼苗顶土力弱，在耕作栽培上，不论是哪种类型的土壤，都必须精耕细作，使土壤疏松平整，并保持适宜的土壤水分，利于胡麻出全苗、发壮苗。整地方法，在前茬作物收获后即可采用秋季深耕地，深耕 20 cm 以上，以 20~30 cm 为宜，这样可提高土壤保蓄秋雨的能力，做到秋雨春用，促进根系发育，增强植株的抗旱和耐涝能力，并能相对吸收土壤深层中的养分。

（二）播种

1. 播种时间

播种是夺取胡麻高产的重要环节。适时掌握播种时间，能够发挥胡麻的增产作用。胡麻种子发芽需要温度较低，幼苗具有较强的耐寒能力，适时早播能够使胡麻个体有充分的时间进行营养生长，尤其是幼苗在较冷凉的天气条件下，有利于根系发育，扎根深，可以提高抗旱能力。具体播种时间，要因地制宜，适时播种。

2. 播种密度

胡麻茎秆纤细，单株生产力低，为使群体结构合理，既有高产的群体又能发挥更大的个体生产潜力，合理密植是关键。合理密植是使个体和群体均匀协调发展，以便充分利用空间、阳光和土地，达到苗足、苗壮、果多、粒多、粒重、高产的目的，同时针对过去播种量普遍偏低、密度较小的情况，根据不同地区，不同自然条件灵活掌握，合理增加播种量，实行合理密植，创造合理的群体结构，达到丰产目的。一般每亩下有效籽 60 万粒左右，这样旱地胡麻每亩可保苗 30 万~35 万株；水浇地胡麻每亩可保苗 35 万~40 万株，增产效果较好。

3. 播种量

应根据品种特性、气候情况、墒情好坏以及土壤种类等因素设置播种量。气温低、墒情差可多播，反之少播；千粒重高、分枝少的品种多播，反之少播。

亩播量（kg）计算公式：

$$亩播量（kg）= [60万×粒重（g）] / （1\,000×1\,000×发芽率）$$

旱地胡麻亩播量：小粒种 3.0~3.5 kg，大粒种 3.5~4.0 kg；

水浇地胡麻亩播量：小粒种 4.0~4.5 kg，大粒种 4.5~5.0 kg。

4. 播种方式

胡麻机播一般用 12 行或 24 行播种机，行距 15~20 cm。覆土 3~5 cm。胡麻幼苗顶土力较弱，播种时要掌握适宜的播种深度，一般播种深度 3.5~5.0 cm。覆土过深容易使幼苗曲黄，不能顶土出苗；覆土过浅，易被风干，也不能发芽出苗。

（三）田间管理

1. 苗期管理

胡麻出苗前如遇雨特别是阵雨，土壤易板结，形成弹簧苗，应及时划破土表帮助出苗，及时耙地或浅锄地，破除地表硬壳，使幼苗顺利出土，切忌损伤幼苗。

2. 中耕锄草

胡麻从出苗到快速生长期要经过 20 多天的缓慢生长阶段，这一时期杂草生长速度快，根系强大，茎叶茂盛，易出现草压胡麻苗的现象。使用化学除草方法简便，投资小，效果好，幼苗生长健壮，产量高。施用方法：可用 20% 的二甲四氯，每亩用药 0.2~0.3 kg，兑水 5 L 喷洒，对灰菜、苋菜等阔叶杂草防除效果好。喷洒时间：株高 9~12 cm，气温 15~17 ℃ 时喷洒效果最好，风速不大于 4~6 m/s。拿扑净对禾本科杂草防除效果较好，拿扑净是渗透性转移型除草剂，于亚麻生长季节喷洒于茎叶。每亩用药 0.15~0.20 kg，人工喷雾兑水 30~40 L；机械喷雾兑水 15~20 L。喷洒时间：在出苗后 20~30 d 内，胡麻株高 10~12 cm，杂草有 3~5 片叶时一次喷洒即可。

3. 生育中后期管理

当胡麻 20 cm 左右高时，要及时进行第二遍锄草，这时植株较大，根已下扎，可适当深锄，但也不可伤根，同时要拔净杂草。水浇地胡麻天旱时可结合中耕除草同时浇水，尤其现蕾至开花期更为重要，但浇水后应锄一遍，使土壤疏松，提高地温，促进胡麻生长发育，充实籽粒，夺取高产。旱地胡麻现蕾至开花期间，通常不中耕，但要进行拔杂去劣，彻底拔除杂草和菜籽。如发现有菟丝子为害，应及时拔除，并带出田外烧毁或深埋。值得注意的是胡麻灌浆期一般不宜灌水追肥，以防返青徒长，延迟成熟，降低产量。

4. 成熟收获

胡麻提倡霜前收获，由于胡麻具有开花期较长的特点，受霜害之后胡麻蒴果会青黄不一，霜后收获青桃果皮受冻，桃内的青粒也将受冻致死。而收获过晚，则成熟的蒴果经风吹日晒，容易裂桃掉粒，影响产量和质量。因此胡麻要适时早收。霜前收获的蒴果，肉鲜嫩变成凋萎，增强了抗寒能力，再遇霜冻，只能冻伤果皮，而绿粒不致受害，可继续利用根、茎、叶中的水分、养分进行后熟，使绿粒变成饱粒，既可提高千粒重，又能防止胡麻裂桃掉粒，提高产量，确保丰收。当种植区有 75% 胡麻植株上部蒴果开始变褐，叶子凋萎，籽粒变色有光泽，并子蒴隔膜分离，摇动植株沙沙作响，就可以收获。

（四）合理施肥

胡麻是一种需肥较多的作物，要从土壤内吸收氮、磷、钾等多种营养元素。其中以对氮的需要量最大，特别是快速生长期，需氮量占整个生育期需氮量的 50%，因此，适时满足其对氮肥的需要，是增产的重要措施。磷肥对胡麻的生长发育有良好作用，特别是对花蕾的形成和种子油分含量高低的影响较大。胡麻吸收磷有两个高潮，一个是出苗至枞形期；另一个是现蕾至开花期。钾肥有利于根系的发育，使茎秆生长良好，提高抗倒伏能力。所以要实现胡麻增产，必须增施肥料，以补充土壤养分的不足。

1. 基肥

胡麻生长期短,根系发育较弱,应重施基肥。基肥以腐熟的有机肥料为好,有机肥料为完全肥料,含有多种营养成分,还可以改善土壤的理化性状,对胡麻的生育很有好处,按照各地的情况,旱地胡麻一般每亩应施农家肥1 500 kg左右,最好在秋季结合翻地施入,使其充分分解为有效态成分,供胡麻吸收利用,水浇地施肥数量要比旱地多,一般每亩施有机肥2 500 kg以上。

2. 种肥

种肥对胡麻有显著的增产作用,加种肥的胡麻比不加种肥的胡麻普遍生长健壮、株高及工艺长度增加、分枝多、桃多粒饱、千粒重高,种肥与胡麻种子干态下混合播种,一般用量不宜过大。尿素中含有缩二脲,易引起烧种,对胡麻发芽不利,应加以控制,因此不提倡使用尿素作种肥,胡麻种肥用二铵较合适,与胡麻种子混合播下,每亩施量4 kg左右。

3. 追肥

为了提高胡麻产量,应适时追肥。水浇地种植的胡麻,一般现蕾前追第一次化肥,施尿素每亩5~7 kg,结合浇头水追施。看苗情决定是否进行第二次追肥,生长健壮的不追,生长差的以追氮、钾肥为主。旱地种植的胡麻,特别是瘦地、薄地、茬口不好和底肥用量不足的地块,应适时追肥。根据增产经验,第一次追肥以在枞形末期为好,追肥数量按照土地肥力、苗情好坏等具体情况而定,在下雨或中耕前进行,以减少肥料损失。第二次追肥应在现蕾前结束。无论水浇地还是旱地切忌追肥过晚,造成返青晚熟,甚至严重减产。旱薄地要以重施基肥,适当施用种肥为主,追肥为辅。

二、亚麻籽的主要成分与功能

亚麻籽扁平,椭圆形,4~6 mm长,种子具有脆而耐嚼的质地和令人愉快的坚果味道。亚麻籽的颜色从深棕色到浅黄色。亚麻籽颜色是由外种皮色素的数量决定的,色素越多,种子就越暗。人类应用亚麻籽已有五千多年历史,亚麻籽不仅可食用,还有宝贵的药用价值,对人类的健康大有益处。

亚麻籽富含脂肪、蛋白质和膳食纤维(表5-1)。亚麻籽成分的组成随着遗传、生长环境、种子加工和分析方法的不同而变化。亚麻籽的蛋白质含量随着含油量的增加而降低。

表5-1 亚麻籽成分

亚麻形态	重量/ g	能量/ kcal	脂肪/ g	α-亚麻酸/ g	蛋白质/ g	总膳食 纤维/g
整个种子	180.0	810.0	74.0	41.0	36.0	50.0
碾碎的种子	130.0	585.0	53.0	30.0	26.0	36.0
亚麻油	100.0	884.0	100.0	57.0	—	—

（一）蛋白质

亚麻种子含丰富的蛋白质，其氨基酸模式与大豆蛋白相似，大豆蛋白被认为是植物蛋白中营养最丰富的蛋白质之一。表5-2所示的两个不同种皮颜色的亚麻品种相比，蛋白质的氨基酸含量差别不大。

表5-2　亚麻籽的氨基酸组成

氨基酸	棕色亚麻/（g/100 g 蛋白）	黄色亚麻/（g/100 g 蛋白）	大豆粉/（g/100 g 蛋白）
丙氨酸	4.4	4.5	4.1
精氨酸	9.2	9.4	7.3
天冬氨酸	9.3	9.7	11.7
半胱氨酸	1.1	1.1	1.1
谷氨酸	19.6	19.7	18.6
甘氨酸	5.8	5.8	4.0
组氨酸*	2.2	2.3	2.5
异亮氨酸*	4.0	4.0	4.7
亮氨酸*	5.8	5.9	7.7
赖氨酸*	4.0	3.9	5.8
蛋氨酸*	1.5	1.4	1.2
苯丙氨酸*	4.6	4.7	5.1
脯氨酸	3.5	3.5	5.2
丝氨酸	4.5	4.6	4.9
苏氨酸*	3.6	3.7	3.6
酪氨酸	2.3	2.3	3.4
缬氨酸*	4.6	4.7	5.2

注：* 人体必需氨基酸。

从亚麻籽中已经分离出了一系列的免疫抑制循环肽亚麻籽环肽。亚麻籽环肽是由8~9个氨基酸残基组成，氨基酸首尾连接呈环状，分子量为1kDa左右，属于天然多肽。亚麻籽和亚麻籽油中环肽的含量分别约为0.1%和0.5~2.0 mg/g（不同产品含量差异较大），其潜在年产量约为100 t。环肽A是第一个从亚麻籽原油的沉淀物中分离出来的，目前对环肽A的研究最透彻。随后发现的亚麻籽环肽，按照其发现顺序以字母表顺序依次命名：如1968年Weygand发现类似环肽B，1997—2001年又发现的7种天然环肽C~I。随着对环肽的研究进一步深入，现已有多达30余种环肽被发现，同时现有的命名体系已无法满足环肽数量以及结构上差异的现状，Shim等依据应用化学联盟组织和国际纯化化学命名法，对现已研究出来的环肽进行命名。

已有报道表明一些油用亚麻籽中含有酶抑制剂。1983 年 Madhusudnan 和 Singh 首次报道了亚麻中胰蛋白酶抑制剂的活性，但未报道亚麻具有淀粉酶抑制和凝血活性。Bhatty 在 1993 年证明，亚麻籽中具有低水平的胰蛋白酶抑制活性，实验室制备的亚麻籽粉具有 42~51 个单位的胰蛋白酶抑制活性（TIA）。而油菜和大豆分别含有 100 个和 1 650 个单位的 TIA。通常比大豆的抑制活性低 3%，而且在日常饮食中比试验条件下的活性要低，因此这个抑制性的水平不会对人和家畜的营养吸收产生重要影响。

亚麻籽粉中发现的 D-脯氨酸的谷氨酰衍生物 N-谷酰胺脯氨酸（图 5-1）是维生素 B_6 的拮抗剂。

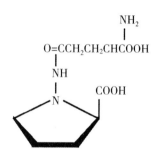

图 5-1　N-谷酰胺脯氨酸结构

（二）脂肪

亚麻是众所周知的油料来源，亚麻种子中脂肪占 41%，亚麻油脂区分于其他油脂的显著特点是具有 α-亚麻酸，主链均含有 18 个碳的亚麻酸和亚油酸，组成了脂肪酸的主要部分。

α-亚麻酸（ALA）是人类不能自身合成的几种聚不饱和脂肪酸之一。α-亚麻酸在紫苏籽油中占 67%，亚麻籽油中占 55%，牡丹籽油中占 42%，在沙棘籽油中占 32%，在巴马火麻油中占 20%，在菜籽油中占 10%，在豆油中占 8%，在星油藤油中占 50%。α-亚麻酸能够增强智力、提高记忆力、保护视力、改善睡眠、抑制血栓性疾病、预防心肌梗死和脑梗死、降血脂、降血压、抑制出血性脑中风、预防过敏。α-亚麻酸可以治疗高血压，可用于糖尿病的辅助治疗、锌缺乏症的改善、γ 射线放疗的增敏，对于亨庭顿氏舞蹈症、苯丙酮尿症、更年期综合征、帕金森氏症、哮喘、湿疹、甲状旁腺亢进等多种病症也具有不同的治疗效果。

食物中的 α-亚麻酸主要经肠道直接吸收，在肝脏贮存，经血液运送至身体各个部位，直接成为细胞膜的结构物质。α-亚麻酸作为 ω-3 多不饱和脂肪酸的母体，在碳链延长酶和脱氢酶的作用下，经碳链延长和去饱和可以代谢产生多种高活性物质，其中最重要的有 EPA 和 DHA。EPA 是前列腺素的前体物质，在脂氧化酶和环氧化酶的作用下生成 PGE5、PGI3、LTB5、TXA3 等活性物质，调控机体诸多的生化反应，而 DHA（俗称脑黄金）则是大脑、神经、视网膜等组织的主要结构物质。

由于不同地区、不同生活习惯所能摄取的 ω-3 脂肪酸的量是不同的，所以对 α-亚麻酸的需求量也是不同的。在沿海地区的饮食结构中，海洋性食物占有较大的比例，同属 ω-3 不饱和脂肪酸的 EPA 和 DHA 的摄取量就比较多，作为它们母体的 α-亚麻酸的需求量就相对减少。根据能量供给的理想比例，ω-3 脂肪酸每天应能够提供 1% 的能量，即每天 83.7 kJ，相当于 α-亚麻酸 2.2 g，同时亚油酸摄入量控制在 8.7 g 以下，以减少其对亚麻酸转化为 EPA 和 DHA 过程的抑制。因为 ω-6 脂肪酸和 ω-3 脂肪酸存在竞争抑制，所以 ω-6/ω-3 比值受到重视。有些国家和组织用 ω-6/ω-3 比值表示 PRFA 的膳食推荐摄入量，如 WHO 建议 ω-6/ω-3 比值为（5～10）∶1，瑞典建议 ω-6/ω-3 比值为 5∶1，日本建议 ω-6/ω-3 比值为（2～4）∶1，中国建议 ω-6/ω-3 比值为（4～6）∶1。

（三）水解多糖

亚麻种子中水解多糖胶浆含量高。胶浆占种子干重的 6%～8%。值得注意的是，亚麻基因型影响胶浆的流变学和化学性质。

胶浆中含有酸性和中性水解多糖，比例为 2∶1。酸性水解多糖有 L-鼠李糖、L-海藻糖、L-半乳糖和 D-半乳糖醛酸，摩尔比为 2.6∶1∶1.4∶1.7。中性水解多糖包括 L-树胶醛糖、D-木糖和 D-半乳糖，摩尔比为 3.5∶6.2∶1，由带分支的阿拉伯木聚糖和具有优势的末端溴代阿拉伯糖单元所组成。所有的半乳糖醛酸均位于主链上。大部分岩藻糖和大约半数半乳糖单元存在于非还原性组中。

（四）次生代谢物

1. 氰苷

氰苷存在于亚麻的所有器官内，萌发的种子、叶片、花和发育的胚中均发现了单葡萄糖苷、亚麻苦苷和百脉根苷。在发育的胚中还发现了二葡萄糖、龙胆二糖丙氰醇和龙胆二糖甲乙酮氰醇。在成熟种子中发现了重要的氰苷葡萄糖苷，根部和茎部葡萄糖苷的含量相对较低。

每 100 g 种子含 213～352 mg 亚麻苦苷，含 91～203 mg 龙胆二糖甲乙酮氰苷。不同品种间有很大的差异，地区和年代间也存在一些差异。

2. 木酚素

木酚素是一种天然高分子，分子量较低。亚麻籽木酚素为无色晶体，能溶于水、甲醇、含水乙醇和丙醇，并易被酶或酸水解。水解后偏亲脂性，难溶于水，能溶于苯、氯仿、乙醚和乙醇等有机溶剂。其光谱特征为在 280 nm 的紫外光谱中具有最大吸收值。木酚素是通过存在于植物细胞壁中的两个松柏醇残基的偶联形成的高等植物的二酚化合物，多数以二聚体的形式存在，也有少数的三聚体和四聚体，具有多样结构和广泛的生物活性。植物雌激素主要有 3 类，分别为异黄酮类、木酚素类和香豆素类。开环异落叶松酚二葡萄糖苷（SDG）、裂环烯醚萜苷（SECO）是亚麻籽中发现的最主要的木酚素，其他的还有马台树脂酚（MAT）、异落叶松脂酚

（ILC）、落叶松脂酚（LCS）和松脂酚（PRS）。SDG 是 SECO 的前体，是与人体雌激素十分相似的植物雌激素。亚麻木酚素主要存在于亚麻籽中，其含量取决于亚麻品种、气候和生态条件，一般占籽重量的 0.9%~1.5%，比其他已知含木酚素的 66 种食品高 100~800 倍。

哺乳动物的木酚素不同于植物，芳香环上羟基取代基在中位，而不是在对位。20 世纪 80 年代初，哺乳动物的木酚素被瑟特查和他的同事确定为肠内酯（EL，分子量：298）和肠二醇（ED，分子量：302）。起初 EL 和 ED 被认为起源于卵巢。这样的认识源于其尿液循环功能是在月经周期和妊娠早期增加尿液的排泄。现已明确目前饮食中的 EL 和 ED 是由植物前体的结肠细菌作用形成。ED 由植物木酚素亚麻木脂素（SECO，分子量 362）直接形成，而 EL 的植物木酚素前体是罗汉松树脂酚（MAT，分子量 358）。EL 也可以由 ED 氧化形成。ED 和 EL 都经肝循环，并在尿液中以葡萄甘酸或硫酸盐的螯合物排出体外。木酚素排泄尿已被用来作为结肠木质素生产以及木酚素饮食摄取的指标。

在已知来源中亚麻籽中 ED 和 EL 的含量最高，且是独一无二的，它的主要植物木酚素是与罗汉松树脂酚（MAT）相对应的亚麻籽木酚素—开环异落叶松树脂酚二葡萄糖苷（SDG，分子量 686）。用酶解法提取，全脂亚麻籽中 SDG 的含量检测值为 1.5 mg/g（0.8mg SECO/g）、2 mg/g（1 mg SECO/g）或 3.8 mg/g（2mg SECO/g）。相比之下，用化学水解法在全脂亚麻籽中测出 SDG 的含量为 7.0 mg/g（3.7mg SECO/g）。虽然结果显示酶解法提取量较低，但它仍然具有代表性。全脂亚麻籽的 MAT 含量预计为 11 μg/g。

除了哺乳动物中木酚素含量丰富以外，亚麻籽是最丰富的 ω-3 脂肪酸的植物来源。一个木酚素饮食摄取量指标的研究揭示了亚麻籽具有化学预防的作用，研究中发现在患乳腺癌的妇女尿液中木脂素含量较低。这一试验启发了随后进行的动物及人类的体外试验，进而阐述了亚麻籽木酚素对不同类型癌症作用的原理，这些研究探讨了木酚素的激素和非激素机制。

3. 酚醛和其他酸

SDG 复合物中存在糖化香豆酸、糖化咖啡酸和糖化阿魏酸。在干燥、去脂的亚麻籽中存在香豆酸、咖啡酸、阿魏酸和芥子酸，子叶和幼根中确定含有大量肉桂酸的衍生物，包括 p-香豆奎宁酸、香豆葡萄糖、绿原酸（3-O-咖啡奎宁）、葡糖咖啡酸、咖啡葡萄糖、葡糖阿魏酸、阿魏葡萄糖和未具体说明的糖苷，还有芥子酸酯。还有报道称还含有绿原酸、4-羟基苯甲酸和倍酸。根据品种和环境的不同，亚麻籽中含有 2%~3% 不等的植酸（六磷酸肌醇）。

4. 类异戊二烯

在亚麻籽油非皂化部分中发现含有大量脂溶性物质。来源于二萜的植物化学物质有胆固醇、芸苔甾醇、豆甾醇、△5-燕麦甾醇、环阿甾醇和 24-亚甲基环苯菠萝烯醇。在磷脂部分中，固醇以糖苷的形式存在。生育酚（V_E），天然脂溶性抗氧化物含有 40 个碳，每 100 g 种子榨取的油中含量大约为 10 mg，含量根据品种和生长环境而有所不同。λ-生育酚占亚麻籽油中总生育酚的 80%。从亚麻籽油蒸馏物中分离出植酸和香叶醇两种二萜。

5. 类黄酮

抗氧化特性和对致癌物质诱导的肿瘤抑制活性等方面的知识刺激人们开始了对类黄酮的兴趣。异黄酮存在不同氧化程度的类型，在每种类型中代换方式也存在差异。

对亚麻颜色突变体进行研究发现亚麻中存在一些花青素色素（表 5-3）。花青素包括：3-芸香糖基天竺葵素、矢车菊素和花翠素；3-葡萄糖基花翠素与矢车菊素；3-二葡萄糖基天竺葵素；芸香糖基和葡萄糖基；天竺葵素、矢车菊素和花翠素。从 Linum grandiflorum 鲜红色亚麻的花中分离出的花青素甘油三酸酯被认为是主要的花青素。研究认为主要色素的结构是 3-D-3-木芸香糖基花翠素，还有报道提出含有 3-鼠李糖基花翠素和矢车菊素。

表 5-3　亚麻属植物中的花青素

名称	R_1	R_2	R_3	R_4	R_5	R_6
3-芸香糖基-天竺葵素	H	OH	H	O-glu-rut	OH	OH
3-芸香糖基-矢车菊素	OH	OH	H	O-glu-rut	OH	OH
3-芸香糖基-花翠素	OH	OH	OH	O-glu-rut	OH	OH
3-三葡糖基-天竺葵素	H	OH	H	O-tri-glu	OH	OH
3-三葡糖基-矢车菊素	OH	OH	H	O-tri-glu	OH	OH
3-三葡糖基-花翠素	OH	OH	OH	O-tri-glu	OH	OH
3-二葡糖基-花翠素	OH	OH	OH	O-di-glu	OH	OH
3-鼠李糖基-天竺葵素	H	OH	H	O-rut	OH	OH
3-鼠李糖基-矢车菊素	OH	OH	H	O-rut	OH	OH
3-鼠李糖基-花翠素	OH	OH	OH	O-rut	OH	OH
3-葡糖基-天竺葵素	H	OH	H	O-glu	OH	OH
3-葡糖基-矢车菊素	OH	OH	H	O-glu	OH	OH
3-葡糖基-花翠素	OH	OH	OH	O-glu	OH	OH
3-木芸香糖基-天竺葵素	OH	OH	OH	O-xyl-rut	OH	OH

注：rut=鼠李糖，xyl=木糖。

从亚麻籽粉中分离出了几种类黄酮（表 5-4），分别为 3，7-二甲氧基-草质素，

3，7-葡萄糖基萘-山茶酚和3，8-O-葡萄糖基萘-草质素。亚麻中含有四种单-C-糖基黄酮：荭草素、异荭草素、牡荆素、异牡荆素；四种双-C-糖基为：黄酮苷-1，黄酮苷-2，光牡荆素-1，7-鼠李糖基-光牡荆素-2。*L. capitatum* 中也发现了异荭草素。*Linum maritimum* 中含有3′，4′-二甲氧基-7-鼠李糖基-光牡荆素和两种黄酮-C-糖苷，linoside A 和 linoside B 是异荭草素的鼠李糖基衍生物。

表 5-4　亚麻属植物中的类黄酮

名称	R_1	R_2	R_3	R_4	R_5	R_6
3，7-二甲氧基-草质素	CH_3	OCH_3	OH	–	–	–
3，7-葡萄糖基萘-山茶酚	glu	O-glu	H	–	–	–
3，8-O-葡萄糖基萘-草质素	glu	H	O-glu	–	–	–
荭草素	OH	OH	OH	H	OH	C-glu
异荭草素	OH	OH	OH	C-glu	OH	H
牡荆素	H	OH	OH	H	OH	C-glu
异牡荆素	H	OH	OH	C-glu	OH	H
黄酮苷-1	H	OH	OH	–	OH	C
黄酮苷-2	H	OH	OH	C-glu	OH	C
光牡荆素-1	OH	OH	OH	–	OH	C
7-鼠李糖基-光牡荆素-2	OH	OH	OH	C-glu	O-rham	C
3′，4′-二甲氧基-7-鼠李糖基-光牡荆素	OCH_3	OCH_3	OH	H	O-rham	H
linoside A	OH	OH	OH	H	OH	C-glu-2″ rham-6″-Ac
linoside B	OH	OH	OH	H	OH	C-glu-2″ rham

（五）其他成分及生物功能

1. 抗性物质

亚麻籽含有较高水平的植酸（23~33 g/kg），但栽培的品种、地点和年份都对植酸含量有较大的影响。植酸能结合钙、镁、锌和铁，还能降低胃肠道对这些离子的吸收。

2. 维生素 B_6 拮抗物

亚麻粕中包含一种维生素 B_6 拮抗物，它会导致鸡生长不良和维生素 B_6 缺乏。及时使用吡哆素进行药物治疗可以消除这种毒素的影响。随后的研究表明，这种毒素是非天然氨基酸1-氨基-D-脯氨酸的谷氨酸，它的俗名是亚麻素。虽然亚麻素可能对人存在毒害，但它对成年的禽类并未产生有害的影响，而且研究显示，它对哺乳动物也没有毒害。人们最初只在种子中提取出了亚麻素，但随后从亚麻植株幼苗中的所有部位都提取出了亚麻素。

3. 亚麻籽胶

亚麻籽中的膳食纤维可以降低血清中的胆固醇和 LDL-胆固醇总量。然而这些研究并没有确定脂的降低是否是胶质在起决定性作用，然而从膳食纤维的其他来源可以推测出亚麻籽胶的效果。分离出的亚麻籽胶在血糖的应答反应中具有降血糖的效果，而且可以降低餐后血糖中黏性纤维的典型反应。

部分脱脂的亚麻籽降低了总胆固醇、低密度脂蛋白胆固醇、载脂蛋白和载脂蛋白 A~I 的含量。但与对照相比，亚麻籽对血脂蛋白的含量没有影响。亚麻籽具有一定泻药的功能也归功于其中的胶质成分。

（六）其他木酚素

1. 鬼臼毒素

鬼臼毒素和近来发现的半合成衍生物鬼臼亚乙苷，还有鬼臼噻吩苷都具有重要的抗癌特性，它们已经被用于治疗某些癌症。1983 年，食品药品管理局宣布鬼臼亚乙苷能够治疗睾丸癌，而且对于睾丸乳头状瘤、何杰金氏和非何杰金氏淋巴瘤、小细胞性肺癌是一种重要的活性因子。研究显示，几种相关的环木脂体也具有抗病毒活性。鬼臼亚乙苷的传统来源是鬼臼属桃七儿和盾叶天竺葵的根茎。这两个物种都是野生的濒危物种，因此现在正在寻找其他可替代的来源。许多品种的亚麻能够积累鬼臼毒素（图 5-2）和相关的化合物，这些化合物包括 5-甲氧基鬼臼毒素和 β 盾叶鬼臼素甲基醚。这些化合物都是细胞毒素，而且可以作为合成新型半合成抗癌衍生物的起始物质。

2. 生氰糖苷

亚麻籽中会积累生氰糖苷（图 5-3），这些化合物自身并没有毒性，但酶解后会释放氰化氢（HCN）。所有植物都会积累生氰糖苷，也会产生分解这些糖苷所需要的酶。在未受损伤的植物组织中，这些酶会集中在细胞结构中从而使酶与糖苷分隔开。但是，当组织受损后，酶和糖苷就能发生接触并释放 HCN。HCN 会抑制细胞色素氧化酶和其他呼吸酶。

1941 年首次报道了亚麻籽中的生氰糖苷具有抵抗硒中毒的保护性作用。随后的试验证明，这种保护性成分可以用 50% 的热乙醇溶液提取出来。分离出生氰糖苷龙胆二糖丙酮氰醇和龙胆二糖甲乙酮氰醇，而且它们的保护效果比单糖亚麻苦苷明显。然而，这种保护性成分的产生是 CN^- 和硒发生反应形成水溶性的 $SeCN^-$ 离子，$SeCN^-$ 离子与去毒效果有很大关系，对不同生氰糖苷的反应体现了肠道葡萄糖苷酶对底物的特异性。

长期食用亚麻籽会增加等离子体的水平和尿液中的硫氰酸盐含量。1993 年 Cunnane 报道尿液中硫氰酸盐增加了两倍，但这个变化的影响并不显著。等离子的水平对人类健康的影响还未确定，但碘缺乏与高血浆硫氰酸盐水平、甲状腺肿和克汀病

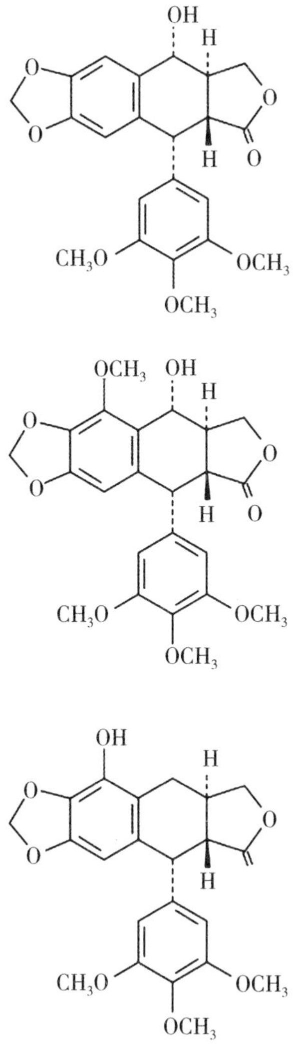

图 5-2　亚麻中发现的木脂素鬼臼毒素

（呆小病）的发病有关。通常情况下，吸烟者的血浆中硫氰酸盐的水平会提高，孕妇吸烟也会增加新生儿体重降低的概率。也有研究显示，作为食物成分的生氰糖苷 25% 以上能够完全被排泄，将亚麻籽做成松饼可以大大降低可检测的生氰糖苷的水平。

三、主要功能成分的制备工艺

（一）亚麻籽油的提取方法

亚麻籽油是从亚麻籽中提炼出的油脂类成分。亚麻籽油具有较高的药用价值，对人体的生理、病理功效显著。亚麻籽油的提取方法主要包括压榨法、超声辅助溶剂提取法、酶法提取法、超临界 CO_2 萃取技术等。

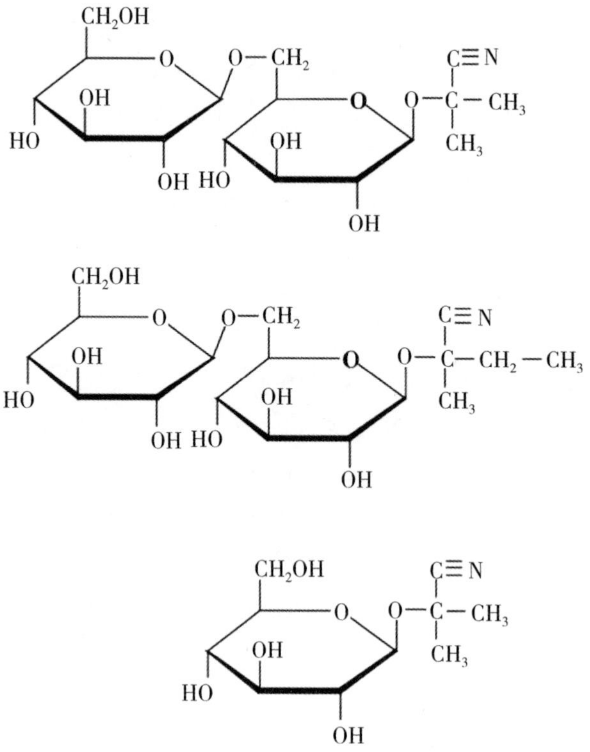

图 5-3 亚麻中发现的生氰糖苷

1. 压榨法

目前食用亚麻籽油多采用机械压榨法制取，分为热榨和冷榨两种。热榨是将亚麻籽翻炒，炒至 120 ℃左右，再进行机械压榨。热榨制得的亚麻籽油呈现浓香味，颜色较深，呈黄褐色至黑色。冷榨是将亚麻籽在低于 60 ℃的温度下稍作处理，再进行机械压榨。冷榨出来的亚麻籽油有良好的坚果香味，颜色较浅，呈透明的金黄色，但油脂的萃取率偏低，提取率约为 30%。

2. 超声辅助溶剂提取法

超声波提取是近年来发展起来的一种新方法，其强化作用主要表现在超声空化能引起端动、聚能、微扰和界面效应，使萃取过程的传质速率和效果得到加强，具有提取效率高、提取时间短、能耗低、提取杂质少、操作简单等优点。随着研究领域的拓展，超声波技术现已进入了油脂工业，可用于挥发油、植物油、食用油及其他油脂类的提取。许晖等分别采用乙酸乙酯，正己烷和石油醚 3 种溶剂，以亚麻籽为原料，以溶剂提取为基础，利用超声辅助溶剂提取技术，优化亚麻籽油的提取工艺，确立了以石油醚为提取溶剂，温度 60 ℃，液料比为 10 mL/g，超声功率选择 60 W，提取 3 次，每次 35 min，亚麻籽油得率达到 45.75%。

3. 酶法提取法

使用加酶的方法提取油脂类已经成为最近几年被广泛研究的一种新技术，酶法提油具有出油率高、油色泽清澈透明、提取的油质量好、提取过程消耗能源低、处理条件温和、操作较为安全等优点，因此在油脂提取方面有着广泛的应用前景。酶法提油用的酶主要有果胶酶、蛋白水解酶、纤维素酶，及复合酶等。吴素萍等通过试验发现对亚麻籽油得率影响较大的因素为浸提时间、加酶量、酶解温度以及酶解时间，并确立了酶法提取亚麻籽油的工艺参数为 20.00 g 研碎油料，加入酶 0.10 g，料液比 1∶10（g∶mL），在 50 ℃的温度下酶解 1 h，pH 值选择 5.4，在温度为 90 ℃前提下提取 9 h，亚麻籽油提油率公式：提油率＝清油质量/（含油量×油料重量），提油率为 79.07%。

4. 超临界 CO_2 萃取技术

超临界 CO_2 萃取过程是利用 CO_2 与密度的关系，即压力与温度对超临界流体溶解能力的不同而进行的，因其操作温度低，无溶剂残留，保留原有活性等优点而被广泛应用于油脂的提取。黄雪等研究了超临界萃取的必要条件、压胚次数及轧胚机轴间距之间的关系对亚麻籽油提取率的影响，优选出最佳提取工艺为在 50 ℃下萃取，CO_2 流量 23 kg/h，轧胚 4 次，轧胚机轴间距 0.2 mm，萃取压力选择 30 MPa，萃取 170 min，此时将亚麻籽进行压胚后萃取，得到亚麻籽油得率为 42.71%。

（二）α-亚麻酸的提取方法

亚麻籽油中含有多种脂肪酸，主要包括亚麻酸、油酸、亚油酸、棕榈酸，其中 α-亚麻酸占总脂肪酸含量的 40%~60%。α-亚麻酸的提取方法主要包括低温冷冻结晶法、尿素包合法、分子蒸馏法、银离子络合法等。

1. 低温冷冻结晶法

将混合脂肪酸溶解在溶剂中，置于低温下，在溶液中短链脂肪酸较长链脂肪酸的溶解度低，饱和脂肪酸较不饱和脂肪酸的溶解度低，根据这个性质，可将长链、多不饱和脂肪酸与短链脂肪酸和饱和及低不饱和脂肪酸分离，达到提纯 α-亚麻酸的目的。胡晓军等利用冷冻丙酮法提纯 α-亚麻酸，分析了在提纯 α-亚麻酸的过程中冷冻温度、冷冻时间、溶剂配比、溶剂酸碱度、溶剂纯度、冷冻次数等因素对产物中 α-亚麻酸的纯度和收率的影响，确定溶剂用量为 6.56 倍、处理时间为 4.74 h、溶液 pH 值为 12.35、溶剂纯度为 95.28% 时，产物中 α-亚麻酸的浓度最大、收率较高。

2. 尿素包合法

尿素包合法原理为：化合物碳链越长，饱和程度越高，使用尿素包合时越容易出现结晶。根据尿素包合原理可以将饱和程度不同的脂肪酸分离开，实现纯化目标。与不饱和脂肪酸相比，饱和脂肪酸首先与尿素形成包合后的化合物，而单不饱和脂肪酸先于含多个双键的不饱和脂肪酸形成尿素包合化合物，从而达到富集亚油酸的目的。林非凡等利用尿素包合法分离亚麻油中 α-亚麻酸，确定最佳工艺条件为：包合温度-20 ℃，无水乙醇、尿素、混合脂肪酸的质量比为 7∶3∶1，包合时间为 30 h，在此条件下，α-亚麻酸的含量达到 93.27%。

3. 分子蒸馏法

分子蒸馏也被称为短程蒸馏，操作前提要求是高真空条件，是一种非平衡的连续蒸馏的过程。具有蒸馏温度低，压力低，物料受热时间短等特点。许松林等研究了利用短程蒸馏技术提纯亚麻籽油中 α-亚麻酸的工艺条件，确定最佳条件为：蒸馏温度 90~120 ℃，压力 0.3 Pa，进料温度 60 ℃，进料速率 90~100 mL/h，刮膜转子速率 150 r/min。分子蒸馏技术分离 α-亚麻酸温度低，产品不易产生分解变质，得到的产品纯度高。而且操作简便、步骤少、效率高，容易实现产业化。

4. 银离子络合法

银离子络合法其实质是根据脂肪酸双键数目的不同，银离子与不饱和有机物碳碳双键形成络合物，络合作用随着双键数的增加而增大，根据化合物间作用力的大小区别实现分离的目标。鲁仲辉等采用尿素脂肪酸包合结合银离子硅胶色谱技术分离 α-亚麻酸，对一次包合富集的产物采用银离子硅胶色谱柱进一步纯化，α-亚麻酸纯度提高至近 100%，回收率 86.2%。

（三）木酚素的提取方法

提取亚麻木酚素的主要原料是脱油后的亚麻籽饼粕或者是亚麻籽脱壳后的富壳部分。木酚素（SDG）在亚麻籽中与 3-羟基-3 甲基戊二酸链接形成低聚物。因此，为得到纯木酚素产品，一般是将低聚物提取出来后，采用碱解方式释放出 SDG 分子。

1. 有机溶剂提取法

该方法以有机溶剂（甲醇、乙醇、丙酮等）为溶剂，将亚麻籽中木酚素或其低聚物浸提出来，多采用常规搅拌法、超声辅助、微波辅助等方法，得到的粗提液经碱水解释放出 SDG 单体。有机溶剂提取法是最常用且简单便捷的木酚素提取方法。2003 年，Dobbins 和 Wiley 首次采用丙酮与水为提取溶剂，经氢氧化钙碱解分离出 SDG，提取得率达 70%。超声辅助与微波辅助提取可以减少溶剂用量、缩短萃取时间，但会影响提取效果。另有研究表明微生物发酵亚麻籽饼粕可以明显提高木酚素提取的得率。

2. 超临界 CO_2 提取法

与有机溶剂提取法相比较，超临界 CO_2 提取法可以避免使用有机溶剂，无毒性，临界温度低，对活性成分损害小，同时萃取时间短，效果好，是目前研究较多的一种提取有效成分的方法，但是因投资设备费用比较高，该方法并不适用于工业化生产。2006 年，Conlin 采用低极性水压法提取亚麻籽木酚素，其用水代替有机溶剂，有更高安全性，且提取率能达到 90% 以上。

3. 亚临界水萃取法

亚临界水萃取法的原理是水的极性可以通过改变温度和压力而得以控制，进而可以对中等极性乃至非极性的组分产生良好的溶解性。该方法主要应用在挥发油及天然活性成分的提取上。该方法以无毒、价格低廉的水为萃取剂，萃取时间短，但是不适用于工业化生产。2005 年，Cacace 等以温度 140 ℃、压力 5.2 MPa 条件下的亚临界水为提取溶剂，最终木酚素的收率可以达到 90% 左右。

（四）亚麻籽胶的提取方法

亚麻胶提取方法分为湿法提胶和干法提胶，原料主要为脱胶亚麻饼粕或亚麻籽。湿法提胶以水为提取溶剂，添加酸性或碱性试剂，提取液经乙醇沉淀获得含杂质较少的亚麻胶。张泽生分别采用水提醇沉法和石灰乳—磷酸法，对亚麻胶进行提取和纯化，效果良好。浸提温度 70 ℃，pH 值 2.0，料液比 1∶21（g/mL），醇沉浓度 75%，得率可达 24.3%；石灰乳—磷酸法脱蛋白的最佳工艺条件为：每 50mL 浸提液中氢氧化钙加入量 0.3 g，80 ℃保温 50 min，亚麻胶蛋白含量可减少到 2.09%。根据亚麻籽胶分布在亚麻籽外表面的结构特点，人们提出了对亚麻籽表面进行打磨提取亚麻籽胶粉的方法，即干法提胶，干法提胶需要特定的设备如砂辊碾米机、球磨机等。杨金娥等采用砂辊打磨亚麻籽，在控制亚麻籽装填率 40%~80% 时打磨均能够顺利获取亚麻籽胶粉；在装填率 40%、打磨时间 200 s 脱脂胶粉得率最高达 6.06%；在装填率 80% 情况下，打磨设备提取的脱脂亚麻籽胶粉产量最高，打磨时间 200 s，胶粉黏度测定值为 5 200 mPa·s。

通过对比，湿法生产的亚麻籽胶具有产品纯度高、黏度高的优点，但是亚麻籽提胶后需要长时间高温烘干，能量消耗大，烘干后的亚麻籽压榨获得的亚麻籽油有苦涩味，过氧化值超标，一般只能做工业用油，降低了亚麻籽综合加工效益。干法生产亚麻籽胶工艺简单，无高温过程，亚麻籽胶得率高，不影响压榨亚麻籽油品质，但干法生产的亚麻籽胶产品黏度低，应用范围受限。目前应用于实际生产的主要是直接用水提取亚麻籽胶。

（五）亚麻籽环肽的提取方法

亚麻籽环肽是亚麻籽油中的脂质伴随物，具有重要的营养价值。常见的环肽提取方法主要是硅胶法、溶剂法等。硅胶法作为传统的环肽提取方法，在进行环肽提取时耗费长、硅胶成本高且难以实现工业化。溶剂法进行环肽提取虽然具有操作简单、快速的特点，但在对环肽的提取过程中会出现如甘油三酯等杂质，存在纯度较低的问题。许趁心研究发现冷榨亚麻籽粕比常温亚麻籽粕及热榨亚麻籽粕提取得到的油中环肽含量高、氧化程度低，是理想的环肽提取原料。丙酮、95% 乙醇、6 号溶剂、石油醚四种提取溶剂从提取粗环肽的提取率及环肽的氧化程度指标考虑，绿色、环保且可回收利用的 95% 乙醇为最佳溶剂。以 95% 乙醇为溶剂提取亚麻籽粕油中的环肽，最佳试验条件为：25.00 g 亚麻籽粕仁，料液比为 1∶14，提取时间为 1 h，提取温度为 70 ℃进行提取亚麻籽粕中的油，预提物提取率为 19.30%。

四、食用产品开发

（一）亚麻籽粉

亚麻籽粉由于含有功能性的膳食纤维、亚麻酸和木酚素等营养物质，在国外的食品开发中得到了广泛的应用。在国外，亚麻籽粉已经普遍应用于焙烤、乳制品及干制面制品等食品行业。亚麻籽粉可以作为一些食品的营养添加剂，应用于焙烤的谷物产品、纤维棒、色拉配料、面包、松饼和意大利面等食品。国外亚麻籽粉比完整的全籽营养物质利用率高，完整的亚麻籽即使咀嚼也难以破碎，未被消化便直接排出体外。而亚麻籽粉更容易被消化利用。在加拿大和美国，亚麻籽已经作为功能性食品成为百姓的必需品，超市里随处可见袋装的亚麻籽、亚麻籽粉和亚麻籽面包等。国内对亚麻籽粉的食品开发研究较少。

1. 焙烤食品

焙烤食品是亚麻籽粉应用最多的食品。因为亚麻籽粉不仅可以增加焙烤食品的营养物质如蛋白质、膳食纤维、木酚素等，而且在高温焙烤下会产生坚果的香味。亚麻籽粉可以通过抑制淀粉回生和减少水分损失来延长焙烤食品的货架期。亚麻籽粉中含有天然健康的食品添加剂亚麻胶，一定程度上可以改善面团的流变学性质，增加食品的持水力；其中的膳食纤维可以改善食品的内部结构，增加咀嚼感，强化营养；木酚素在焙烤过程中几乎不被破坏，增加了焙烤食品特异性的功能物质。

2. 亚麻籽面包、蛋糕

将适当比例的亚麻籽粉添加到小麦粉中，不仅可以强化面包的营养，还可以改善面包的口感。Marpalle 等研究了亚麻籽粉的添加对面包的理化指标和感官特性的影响，发现随着亚麻籽粉添加水平的增加，面团的吸水量、黏度增加，面包的松软性增加，面包皮和面包屑的颜色变深。但是添加量超过 5% 时，面包的体积会减小，可能是因为亚麻籽粉对面筋网络结构的弱化稀释以及木酚素和膳食纤维对面筋网络结构的破坏。Koca 等将亚麻籽粉按不同的比例添加到小麦粉中，面团粉质特性表明，随着亚麻籽粉的添加比例增加，面团的吸水性、形成时间、机械耐力指数增加，面团的拉伸力在亚麻籽粉添加比例为 150 g/kg、200 g/kg 时降低，面包的感官评价结果表明可接受的亚麻籽粉添加比例可达到 200 g/kg。添加了亚麻籽粉的面包可降低人的血糖值，Jenkins 等发现与未添加亚麻籽粉的面包相比，添加 25% 亚麻籽粉的面包降低了 28% 的血糖值。因此，亚麻籽粉不仅可以改善面包的营养，还有很好的保健作用。

陈海华等研制了亚麻籽蛋糕，确定了亚麻籽蛋糕的最佳配方为面粉 95%、亚麻籽粉 5%、糖 100%、鸡蛋 120%。亚麻籽粉添加至蛋糕中既改善了蛋糕的品质和风味，又增加了其营养价值。Moraes 等研究了添加 5%、15%、30% 和 45% 亚麻籽粉的蛋糕膳食纤维含量为 3.55%~8.13%，亚麻酸含量为 0.445%~3.791%，添加高达 30% 的亚麻籽粉可以很好地增加产品的功能性成分。添加 45% 亚麻籽粉的面包与添加 5% 亚麻籽粉相比，其过氧化值降低了 50%，水分增加了 3%，表明亚麻籽粉有良好的抗氧化能力和保水性。

3. 亚麻籽饼干

将亚麻籽粉添加到饼干中，可以大大提高其附加值。张文齐等开发出 α-亚麻酸小杂粮饼干专利，该饼干是以甜荞麦粉、苦荞麦粉、莜麦粉和亚麻籽粉为主要原料，以亚麻籽油为油脂原料制作而成的保健食品，含有膳食纤维、芦丁亚油酸、亚麻酸、多种维生素、微量元素和槲皮素、荞醇等黄酮类物质，营养和口感俱佳。焙烤亚麻籽粉饼干的棕榈酸、硬脂酸和油酸的含量在贮藏时期增加。添加15%亚麻籽粉饼干的亚麻酸含量为4.75%~5.31%。因此，亚麻籽粉可显著增加饼干中的必需脂肪酸含量。Hussain等发现随着亚麻籽粉的添加比例增加，饼干的色泽、脆性、风味和质构得分下降。亚麻籽粉添加比例小于20%的饼干总体可接受性较好，亚麻籽粉的过多添加会降低饼干的延伸特性。

4. 亚麻籽松饼

Lipilina等在松饼中分别添加不同比例的亚麻籽粉，结果发现添加50%亚麻籽粉的松饼总体可接受性评分高于其他组。添加50%亚麻籽粉松饼的亚麻酸、膳食纤维和叶酸含量比对照组（未添加亚麻籽粉）分别高21%、17%、341%。膳食叶酸当量（DFE）添加30%~50%的亚麻籽粉，可以增加松饼营养物质的含量而不影响松饼的感官可接受性。Chetana等发现亚麻籽粉会影响小麦粉的黏性和持水力，通过对流变性和感官特性的分析发现添加20%焙烤亚麻籽粉的松饼比添加相同量生亚麻籽粉的松饼有更好的可接受性，且营养成分没有损失。此外，添加20%焙烤亚麻籽粉松饼的蛋白质、膳食纤维、ω-3脂肪酸含量比添加相同量生亚麻籽粉松饼分别高0.3%、1.1%、1.71%，这表明焙烤亚麻籽粉具有优良的品质特性，可以更好地改善松饼的营养。

（二）亚麻芽

芽苗菜，是用各种谷类、豆类、树类种子培育出可以食用的芽菜，又称活体蔬菜。国内外大量研究表明，种子经萌发处理后能显著提高自身的营养价值，改善食品的品质。王笑园等研究表明，亚麻芽18种氨基酸总量较未萌发时增加了61.67%，其中必需氨基酸总量增加了62.77%。芽苗中赖氨酸的含量较亚麻籽大幅度增加，为原来的207%。萌发后芽苗中的蛋白质含量上升了57.77%，而脂肪含量下降了23.60%。亚麻籽萌发前亚麻籽中几乎检测不到维生素C，萌发后维生素C含量大幅提高，含量高达77.37mg/100 g。萌发后的芽苗中维生素E的含量较发芽前增加了88.51%。在发芽后矿物质元素的含量大大增加，其中钾增加了92.97%，镁增加了111.42%，钙增加了231.58%，锌增加了137.58%，铜增加了65.00%。经萌发后，氢氰酸的含量降低了8.95%。亚麻籽萌发后的芽苗中维生素C含量远远高于绿豆、黑豆、大豆等豆类种子，加之芽苗中蛋白质价值高的优势，有望成为豆芽类食品的替代品。

（三）亚麻籽油

亚麻籽油也被称为亚麻油或胡麻籽油，是从亚麻籽中制取的干性油，其中富含ω-3和ω-6不饱和脂肪酸功能性油脂，具有营养保健及药疗功效，是国际医药界研究的热点之一。亚麻籽油在食品工业中应用包括：营养食用油、新型保健食品和强化食品。亚麻籽油精炼后可与米糠油、玉米油、大豆油等植物油按人体需要脂肪酸模式调配成营养调和油。目前国内市场上主要的亚麻籽油产品有低温冷榨亚麻籽油、浓香亚麻籽油、孕妇专用亚麻籽油、学生专用冷榨亚麻籽油,以及微胶囊亚麻籽油、微胶囊口服液等不同剂型。亚麻籽油可调制各种普通食品的馅料,如亚麻籽粉肉馅、糕点馅、蛋糕馅、面包馅、饺子馅、包子馅、馄饨馅等,也可以广泛应用于餐饮业和家庭的凉拌菜中。

亚麻籽油可以减肥。在饮食中加入亚麻籽油或亚麻籽粉,会让您产生餐后舒适的饱腹感和满足感。这是因为在亚麻籽油中含有人体必需的脂肪酸,亚麻粉中含有木酚素和纤维,会减慢胃的排空。

维持血糖稳定。在食物中添加亚麻籽油与亚麻籽可产生释放糖进入小肠的生理效应,减缓血糖的提高,然后维持血糖的长期稳定。

可提高运动员的体力与耐力,缩短运动员从运动项目和剧烈运动中恢复的时间,提高氧气的吸收与利用,减少锻炼后肌肉的酸痛,提供可靠的能量来源而不增加体重。

素食者存在低血脂水平的 $\omega-3$ 脂肪酸危险,美国的饮食协会建议他们在饮食中多加些 ALA 的来源。而亚麻籽油中的 ADA 是 ALA 最丰富的来源,亚麻籽油中大量的 $\omega-3$ 脂肪酸有助于平衡人们饮食中过量的 $\omega-6$ 脂肪酸。医生建议一天摄入 $1\sim2$ 汤勺的亚麻籽油。

(四) 新型保健食品

用亚麻籽提取的亚麻籽油可做保健食品。采用胶囊技术制成富含亚麻酸的软胶囊、口服液等剂型,能补充人体营养,增强体质,提高对疾病的抵抗力。利用亚麻籽壳生产纤维素保健食品,能为肥胖者提供低热量纤维和可溶解纤维,降低胆固醇,减少脂肪堆积,有效预防便秘,恢复正常排便功能。目前,食用富含纤维素的食品在欧洲已形成一种时尚。通过微胶囊化技术,将亚麻籽制成一种半透明或者密封的微型胶囊薄膜,这一技术可以规避含有大量不饱和双键的油脂,因受到外界因素而腐败变质易氧化等缺点,为食品加工和储存过程中所处于的恶劣环境、消化过程中出现的有针对性的释放,提供抗不饱和脂肪酸氧化保护的作用。

五、饲用

(一) 亚麻籽及亚麻籽油

随着 $\omega-3$ 多不饱和脂肪酸 ($\omega-3$ PUFA) 产品逐渐被广大消费者接受和认可,$\omega-3$ PUFA 畜禽产品的开发也一直是国内外科研工作者们研究的重要课题。近年来,用富含 ALA 的亚麻籽作为饲料原料生产 $\omega-3$ PUFA 禽产品的研究越来越多,也取得了很大的进展。在禽类生产应用中的研究发现,添加亚麻籽油能够提高家禽生产性能以及提高产品品质。李欢研究发现,蛋鸡日粮添加 1.5% 和 3% 的亚麻籽能够显著改善蛋鸡的产蛋性能,增强鸡蛋中 $\omega-3$ 系列不饱和脂肪酸 ($\omega-3$ PUFA) 和二十二

碳六烯酸（DHA）的含量。刘利晓等通过在肉鸡饲粮中添加亚麻油发现，鸡肉中
ω-3 PUFA 含量增加，导致 ω-6/ω-3 比值降低，从而能够生产出对人类健康有益
的功能性鸡肉产品。同样，亚麻油在反刍动物生产活动中的应用研究发现，也能增
加产品中 PUFA 含量，进而提高产品品质。李秋凤等在肉牛日粮中添加亚麻籽的研
究中发现，添加亚麻籽可以改善胴体品质，显著增加 PUFA 含量，使肉牛肌肉的脂
肪酸组成更趋于人类健康。代小等研究发现亚麻籽及亚麻籽油可明显改善母羊乳汁
中 ω-3 PUFA 营养特性，其中炒亚麻籽的效果为最佳。皮宇等在奶牛日粮中添加
4%橡胶籽油和4%亚麻籽油，结果发现，能够提高奶牛的泌乳性能，并增加乳脂中
CLA、ALA 含量，改善乳脂品质。武雅楠研究发现，羔羊日粮中添加 5%~10%亚麻
籽能够提高生长性能，并且增加了羊肉中 PUFA 的含量，特别是 CLA 含量，从而起
到改善羊肉品质的作用。褚海义等发现，日粮添加亚麻籽能够增加肉羊肌肉和脂肪
组织中 CLA 的含量。

（二）亚麻籽粕

亚麻籽榨油后剩余的副产物即为亚麻籽粕，亚麻籽粕是亚麻籽经过除杂、预处
理、脱皮、翻炒（75~80 ℃，60 min）、压榨、溶剂浸提（50~60 ℃，90 min）、脱
溶/烘干、干燥/冷却获得。翻炒温度 75~80 ℃可减少亚麻籽中的抗营养因子（抗
VB6 因子和生氰糖苷）。亚麻籽粕的重量占亚麻籽的60%左右，其主要成分由膳食
纤维、蛋白质、木酚素、亚麻籽胶、亚麻籽油及环肽组成，亚麻籽粕中的蛋白高达
30%以上，可作为畜禽蛋白质饲料，具有体积大、粗纤维含量高、口感性能比较差
等特点。目前对于亚麻籽粕的应用，基本以全粕为原料进行开发利用。现阶段亚麻
籽粕的利用仍处于粗放型初级阶段，经过榨油后的亚麻籽粕低值化处理，一般当作
肥料或者废弃物直接丢掉，造成亚麻籽粕资源的极大浪费。亚麻籽榨出油后，残留
物可压制成亚麻饼，亚麻籽饼是只经过压榨不经浸提，亚麻籽饼仍含 3%~6%的亚
麻油，因为蛋白质含量高，亚麻籽饼被认为是一种极好的牲畜饲料，将亚麻籽饼磨
碎成粉可方便地进行饲养。

亚麻籽除了含有丰富的油和蛋白，还含有很多抗营养因子，主要有生氰糖苷、
维生素 B₆ 拮抗物、亚麻籽胶、胰蛋白酶抑制剂、植酸等，这些抗营养因子的存在
直接限制了亚麻籽在畜禽饲料中的应用效果和使用量。其中生氰糖苷是使亚麻籽的
应用受到限制的最主要原因，生氰糖苷在机体中酶的作用下会分解释放出氢氰酸，
氢氰酸有毒，过量会导致动物中毒乃至死亡。亚麻籽胶主要存在于亚麻籽表皮带有
黏液的细胞中，由中性多糖和酸性多糖组成，具有持水性、黏性等多种特性。亚麻
籽胶存在黏性，被包裹的蛋白难以被单胃动物有效利用，研究表明亚麻籽胶是亚麻
籽中蛋白质利用率低的主要原因；另外亚麻籽胶碰到水会变得很黏，能被反刍动物
瘤胃微生物消化利用，却很难被单胃动物很好地分解利用，鸡饲喂过量的亚麻籽，
会导致鸡消化不良、食欲下降。维生素 B₆ 拮抗物的存在会破坏机体内维生素 B₆ 的
作用，亚麻籽等作为原料时在饲料中添加一定的维生素 B₆ 是很有意义的。植酸会

和其中的蛋白等物质结合，降低了对蛋白质和矿物元素的利用。胰蛋白酶抑制剂会降低机体内胰蛋白酶的活性，降低了蛋白质的消化吸收，胰蛋白酶抑制剂对机体的影响相对较小。亚麻籽在应用过程中，工业上人们多会通过饲料加工，如加热、研磨、制粒、粉碎、挤压膨化和微波烘焙，或添加酶制剂等方法来尽可能消除抗营养物质对动物带来的不良影响。

第三节 提取物

近年来，人们致力于提高亚麻作物的综合利用率，充分开发利用的潜力和空间，使其用途向人类生活的各个方面渗透。目前，亚麻的用途已不仅仅停留在食品领域，而广泛延伸至饲料、医药及工业（如环保建材）等多个领域。

一、药用

公元 11 世纪苏颂《图经草本》（1061 年）记载，亚麻仁有养血祛风、益肝补肾的功效，用来治疗病后虚弱、眩晕、便秘等症。又据《滇南本草》所载，亚麻根"大补元气，乌须黑发"，茎"治头风痛"，叶"治病邪入窍、口不能言"。公元 1578 年，李时珍在《本草纲目》中记载了亚麻籽具有生肌长肉止痛，消痈肿，治眩晕、便秘、补皮裂，解热毒、食毒、虫毒，杀诸虫蝼蚁等药用价值。1981 年，内蒙古药品检验所在蒙药材品种整理初报中报道了亚麻籽也是蒙药材，蒙古名为"玛令古"，预防高血压、高血脂、高血糖、冠心病、动脉硬化、肿瘤、眩晕等慢性病。

（一）木酚素

亚麻籽中木酚素含量在亚麻籽中占为 1%~4%，是其他含木酚素食品的 75~800 倍。亚麻籽木酚素主要成分为开环异落叶松树脂酚二葡萄糖苷，其结构与雌激素相似，在哺乳动物肠道菌群的作用下，可分解成肠二醇和肠内酯，被机体所吸收。研究发现亚麻木酚素具有抗氧化、抗肿瘤、降低血清胆固醇、保护心血管等作用，被认为是一种良好的天然抗氧化剂。

1. 抗肿瘤作用

木酚素能通过与雌激素受体的竞争性结合，影响类甾醇性激素的新陈代谢，从而抑制雌激素引起的肿瘤生长。木酚素不仅对内原性激素的新陈代谢起作用，而且还能影响细胞内的酶、蛋白质的合成以及细胞的增生和分化。木酚素具有较强的抗氧化特性，能有效遏制促使癌生成的有害化学物质，是较强的抑癌素。

Thompson 等于 1996 年首次证明，亚麻籽木酚素可以在肿瘤发生的早期起始阶段发挥明显的抑制效应；幼年大鼠在哺乳期接触亚麻籽木酚素可以明显抑制成年后乳腺癌的发生和生长；Rickard 等证明，亚麻籽木酚素能够降低与乳腺癌有关的性激素，减少患乳腺癌的危险，同时能够延迟化学诱导乳腺癌发生的进程。血浆中胰岛素类生长因子 I（IGF-I）升高会提高乳腺癌发生风险，而木酚素处理能够显著降低血浆中 IGF-I 水平。

亚麻籽内的木酚素能促进肠内脂和肠二醇的产生，前列腺液中高水平的肠二醇能够降低前列腺癌的发病率，预防前列腺癌的发生。木酚素的肠内酯对 5α 还原酶同工酶 I 和 II 均有抑制作用，这导致睾酮向 5α 二氢睾酮转化的减少，会降低前列腺癌细胞间雌激素作用，减缓前列腺癌细胞的生长。Jenab 等研究表明，用亚麻籽或亚麻籽食物（2.5%或5%）或木酚素 1.5 mg/d 喂老鼠，可以预防结肠癌。现已证明木酚素能抑制促进初级胆酸形成的酶（胆固醇-7α-水解酶）的活性，从而影响胆酸以及胆固醇的新陈代谢，达到预防结肠癌的效果。此外，动物模型研究还显示，木酚素对黑素瘤和胃肠肿瘤的防治都是有益的。木酚素可明显降低黑素瘤细胞的肺转移并抑制转移细胞的生长。

2. 降脂作用

研究表明，高血脂症的发生和进展与氧化应激和脂质过氧化有关。过多的氧化剂堆积在血管壁可使低密度脂蛋白（LDL）发生氧化。亚麻籽木酚素作为良好的天然抗氧化剂具有一定的抗氧化能力。王荣等研究亚麻籽木酚素对实验性高血脂症大鼠的降脂作用和抗氧化应激作用，结果发现亚麻籽木酚素对高血脂症大鼠具有降血脂作用，其作用机理可能与降低抗氧化应激和减轻肝细胞脂肪变性有关。

3. 骨质疏松症的治疗作用

亚麻木酚素（SDG）在治疗中老年女性骨质疏松症的应用中，可以有效提升患者体内骨量（BMD）和血清钙含量，改变骨组织对甲状腺旁腺激素的敏感性，重新催生新的骨基质，对骨质流失有明显的疗效。

目前，以加拿大、澳大利亚、英国和美国为主的西方发达国家，对亚麻籽药用功效的研究和开发做了大量的工作，符合疗效性要求的高纯度、标准化木酚素提取物的产品上市，研制开发药用价值较高的亚麻木酚素保健品和药用功能性产品，亚麻籽的经济附加值可大大提高，并产生巨大的经济和社会效益。

（二）α-亚麻酸

α-亚麻酸（α-linolenic acid，ALA）具有预防心脑血管疾病、降低血脂、抑制癌症发生与转移、抗衰老、增强智力等功效。目前，欧美大部分国家以及日本等国已经立法，将 α-亚麻酸作为药物和食品添加剂用来预防和治疗心血管疾病、癌症、老年痴呆症、视力下降等病症。α-亚麻酸与人体的生长、发育也紧密相关，其在人体内经过脱氢酶及碳链延长酶的催化，转化成 EPA 和 DHA 发挥其功能。

多囊卵巢综合征（Polycystic ovary syndrome，PCOS）是女性常见的与生殖和代谢紊乱有关的内分泌疾病，患者常常伴随高雄激素血症、血脂异常、胰岛素抵抗和氧化应激。汪婷等研究表明，富含 ALA 的亚麻籽油能够改善多囊卵巢综合征（P-COS）大鼠胰岛素抵抗和氧化应激水平。吴美丽等发现 ALA 可明显改善戊酸雌二醇诱导的多囊卵巢综合征大鼠的卵巢组织形态，增加成熟卵泡及黄体数量，调节血清中性激素含量，降低卵巢组织中 CYP11A1 mRNA 表达。动物实验研究表明，富含

ALA 的亚麻籽油还能够有效改善糖尿病、肾病（Diabetic nephropathy，DN）和代谢综合征大鼠的炎症和氧化应激水平。

α-亚麻酸是短链的脂肪酸，与其他药物聚合在一起，可以增强药物的吸收性、疗效性甚至靶向性，降低药物的毒副作用。Xiao Y 等发现 α-亚麻酸与低分子量软骨素硫酸盐聚合后，其聚合物 α-LNA-LMCS 比传统的硫酸软骨素（CS）吸收性更好；Liang C H 等研究表明 α-亚麻酸与阿霉素合成的 DOX-hyd-LNA，不仅比阿霉素对肿瘤的治疗效果更好，且具有靶向性。植物甾醇具有降血脂、降胆固醇、预防心血管疾病等生理功能，但脂溶性弱，与 α-亚麻酸一起合成 α-亚麻酸甾醇酯，能有效增强其功效，且拓宽其在脂溶性医药品中的应用。

（三）亚麻籽胶

亚麻籽胶，别称富兰克胶，主要在亚麻种子皮上存在，由 8%多糖物质及 9%蛋白质组成，占种子质量的 8%~12%。在美国和日本，亚麻籽胶被列入《美国药典》和《食品化学品药典》中，作为一种药物原料出现。在亚麻籽胶中多糖类物质主要由酸性多糖和中性多糖组成，以酸性多糖为主，酸性多糖由鼠李糖、半乳糖、岩藻糖和半乳糖醛酸组成，其物质量的比为 4.8：3.1：1.0：3.0，中性多糖主要由木糖、葡萄糖、阿拉伯糖和半乳糖组成，其物质量的比为 6.0：3.2：2.8：1.0。亚麻籽胶具有护肤、美容、保健的功效。亚麻籽胶在降低糖尿病和冠状动脉心脏病的发病率、防治结肠癌和直肠癌、减少肥胖症的发生等方面均能起到一定的作用。另外，人们还根据亚麻籽胶具有润滑、使药物加速崩解和缓释作用的特点制成了软膏、轻泻药水等药物，在医药方面有着广泛的应用。

（四）亚麻蛋白

1. 亚麻籽环肽

亚麻籽环肽是存在于亚麻籽及亚麻籽油中的特色脂质伴随物（目前尚未在其他高等植物中发现），广泛存在于亚麻籽和根茎中，其环状结构不存在游离氨基，相比于线性环肽具有一定的稳定性，有着独特的抗炎活性和潜在的药用价值，是未来的高附加值产品。研究表明亚麻籽环肽 A 没有可被氧化的蛋氨酸，相比其他亚麻籽环肽，含量高且化学性质相对稳定，已有研究报道其具有保护肝脏及抑制 T 淋巴细胞增殖等药理作用。亚麻籽环肽 A、B 可选择性螯合油脂中的金属离子，如 Ni^{2+}、Zn^{2+}、Mg^{2+} 等，且环肽 B 与 Ba^{2+} 络合能力最强。亚麻籽环肽 A、B、C、E 均具有免疫调节活性，且亚麻籽环肽 B 的免疫抑制活性最强，同时亚麻籽环肽 B 具有抗肿瘤功效，且美国的国家肿瘤研究院已将亚麻籽列为 6 种植物抗癌药物来源之一。环肽 B、D、F 具有促使人体肺上皮细胞死亡的功能，是潜在的药物先导化合物。环肽 F、G 具有抑制骨质疏松功效。亚麻籽粕中的环肽比亚麻籽粕中优质蛋白质更具有易吸收、抗氧化、降血糖、抗菌的效果。环肽在治疗上具有一定的药物特性，可作为激素、抗菌素、毒素、抗病毒药物等，具有胰岛素及环孢菌素 A 的生理活性的环肽已成功应用于试验临床上。

2. 亚麻胰蛋白酶抑制剂 LUTI（*Linum usitatissimum* trypsin inhibitor）

在亚麻种子中分离出一种具有 α-葡萄糖苷酶抑制活性的蛋白质，被鉴定为胰蛋白酶抑制剂。经抑制酶活性测定分析，LUTI 对 α-葡萄糖苷酶的半抑制浓度（IC_{50}）为 113.92 μmol/L，对胰蛋白酶的 IC_{50} 为 6.17 μmol/L。Lineweaver-Burk 动力学实验表明，该蛋白质表现出两种不同的抑制模式，即 α-葡萄糖苷酶的竞争性抑制剂类型和胰蛋白酶的非竞争性抑制剂类型。并通过凝胶过滤色谱和动态光散射（DLS）检测 LUTI 和 α-葡萄糖苷酶之间的相互作用。用 LUTI 处理 Caco-2 和 HepG2 细胞后也观察到 LUTI 促进细胞中乳酸的生成以及葡萄糖的消耗。LUTI 不仅抑制胰蛋白酶的活性而且抑制 α-葡萄糖苷酶的活性。因此，LUTI 有望成为潜在的 T2DM 的口服降血糖多肽药物。

二、工业用途

（一）亚麻籽胶

将亚麻籽经过浸泡等加工工艺可以提取得到纯天然、无污染、多功用、高营养的亚麻籽胶，亚麻籽胶是国家绿色食品发展中心认定的绿色食品专用添加剂。亚麻籽胶是一种亲水胶体，作为乳化剂、增稠剂及稳定剂广泛应用于食品、化妆品和医药工业中。孙晓东等研究发现亚麻籽胶添加到面粉中，面团的筋力提高，而且面制品口感筋道、爽滑、不糊汤。亚麻籽胶还具有"弱凝胶"的性质，可替代食品和其他领域中的非凝胶类胶体。例如，亚麻籽胶可以替代果胶、阿拉伯胶等，较好地改善冰淇淋浆料的黏度，使冰淇淋口感细腻，还能避免粗大冰晶的生成。亚麻籽胶与其他水溶性胶以一定比例复配应用于果冻制作，使果冻的凝胶强度、弹性、持水性都有很大的改善。亚麻籽胶可添加到肉制品中，能减少蒸煮过程中脂肪和肉类风味的损失，提高肉蛋白、肌原纤维蛋白和盐溶肉蛋白的热稳定性，增强盐溶肉蛋白的凝胶强度，在肉制品加工后期加入亚麻籽胶，能够增强肉制品弹性，增强复水性，消除淀粉感，增加咀嚼感，适用于肉制品的加工，目前应用于午餐肉的制作中。

近几年，巴基斯坦有研究报道亚麻籽胶可作为一种可生物降解且无毒的绿色还原剂合成银纳米颗粒（AgNPs），可作为抗菌材料应用于生物医学方面。墨西哥学者利用亚麻籽胶和壳聚糖研制出一种复合薄膜，这种薄膜能够减少包装材料在合成过程中引起的环境问题。

（二）涂料

亚麻的另一主要用途是用于涂料和涂料中的稀释剂。水性涂料的最大特点是以水代替有机溶剂，与传统溶剂型涂料相比，不仅具有成本低、施工方便、不污染环境等特点，而且从根本上消除了溶剂型涂料在生产和施工过程中因溶剂挥发而产生的火灾隐患，也减少了有机溶剂对人体的危害。亚麻籽油是一种干燥油，经过氧化形成一种天然的类似塑料的薄膜。亚麻籽油的反应性可以通过加入金属催化剂来促进氧化，并通过暴露在空气中对亚麻籽油的部分预氧化来提高。李运涛等以亚麻籽油、三羟甲基丙烷、季戊四醇、邻苯二甲酸、间苯二甲酸、偏苯三酸酐为原料制备水溶性醇酸树脂，亚麻油固含量为 50%，黏度为 210 mPa·s，提高了树脂的耐水性、耐油性、贮存稳定性。用亚麻籽油制备的水溶性醇酸漆，其漆膜的耐水性、耐盐雾性、耐油性均符合国家标准要求，不起泡、不脱落、耐干性优良、贮存稳定性好。王洪宇等以亚麻籽油（LO）为分散介质，由蓖麻油（CO）和甲苯二异氰酸酯（TDI）反应制备了端部为–NCO 的聚氨酯/环烷酸钴催干的亚麻油（PU/LO）复合涂料，降低了对环境的污染。亚麻籽油也可作为涂料的稀释剂，Dilulin 是嘉吉公司生产的一种新的基于亚麻籽油的反应性稀释剂，它不仅将挥发性有机化合物（VOC）水平降低到 VOC 规定所要求的程度，同时为许多应用提供所需的薄膜性能。

（三）化妆品

由于亚麻木酚素具有很强的抗氧化特性，现在被广泛应用于化妆品中，作为化妆品中的媒介物或抗老化活性剂在防止或治疗肌肤老化、减少皱纹的形成、使肌肤富有弹性和保持肌肤润泽等方面具有重要应用。α-亚麻酸是短链的多不饱和脂肪酸，与细胞膜有很强的亲合力，能深入渗透皮肤内部，补充皮肤营养，同时它具有很强的修复皮肤损伤、抗过敏、保湿等功效。国外市场上已出现亚麻籽面霜、精华素、洗发水、精华液和发膜等以亚麻籽油为原料的护肤、护发产品。

第六章　黄麻和红麻

黄麻和红麻是世界上最重要的两种长纤维作物，因其纤维特性及用途较为类似，传统上往往放在一起讨论。其具有耐旱、耐盐碱、速生、耐贫瘠、纤维产量高等特征，其纤维质地介于剑麻和苎麻之间，具有吸湿性强、透气性好、抗静电、抑菌、易降解等优良功能，素有"黄金纤维""软质纤维"之称。黄麻和红麻具有极强的二氧化碳同化能力，成为发展低碳经济，保护生态环境的优势作物，倍受发展中国家的青睐。随着科学的进步与发展，黄麻和红麻多用途研究与实践方兴未艾，其秸秆、种子、嫩梢和副产物还被广泛应用于麻炭、麻塑、造纸、板材、医药、食用、饲用、油用、能源、环保等领域。不断强化对其生物质的农业高值化利用，是保障黄/红麻农业产业可持续发展的重要支撑。

第一节　嫩梢

黄麻和红麻均为一年生草本植物，其嫩梢的生物量较大，且富含粗纤维、蛋白质、矿物质等营养成分，作为饲用可在种植过程中可多次采收，是动物饲料的优质饲料资源。

一、饲用价值

目前世界上有两种黄麻主要栽培种，分别为圆果种黄麻和长果种黄麻。其中长果种黄麻在阿拉伯地区被当作传统的食用蔬菜，并有广泛的栽培面积，冠有埃及帝王菜、莫洛海芽、Jews-mallow 之称。

自 2002 年开始，为解决福建春夏蔬菜淡季的缺口，福建农林大学麻类遗传育种与综合利用研究室集中力量开展菜用黄麻新品种的选育，育成福农系列长果种菜用黄麻新品种。并于 2018 年，选用 6 份长果种黄麻材料（'福农 4 号''福农 6 号''宽叶长果''17F-9-繁红''17F-9-绿''17F-13-绿高繁'），对其饲用价值进行了研究。结果表明，6 个不同品种的长果种黄麻的粗纤维含量（CF）、粗蛋白含量（CP）、粗脂肪含量（EE）、干物质含量（DM）、灰分含量（Ash）、酸性洗涤纤维（ADF）、中性洗涤纤维（NDF）的平均值分别为：27.74%、14.63%、2.90%、16.19%、14.34%、40.71%和 51.34%；相对饲用价值（RFV）、有机物质消化率

（OMD）、可消化干物质（DDM）和干物质采食量（DMI）平均值分别为：103.75%、60.275%、57.18%和2.33%。根据相关性分析结果，CP与RFV显著正相关，EE与RFV显著负相关，而CF、Ash、DM与RFV不具显著相关性。此外，采收时间对黄麻的粗蛋白质、粗灰分、粗纤维、中性洗涤纤维、酸性洗涤纤维、干物质采食量、可消化干物质、相对饲用价值和有机物质消化率没有显著影响，但不同采收时间组的干物质量和粗脂肪含量存在显著性差异。通过研究发现，长果种黄麻是优质的饲料资源。

我国长期以来就有用红麻鲜叶饲养猪牛的习惯，一亩红麻可产鲜茎叶5~6 t，可满足数头猪的青饲料需要。红麻新鲜枝叶饲喂肥羊具有很好的适口性，有较高的育肥增重效应和经济效益。红麻叶有较高的蛋白质含量，经过青贮的红麻叶具有很高的饲用价值，适口性很好，并且高含量的DCP（磷酸氢钙）使青贮后的红麻叶更加适宜于饲喂产奶母牛。红麻干物质中粗蛋白含量为18%~23%，叶蛋白的氨基酸种类较齐全且多种氨基酸的含量大于大豆饼粕，可作蛋白饲料添加剂，红麻枝叶有较低的C/N值，属于高N型饲草，且其Ca/P值适合饲养家畜。国家现代农业麻类产业技术体系红麻"637"工程的初步研究为饲用红麻的发展奠定了基础，该工程要求每亩红麻产300 kg嫩梢，而叶柄嫩梢粗蛋白含量最高，约为13.66%，这表明红麻同时满足多种用途是可行的。

二、黄麻、红麻饲料制备与应用

（一）黄麻

福建农林大学进行了菜用黄麻嫩茎叶粉在纯种杜洛克猪中的适宜添加量的初步研究，考察了菜用黄麻茎叶粉替代部分杜洛克猪全价日粮对其生长性能及经济效益的影响。结果发现：在生长阶段，5%、10%的替代水平使得生长猪的平均日增重显著增加，料肉比下降；对平均日采食量的影响不显著（表6-1）。菜用黄麻茎叶粉替代部分日粮均降低了饲料成本。在生长阶段，所有处理组每1 kg增重饲料成本均低于对照组，最低的是10%替代组。菜用黄麻茎叶粉对杜洛克猪生长阶段全价日粮的适宜替代水平为5%、10%。

表6-1　菜用黄麻粉替代部分全价日粮对杜洛克生长猪（20~60 kg）生长性能的影响

组别	观察值	日采食量/g	日增重/g	料重比
对照组	11	1388.3±59.1	409.3±38.4ab	3.41b
5%替代组	10	1418.2±77.9	451.9±40.2a	3.15b
10%替代组	9	1418.3±53.8	435.0±43.6a	3.07b
20%替代组	10	1354.9±68.3	348.3±47.4b	3.93a

（二）红麻

中国农业科学院麻类作物研究所进行了红麻青贮饲料的研究，发现添加蔗糖或者甲酸能够显著提高粗蛋白含量（$P<0.05$）和可溶性碳水化合物含量（$P<0.05$），降低红麻青贮饲料的 pH 值，试验组 pH 值均小于 4.0，乳酸含量显著增加（$P<0.05$），氨态氮含量显著降低（$P<0.05$），试验组均没有检测到丁酸含量，青贮发酵品质良好。添加蔗糖或者甲酸能够改善红麻青贮饲料的常规营养品质和发酵品质，提高红麻青贮饲料品质；添加 20 g/kg 的蔗糖得到的红麻青贮饲料的品质优于其他试验组，添加 9 mL/kg 的甲酸得到的红麻青贮饲料的品质优于其他试验组。

红麻嫩茎叶粗蛋白质含量高（20%左右），利用红麻笨麻 1/2 处茎上部分或收获麻时 1.2 m 嫩梢部和机械剥皮时分离的叶片，轻微晾晒失去 30%水分后，分别与 1%~3%干稻草、干玉米秸秆混合打碎，加入 0.5 kg/包（40~60 kg）白糖打包青贮，30~40 d 后食用，可提供新的动物蛋白质饲料。经过处理、发酵后，青贮饲料呈现酸性稍带香味，经过粉碎后喂养肉牛，肉牛进食后消化良好。

第二节 麻骨

一、麻骨的物理化学特性

黄/红麻骨是韧皮纤维剥离后的剩余茎段，是黄/红麻生产的副产品。通常情况下，农民在收获了麻纤维后将麻骨遗弃或焚烧，这不仅造成了环境负担，也造成了一定的资源浪费。因此，开展黄/红麻麻骨的综合利用研究与实践具有重要的现实意义。

黄麻茎秆体积大约占黄麻整体的 70%~80%，其颜色呈淡黄色，外表和杨木材很相似，但质很轻。它的组分绝大部分为木质素，含有少量的纤维素、半纤维素、苯醇抽提物以及其他灰分。范晓燕（2011）研究表明，同一株黄麻其秆部各组分的含量随生长期的不同变化很大。如黄麻秆中上部各组分含量为：纤维素 26.88%、半纤维素 31.81%、木质素 28.81%、苯醇抽提物 2%、灰分 5.03%；黄麻秆根部各组分含量为：纤维素 20.07%、半纤维素 12.01%、木质素 55.20%、苯醇抽提物 2.32%、灰分 5.01%。此外，黄麻骨的纤维素含量只有其韧皮部的约 1/3，而木质素的含量很大，尤其是成熟程度高的黄麻其秆部木质素含量达到 55%以上。

红麻骨中纤维素含量占 9.07%，木质素含量占 56.6%，二者总量约占麻骨的 66%，与汉麻骨的 69%相近。刘忠辉（2010）对红麻的宏观、微观结构和物理性质进行观察测定，结果表明，红麻秆的管孔排列与阔叶树散孔材相近，射线细胞等薄壁细胞较多，纤维细胞壁较薄。分析红麻秆高度对物理性能的影响，结果表明，密度从基部到梢部逐渐增大；含水率从基部到梢部逐渐减小；气干、全干干缩率的大小为弦向>径向>纵向，中部差异干缩最大，径向气干湿胀率最大，弦向全湿胀率最大，纵向干缩率和湿胀率均为负数，纵向没有参与干缩湿胀。在浸泡前期（<50 h），吸水性的大小为中部>基部>梢部，50 h后，吸水性的大小为基部>中部>梢部。

由于木质素和纤维素在高温下极易碳化，因此黄/红麻骨经高温炭化后可制作成优良的麻骨炭，应用于黑火药、发射火药、引信等领域。同时由于黄/红麻骨自身的微孔结构，因此麻骨炭亦可制作活性炭应用于食品防腐、有毒物质吸附、医疗卫生等领域。同时，鉴于木质素在植物体中所起的增强及支撑作用，且由于黄麻、红麻骨中木质素含量相对较高，因此黄麻、红麻骨亦可作为轻质板材的优良原料，应用于建筑、装饰、运输等领域。

二、麻骨产品制备与应用

（一）麻塑复合材料及红麻人造纤维板

黄/红麻因其生物产量巨大，二氧化碳吸收能力强等特点，是发展低碳经济、保护生态环境的优势作物。黄/红麻副产品的多用途利用是麻类补短板、拓品种、延链条、促发展、破瓶颈的关键。

国外对麻塑复合材料及制品的研发工作启动较早，主要有德国、法国、马来西亚、美国、荷兰和意大利等。德国的BASF公司采用黄麻、剑麻和亚麻纤维为增强材料与聚丙烯热塑性塑料复合，制备出麻纤维增强热塑性塑料毡复合材料（NMTS），它比玻璃纤维增强热塑性塑料轻17%，而且不损失其翘曲性，加工方法简单，生产成本较低。法国国家科学研究中心研究了一种以大麻和聚氨酯为原料的新型高强度复合材料，这种材料除了具有金属和玻璃的优点外，其价格更便宜，重量更轻，韧性更强，而且可以生物降解。目前该中心正在对该种材料进行强度及其他特性的测试，用作生产汽车车门。马来西亚对红麻纤维强化塑料合成材料（FRPC）的工业应用研发表明，红麻FRPC与以前开发的橡树、竹子、油棕壳和油棕叶纤维FRPC相比，具有更优越的性能，是高强度的极具潜力的材料。

王晓敏等（2004）利用麻秆制浆废液和废弃麻芯代替部分脲醛胶及刨花进行了压制刨花板的研究，将改性的麻秆废液与自制脲醛树脂按一定比例调配作为刨花板黏合剂，其较佳的压板工艺条件为：用胶量10%、热压温度145℃、热压时间为25 min、麻芯与刨花用量比为3∶7（质量比）、热压压力为2 MPa，模压板性能良好，将麻芯与刨花的混合料压制成具有一定强度、适当密度值的板材，该板材可作为包装材料制造包装箱、托盘等。

南京林业大学和日本京都大学共同开发了将红麻韧皮纤维经多层叠加加工成红麻板材的技术。该红麻板材具有轻、薄、透气性好、强度大等优点。其强度是目前用于木结构墙壁的强化材料的3.2倍、抗震强度的2倍。同时搬运、加工容易，具有广阔的发展前景。

福建农林大学（2006）研究了利用红麻作为原料研制轻质阻燃板的生产技术，开发出麻塑复合人造板的生产工艺技术，理想的工艺参数为：麻塑配比4∶6；偶联剂用量 0.15%；热压压力 4.0 MPa；热压温度 175 ℃。产品的力学性能指标如下：密度 0.65~0.85 g/cm³；含水率 0.20%~0.45%；静曲强度 19.50~21.50 MPa；握钉力 1 650~1 950 N；内结合强度 0.45~0.85 MPa；吸水厚度膨胀率≤1%。得到了阻燃性能好、阻燃效果显著、达相关标准要求的红麻轻质阻燃人造板，这一技术可广泛应用于家具用板材、木质住宅和高层建筑特殊建材等相关产业和领域。

2000 年以后，福建农林大学麻类综合利用研究中心还与上海众伟生物材料科技公司、上海世崛资产管理有限公司协作，中心负责提供良种和种植技术，利用江苏盐碱地种植红麻，开发红麻秸秆制作生产无甲醛绿标聚丙烯热塑性复合板材。关于麻塑复合材料的研制，我国起步较晚，主要在一些高校服务企业研究开发制备不同纤维的复合材料。已开发成功麻纤维与塑料墙纸结合的生产工艺，研制出麻塑复合墙纸，具有古朴、自然、美观、高档的艺术效果。近年，国内江苏苏州筑麻一生新材料科技有限公司与福建农林大学协作，在江苏东台及新疆利用盐碱地大面积试种和推广福建农林大学的超高产红麻新品种，生产出的绿色麻纤维装饰板用于宾馆、居家、会堂墙壁的装饰，并用麻纤维与椰棕复合材料生产吸湿、透气、抗菌、抑菌麻床垫，被列入联合国规定的采购目录，受到一致的赞誉和好评，广受饭店、宾馆、文楼装修装饰用户的青睐。

（二）麻骨制备活性炭

黄麻和红麻的麻骨经无氧高温炭化后，具有净化水质、净化空气、防腐、释放天然矿物质、产生负离子、释放远红外线、促进血液循环、阻隔电磁波、调节湿度、驱除白蚁等功能。麻炭有细密的微孔结构，1 g 的麻炭其空气接触表面可达 200~300 m²。因此，可制成食品防腐剂，冰箱、小汽车异味吸附剂、空气中有毒物的吸附剂，活性炭等，在日常生活制品中有广阔的应用前景。经日本工研院研究，麻炭可有效分解对人体有害的多种物质。制成的纳米材料与棉花混纺，制成系列纺织品，具有除湿、防腐、抗氧化、供给天然矿物质特性，而麻炭中的远红外线有消除疲劳，促进血液循环，改善失眠、头痛、肌肉疼痛，阻隔电磁波等效用。麻炭广泛应用于日常生活制品中，是健康、养生和环保的友好材料。

福建农林大学（2012）以红麻秆芯为原料，首次采用低浓度和用量少的高锰酸钾、草酸钾两种化学活化剂，制备出吸附性能优良的红麻芯活性炭，均可作为活性炭制备的优良化学活化剂，为红麻秆芯的高附加值利用、新型活性炭的探索及功能活性炭的制备提供理论基础。由于红麻秆芯有极细的微腔结构，具有很强的吸收性能，因此可用作吸附剂。市场上可见几种成功应用的红麻秆芯产品，包括有毒废物清洁剂，其可清除水中油剂污染及土壤中化学污染等。此外，还可用作家畜和宠物的垫褥、下水道污泥堆肥处理的填充剂等。

以红麻秆芯为原料制备的吸附材料具有以下优点：可完全生物降解，没有二次污染；具有疏水亲油性，吸油速度快，吸油量可达自重 10 倍以上；持油性能好，吸油后不易外溢；可长时间浮于水面，不下沉、不松散；性价比高、使用费用较低，且可重复利用。虽然以红麻秆芯为原料的吸附材料存在吸油同时吸水的缺点，但经炭化处理减少其亲水基团后可解决这一问题。

总而言之，以红麻秆芯为原料制备的环境友好型吸附材料，克服了传统吸油材料的缺点，具有吸油种类多、吸水量小、密度小、回收方便、受压不漏油等优点，在环保方面有广阔的发展前景，在清除油类污染、改善人类生存环境方面有重要意义，因此开发此类产品具有可观的社会和经济效益。目前，美国正在开发麻秆芯活性炭与水混合打入石油矿井的技术，应用贫油的石油开采，以增加石油的开采量。

（三）麻骨碳化物载醇固体燃料及其利用

福建农林大学利用黄麻和红麻麻骨，开发出炭化物载醇固体燃料及其制备方法。该固体燃料包括麻骨炭化物、工业酒精、凝胶剂，其制备流程包括：①先将麻骨干燥、切段后，于 $250 \sim 300$ ℃下炭化 $1 \sim 4$ h，得到麻骨炭化物；②然后将 100 g 的工业酒精与 $1 \sim 5$ g 的胶凝剂混合，得到含胶凝剂的酒精溶液；③再用麻骨炭化物吸载含有胶凝剂的酒精溶液，得到麻骨炭化物载醇固体燃料。

该技术充分利用麻骨的特殊管孔构造和对醇燃料的卓越吸储性能，使麻骨固体载醇燃料兼具炭和醇的复合燃烧特性，具有胶凝剂用量少、燃烧过程火焰稳定、不崩塌流淌、无黑烟、无异味，燃烧时间长、残渣少，燃烧时长是单纯同量固体乙醇的 4 倍以上，保温效果好等显著优点。在旅游业、餐饮业、野外作业有广泛的应用前景。此外，近年来，河南主产麻区还将红麻麻骨窑烧制成麻炭，经粉碎后用于烟花鞭炮的填充原料之一，每吨麻炭售价最高曾达 1 万 ~ 2 万元。

（四）麻骨制备缓冲包装材料

福建农林大学以麻骨为基础原料，应用项目研发技术，可制备密度为 $0.132 \sim 0.225$ g/cm³、不同抗压强度、不同缓冲性能的缓冲包装板材，产品抗压强度和强应力条件下的缓冲特性符合密度较大商品包装要求。与纸浆模塑制品、蜂窝纸板、植物纤维发泡包装制品、植物纤维膨化包装材料、玉米秸秆缓冲材料、蔗渣包装制品等包装材料相比，具有以下突出特点：①具有高度压缩和复原性的黏弹性材料，有良好的缓冲性能，并具有优良的抗蠕变特性。②能满足较重商品包装的要求，原料来源广、价格低廉，原料直接利用，无须制浆，生产工艺简单，设备投资低，使用经济效益好。③有优良的可生物降解性，可完全回收再生利用，对环境友好，应用其作为包装材料，能满足商品出口包装的要求。④利用复合结构设计，能方便地按照不同应用领域的不同使用要求，组织生产不同包装性能的产品。

三、麻基质

黄麻和红麻秆作为纤维作物的副产物之一，具有疏松、透气性好等特性，因此，粉碎后与其他材料按比例混合作为基质，可用于栽培食用菌和花卉等，在国内外均已被广泛利用。

（一）栽培食用菌

郭运玲等（1993）以红麻芯为原料进行了平菇栽培的试验。将麻芯粉碎成棉籽大小，配料中适当添加20%米糠或麦麸。结果表明，用红麻芯栽培平菇生物转化率在50%以上，高的可达110%，效益可观。福建农林大学利用粉碎后的黄麻、红麻秸秆为基质，配料中添加棉籽壳和15%麦麸种植海鲜菇，表现接种后发菌快，出菇肥壮，增产8%～10%。谢纯良等通过测定不同营养条件下金针菇的菌丝生长速率和生物学效率，确定红麻副产物栽培金针菇的最佳配方。结果表明，红麻副产物培养基pH值为6.5，培养基中含麻骨50%、氮源30%、水分67.5%，且添加0.5%石灰粉、0.5%碳酸钙和1%白糖时栽培金针菇的生物学效率最高，达111.0%；红麻骨培养基上的'金杂19'出菇齐，生物学效率可达106.7%；'长白201'出菇早，色泽好，生物学效率约为101.6%。曾日秋等采用红麻骨、红麻骨粉、稻草为主料栽培草菇，草菇产量、生物学效率与稻草为主料的培养料相当，可替代稻草栽培草菇，是一种新的栽培草菇的优质培养料。曾日秋等还以麻骨、木屑、玉米芯为变量，开展栽培杏鲍菇试验，结果表明：满袋天数和染杂菌程度均随着麻骨比例增加而降低，日平均增长速度以20%麻骨含量时最高，菌丝生长情况，在30%～40%时达到最好。杏鲍菇产量方面，随着麻骨含量增加存在依次递减的现象，主要是由于麻骨较少提供杏鲍菇生长所需营养导致；营养品质方面，蛋白质和维生素C含量方面以10%麻骨含量较好。综合表现认为，杏鲍菇栽培试验中添加10%麻骨，试验表现较好。姚运法等利用红麻秆替代稻草栽培蘑菇，试验结果表现：用60%比例麻秆和60%比例稻草栽培基质的蘑菇产量分别达15.2 kg/m² 和14.8 kg/m²，外观品质上无显著差别。

（二）麻骨栽培花卉

随着无土栽培的迅速发展，作为花卉栽培或育苗的基质种类越来越多，但不同的基质对植物生长发育影响不一样。花卉白掌需要疏松、排水和透气性良好的盆土。常规栽培主要用泥炭和珍珠岩混合种植，成本较高。红麻秆作为纤维作物的副产物之一，由于其具有疏松、透气性好等特性，在国外已被利用种植。特拉华大学的WallacePill博士研究发现，经过氮强化的红麻是蛭石的理想替代品。氮强化红麻以10%～30%体积加入泥炭中，栽培西红柿可提高产量，栽培凤仙花可提高发芽率。氮强化红麻代替珍珠岩、草皮泥都很成功，而且用以代替珍珠岩效果更突出。曾日秋等以红麻秆作为基质组成材料，研究红麻麻骨对盆栽白掌生长的影响，结果表现白掌分株数随着麻秆粉比例的增加，分株数呈上升趋势；叶片数相差不明显；添加19%～29%红麻秆粉培养基，株高与对照相当；随麻秆粉比例增加，根数和根长均显著增加。以上研究，可为红麻秆作为基质组成材料在盆花上的应用提供参考。浙江省萧山棉麻研究所傅福道等分别用25%、50%、75%和100%的亚麻屑或红麻芯替代普通泥炭作为仙客来栽培基质，结果表明，用25%的亚麻屑或50%的红麻芯替代普通泥炭均有利于仙客来的生长与开花，其各项指标均优于常规基质。Webber等也对红麻芯作为生长基质的可行性进行了研究。但 Marianthi 的研究表明，红麻芯作为生长基质对作物产量的效果不如对照（70%泥炭和30%珍珠岩），其研究存在的缺陷是没有添加其他的肥料或微量元素，没有利用好麻秆芯微孔结构的特性，肥料一经其微孔结构吸附后，养分还不易流失，可持续释放，肥效持久。

（三）麻骨制作泥炭土

泥炭土是指在某些河湖沉积低平原及山间谷地中，由于长期积水，水生植被茂密，在缺氧情况下，大量分解不充分的植物残体积累并形成泥炭层的土壤。近年来，随着苗木、花卉和蔬菜育苗等农业园林产业的迅速发展，对作为基质的泥炭土的需求更加旺盛。但自然泥炭土资源具有稀缺性，价格也相对较高。姚运法等利用红麻种植地所具有的独特微生物环境，以红麻骨为原料，研究了将其降解制备成微粒状泥炭土的方法，具体方法为：①原料预备。在红麻工艺成熟期，利用红麻剥皮机对新鲜红麻进行剥皮后，收集剩余的麻骨。②挖穴。在收获期结束后，在红麻种植地进行挖穴，穴长度为 5～10m，宽度为 2～3 m，穴深度为 1～2m；挖穴时宜选择地势较低洼处。③投料。投料前先用水将穴底部浇湿，以不积水为宜；然后在穴内平整摆放一层长度为 1～3 cm 的红麻骨，摆放高度为 15～20 cm，其上覆盖一层来自红麻种植地的地表土，覆盖厚度为 1～2 cm；用水将地表土浇湿，再在其上平整摆放一层红麻骨，如此重复，直到距离地面 5～10 cm，最后在表面再覆盖一层新鲜覆土。④浇水。根据天气情况，每隔 3～5 d 进行浇水，以保持表面土壤的湿润状态（雨季可以停止此操作）。⑤收集。于次年 4—5 月红麻播种前，利用人工或机械的方式再次进行挖穴，收集穴中粒径为 5～10 目的麻骨颗粒即为泥炭土。⑥灭菌。将所得泥炭土晾晒至水分含量低于 30%，然后进行蒸汽灭菌，其灭菌温度为 90～100 ℃，灭菌时间为 40～60 min，以消除泥炭土中的土传病害等致病微生物。⑦装袋。将灭菌后的泥炭土于干净平台上进行晾晒，至水分含量低于 15%后进行封装。通过以红麻骨为原料生产泥炭土，不仅可减少因丢弃、焚烧麻骨对环境的污染，还可实现红麻下脚料的变废为宝，有效提高红麻种植的经济效益。

第三节　食用黄麻

食用黄麻菜在埃及自古有"帝王菜"之称。在阿拉伯诸国的宫廷中，作为御膳使用也有悠久的历史。相传埃及国王病重时，曾每日饮此菜汁作为处方医治，结果很快痊愈，"埃及帝王菜"由此而得名。食用麻菜梢部鲜茎叶，营养保健成分极其丰富，含有丰富的粗蛋白、膳食纤维和木槿酸，主食部位是高膳食纤维，高维生素A、维生素 E、维生素 C 和钙、磷、铁、钾、镁、硒等矿物元素丰富，低钠，不含铝，营养价值远高于菠菜、茼蒿等其他叶菜，是一种营养丰富、古老又新型的食药兼用型保健蔬菜。食用麻菜嫩茎叶生长速度快，在种植过程中可多次采收，并且营养丰富、全面，还具有药用功效。常食用麻菜不仅可补钙、钾、硒等微量元素，还具有提高人体免疫力、防癌抗癌、延缓衰老、抗疲劳、改善胃肠功能等营养保健功效。

一、食用黄麻资源的发掘与利用

福建农林大学麻类遗传育种与综合利用研究中心有 75 年悠久历史和厚重的科技积淀。2002 年启动了食用黄麻核物理辐射诱变与航天诱变育种。2006 年完成了113 个黄麻品种资源可食性品质筛选，结合分子标记检测及品种遗传多样性与亲缘关系的比较研究及关键农艺性状鉴定，筛选出一批符合多用途利用的晚熟、高产、抗病、食用品质优的系列食用黄麻种质，并于 2009 年首批育成食用黄麻（长果）新品种'福农 1 号''福农 2 号''福农 3 号''福农 4 号''福农 5 号'，先后通过福建省和安徽省新品种认定。2008—2011 年，福建农林大学对上述 5 个食用黄麻品种嫩茎叶样本的功能性营养成分进行检验检测，经福建省国家农产品质量检验检测研究院系统测试，其营养成分如表6-2所示。

表6-2 福建省农产品质量检验检测研究院食用黄麻系列品种测试报告表

测试项目	品种				
	福农 1 号	福农 2 号	福农 3 号	福农 4 号	福农 5 号
蛋白质/%	7.2	7.5	5.1	6.1	21.4
脂肪/%	—	—	—	1.5	3.3
总糖/%	未检出	未检出	0.7	<0.5	1.0
膳食纤维/（g/100 g）	9.4	7.7	7.1	9.7	42.5
β-胡萝卜素/（mg/100 g）	3.7	8.9	4.03	1.02	14.4
钙/（mg/kg）	797.0	814.0	3 400.0	2 280.0	17 000.0
磷/（mg/100g）	116.0	100.0	—	122.0	420.0
钾/（mg/kg）	1.14×10^3	1.5×10^3	7.14×10^3	8.32×10^3	4.0×10^4
钠/（mg/kg）	31.0	40.0	13.0	14.5	130.0
镁/（mg/kg）	165.0	152.0	830.0	976.0	4 200.0
铁/（mg/kg）	6.6	7.0	39.0	29.0	440.0
硒/（mg/kg）	0.1	0.1	<0.02	<0.05	23.0
铜/（mg/kg）	—	—	—	2.6	0.02
锰/（mg/kg）	—	—	—	21.6	8.2
维生素 E/（mg/100 g）	5.29	3.75	2.4	3.0	11.1
维生素 C/（mg/100 g）	82.0	47.0	38.0	124.0	14.8
天冬氨酸/（g/kg）	7.4	5.8	5.9	5.9	18.4

（续表）

测试项目	品种				
	福农1号	福农2号	福农3号	福农4号	福农5号
丝氨酸/（g/kg）	2.9	2.6	2.3	2.6	8.7
谷氨酸/（g/kg）	8.7	7.7	9.0	8.2	23.8
甘氨酸/（g/kg）	3.7	3.4	2.8	3.3	10.4
组氨酸/（g/kg）	1.5	1.4	1.0	1.3	4.7
精氨酸/（g/kg）	4.1	3.7	3.1	3.1	11.5
苏氨酸/（g/kg）	3.0	2.6	2.4	2.8	9.5
丙氨酸/（g/kg）	4.3	3.5	3.1	3.9	13.1
脯氨酸/（g/kg）	2.4	2.2	2.2	2.8	10.2
胱氨酸/（g/kg）	0.1	0.1	未检出	0.07	0.6
酪氨酸/（g/kg）	2.8	2.5	2.0	2.0	8.2
缬氨酸/（g/kg）	4.3	3.7	3.1	3.2	11.1
蛋氨酸/（g/kg）	0.8	0.6	0.7	1.1	2.2
赖氨酸/（g/kg）	4.6	3.6	3.4	3.5	12.8
异亮氨酸/（g/kg）	3.4	3.1	2.3	2.5	9.4
亮氨酸/（g/kg）	6.4	5.7	4.5	5.2	17.9
苯丙氨酸/（g/kg）	4.0	3.6	3.1	3.4	11.4

注：—是当时未提出检测该指标。

通过检测发现，食用黄麻品种间的功能性营养成分差距悬殊，其中'福农5号'为食用黄麻优异品种。研究结果可为食用黄麻多用途开发与利用奠定基础。上述检测明晰了食用黄麻的功能性营养成分，可为高钙、高硒、高钾、高膳食纤维、高氨基酸的食用黄麻高附加值新产品的产业化提供科学依据。

目前，我国食用黄麻标志性的品种主要有福建农林大学的福农系列，福农1~15号，中国农业科学院麻类研究所的帝王菜1~4号等。已在海南省三亚市、海口市等，广东省的广州市、深圳特区、潮州市、汕头市等，福建省的福州市、漳州市、莆田市、宁德市、三明市、南平市、漳平市等，广西的南宁市、北海市、合浦县等，浙江省的萧山区、杭州市等，江苏省的苏州市、昆山市、常熟市等，湖南省的长沙市、沅江市等，安徽省的六安市、霍邱县等，河南省的郑州市、信阳市等，黑龙江省的大庆市，内蒙古的呼伦贝尔市等，新疆农业科学院与伊宁市等，四川成都市以及重庆市等地，进行较大面积示范推广和应用，为保障菜篮子工程的多样化提供了健康安全的蔬菜品种新类型。

食用黄麻成果转化应用，曾先后参加中国国际高新技术成果博览会、中国东盟博览会、中国海口冬季蔬菜博览会、中国海峡国际博览会和中国北京国际农业博览会，先后获得中国国际高新技术优秀产品奖和成果转化优秀项目奖，百名风云人物奖，福建省政府科学技术进步奖二等奖，农业部中华神农奖一等奖等，曾先后列为2008年北京奥运会和2010年上海世博会指定食品目录之一。

二、功能性麻茶新产品研发

在国家麻类产业体系黄麻育种岗位工作基础上，福建农林大学与福建省农业科学院率先涉足利用长果种食用黄麻制备养生麻茶的研发，构建了产学研一体化养生麻茶特色、差异性、多用途新产品开发技术体系，并取得了长足进展。

2010年福建农林大学研发出长蒴黄麻焙制帝皇养生麻茶生产工艺技术，并获得国家发明专利；2012年与福建泉州连联心茶叶有限公司林高兴高级评茶师协作，进行帝皇养生麻茶产业化研发，成功开发出帝皇养生麻茶系列新产品。养生麻茶叶绿色，汤水为橘黄色，开水冲泡十遍后叶片仍为金黄色，饮后圆润甘甜、生津止渴、韵味悠长。既有福建铁观音金黄汤色和香味，又具备金骏眉茶品的甘甜，是一种极具开发前景的消暑养生保健的茶饮品。

2020年福建农林大学深化推动茶企对菜用黄麻与养生麻茶加工制备的技术研发及其产业化。麻茶制备工艺技术取得较大突破，开发出南平"武夷倍健茶"（乌龙茶工艺）、岳西"黄麻健康茶"（绿茶工艺）、六安"贝贝麻茶"（瓜片改良工艺）、北海"生态养生麻茶"（红茶工艺）、永春天竺山"帝王麻茶"（铁观音工艺），并且攻克了以往麻茶因杀青工艺难过关，造成胶质过多和难去青草味的不足。麻茶汤色金黄、香味浓郁甘和，色香味俱佳，还保持原有麻茶独特的丰富营养元素特性，受到市场和受众的好评。经国家加工食品质量监督检验中心测试，营养成分如表6-3所示。

表6-3　不同麻茶加工方法品质测定列表

测试项目	类别	
	绿麻茶	红麻茶
蛋白质/（g/100 g）	21.8	16.5
脂肪/（g/100 g）	3.7	2.0
总糖/（g/100 g）	9.1	5.6
膳食纤维/（g/100 g）	34.5	43.8
能量/（kJ/100 g）	1 272.0	1 114.0
β-胡萝卜素/（mg/100 g）	6.4	10.0
钙/（mg/100 g）	2.3×10^4	1.65×10^4
磷/（mg/100 g）	6.5	5.1
钾/（mg/100 g）	1.86×10^4	2.68×10^4

（续表）

测试项目	类别	
	绿麻茶	红麻茶
钠/（mg/100 g）	45.0	34.0
镁/（mg/100 g）	2.43×10^3	3.43×10^3
铁/（mg/100 g）	268.0	211.0
硒/（mg/kg）	0.068	0.051
铜/（mg/kg）	4.9	5.8
锰/（mg/kg）	76.3	88.4
镍/（mg/kg）	0.77	0.86
氟/（mg/kg）	6.5	7.3
镉/（mg/kg）	0.25	0.16
汞/（mg/kg）	<0.01	<0.01
铬/（mg/kg）	0.86	0.74
铅/（mg/kg）	0.55	0.67
维生素 E/（mg/100 g）	14.9	12.8
维生素 B_1/（μg/100 g）	10.2	39.4
维生素 B_2/（μg/100 g）	274.0	290.0
维生素 K_1/（mg/100 g）	0.27	0.12
总皂苷（以人参皂苷 Re 计）/（mg/100 g）	310.0	437.0
茶多酚/%	2.1	1.7
天冬氨酸/（g/kg）	20.2	14.2
丝氨酸/（g/kg）	9.2	6.9
谷氨酸/（g/kg）	23.9	15.3
甘氨酸/（g/kg）	11.0	8.2
组氨酸/（g/kg）	4.7	2.8
精氨酸/（g/kg）	9.7	6.31
苏氨酸/（g/kg）	10.9	7.8
丙氨酸/（g/kg）	12.3	9.2
脯氨酸/（g/kg）	10.1	8.02
酪氨酸/（g/kg）	7.2	5.2
缬氨酸/（g/kg）	9.2	6.5
蛋氨酸/（g/kg）	2.4	1.8
赖氨酸/（g/kg）	12.3	4.8

（续表）

测试项目	类别	
	绿麻茶	红麻茶
异亮氨酸/（g/kg）	8.1	6.0
亮氨酸/（g/kg）	17.5	12.95
苯丙氨酸/（g/kg）	10.7	7.6

第四节　提取物及其利用

食用黄麻富含蛋白质、多糖和单糖及色素等功能成分，是美容及保健食品等的优质原材料。研究表明，食用麻菜叶片的干粉中蛋白质含量高达 21.4 g/100 g，远高于西兰花、韭菜、白菜和芥菜中的蛋白质含量。其嫩茎叶粗多糖的含量为 2.5%，单糖组分主要由鼠李糖、葡萄糖醛酸、半乳糖醛酸、葡萄糖、半乳糖、阿拉伯糖 6 种组成，物质量的比分别为：1∶0.82∶0.36∶0.12∶0.47∶0.11，其中鼠李糖含量最高，葡萄糖醛酸次之。多糖作为一类非特异性免疫增强剂，具有增强体质、抗缺氧、抗疲劳、降血脂等功能。食用麻菜叶片的叶绿素含量达 3.375 mg/g，叶绿素是重要的天然色素，由叶绿酸、叶绿醇和甲醇三部分组成，广泛存在于所有能进行光合作用的高等植物的叶、果和藻类中，在活细胞中与蛋白质相结合形成叶绿体。叶绿素提取物可用于油溶性食品的着色和复配，或用乳化剂乳化后得到微水溶性乳状液体。

此外，黄麻、红麻籽实富含不饱和脂肪酸，其籽油含棕榈酸（17.40%）、硬脂酸（1.676%）、油酸（15.90%）、亚油酸（62.14%）及亚麻酸（2.868%）。饱和脂肪酸含量较低，不饱和脂肪酸达 80% 以上，是保健食用油脂的理想材料。

一、红麻籽油制备共轭亚油酸

红麻种子油脂可用做潜在保健食用油。Mohamed 等（1995）对 9 个红麻品种的籽油的提取及含油率和脂肪酸成分分析研究表明，红麻籽的含油量为 21.4%～26.4%，平均含油量 23.7%，其中软脂酸占 20.1%、油酸占 29.2%、亚油酸占 45.9%，并且红麻种子含有独特的脂肪酸组分（高油酸、亚油酸和棕榈酸）。阮奇城等（2010）对 6 个红麻品种籽油分析结果表明，红麻籽含油量（干基）为 20.8%～23.4%，红麻籽油的脂肪酸组分以油酸和亚油酸为主，油酸含量为 22.16%～28.72%，亚油酸含量为 47.20%～54.23%，还含有少量的亚麻酸，总不饱和脂肪酸含量达 80%，红麻籽油的各项感官指标和理化指标均符合《食用植物油卫生标准》。

不同红麻品种含有不同的油脂，说明可以通过遗传改良方式提高其含油率。福建农林大学经诱变育种育成了茎秆光滑无刺、种子富含亚油酸的红麻新品种'金光1号'。阮奇城等（2009）对其种子中各种油脂成分进行了测定和分析，结果表明，'金光1号'籽油含软脂酸17.31%、硬脂酸1.67%、油酸28.13%、亚油酸51.81%、亚麻酸1.09%。以尿素包合法富集红麻亚油酸，通过L9（34）正交试验优化其富集工艺条件，结果表明，尿素包合法富集红麻籽油亚油酸的最佳工艺条件是：脂肪酸：尿素：乙醇=1：2：8（m：m：V），在0℃条件下结晶12 h，富集后亚油酸含量提高到83.7%，收率达到56.4%，基本符合富集效果，为红麻食用保健油研发及其产业化奠定良好的工作基础。以富含亚油酸的红麻籽油为材料，通过碱催化异构化，合成共轭亚油酸，建立了由富集亚油酸转化为共轭亚油酸（CLA）及其纯化的技术体系，上述研究证明了红麻种子作为保健食用油来源的可行性。

二、复合营养素提取及其在化妆品上的利用

黄麻嫩茎叶中提取的多糖、蛋白质等物质，已广泛应用在化妆品领域。目前批量生产的有黄麻植萃舒缓胶、肌元修护泥膜、保湿除毒修复面膜、毛孔紧致精华乳和除皱眼膜等产品。河南莫洛海芽生物科技有限公司，主营产品为纯植物莫洛海芽护肤品和洗化系列产品，帝王菜系列健康食品。该公司从食用黄麻帝王菜中提炼系列产品，研发出快速修复皮肤、补水、美白、祛斑、修护排毒、美容抗衰、紧致提升、防紫外线系列护肤品，如：莫洛海芽沁养修护洗发沐浴套装、莫洛海芽焕能修复调理霜、莫洛海芽焕能修护精华乳、莫洛海芽焕能修护精萃液、莫洛海芽焕能修护洁颜霜、莫洛海芽舒缓修护植物胶、莫洛海芽肌元弹润修护面膜、莫洛海芽明眸焕彩修护眼膜、莫洛海芽肌元修护调和泥膜等。在保湿、止痒、去除其他化妆品重金属残留等方面具有较好效果。

三、功能型保健食品开发

（一）食用麻菜功能型饮料开发

由于帝王麻菜具有丰富的营养成分和人体必需的微量元素，福建农林大学以富硒高钙高营养帝王麻叶为原料，经清洗、热烫、冷却、打浆、过滤、调配、均质、罐装杀菌，制得帝王麻菜功能性饮料，其主要成分包括可食用高硒（0.05 mg/100 g）、高钙（228 mg/100 g）、高黄酮（576 mg/100 g）、丰富的维生素C的帝王麻菜浓缩汁。已研发出生产工艺用于制备帝王麻菜功能型饮料，该产品颜色呈黄绿色，具有帝王麻叶特有的清香，口感润滑、爽口清凉，内含大量黄酮、维生素C、丰富的钙、硒及各种人体所需的必需氨基酸，其中17种氨基酸含量达64 g/kg，是一种高品位消暑保健饮料。

（二）食用麻菜高钙、高硒、高钾片剂研发

利用帝王麻菜丰富均衡的营养保健成分，研制的高钙高硒片，具有补钙、补硒、补铁、补钾、增加膳食纤维、健脾胃、降血压、抗疲劳、提高机体免疫力等食

用保健功能。与同类产品相比，该产品 100% 纯天然，且黄麻叶钙、硒、叶绿素等含量更高，同时还具有较强的抗氧化和提高免疫力的功效。此外，功能性帝王麻菜的种植，单产量高，不用农药，没有环境和产品的农药残留，具有良好的成本优势和产品安全保证特性。

此外，食用麻菜嫩茎叶柔嫩多汁，口感润滑，具有特殊的香气和风味；适合火锅、爆炒、凉拌、羹汤等多种烹调方法，风味独特。还可用于制作油炸酥片、莫洛海芽糕、食用麻菜代餐粉、食用麻菜膨化食品、食用麻菜酵素等，具有巨大的市场价值和应用前景。

第七章　剑麻

　　剑麻，为龙舌兰科龙舌兰属多年生肉质旱生草本植物，原产于墨西哥，是热带、亚热带地区主要的硬质纤维作物，其纤维产量占世界硬质纤维产量的 2/3。目前，剑麻主要种植于巴西、肯尼亚、坦桑尼亚、马达加斯加、墨西哥、中国、哥伦比亚、古巴、海地、尼加拉瓜等 20 个国家。我国剑麻主要分布在广西、广东、海南等省（自治区）。剑麻纤维具有拉力强、耐磨、耐酸、耐碱、耐腐蚀等特性，广泛用于制作绳缆、钢丝绳绳芯和编织剑麻地毯、工艺品等，是国防、渔业、航海、石油、工矿等领域的重要原料。随着人们环保意识的不断增强，绿色天然产品逐渐受到市场欢迎，剑麻纤维将不断用于制作家居用品，用途将更加广泛和新颖，用量也将不断增加。

第一节　剑麻渣饲料

一、剑麻渣的饲用价值评价

　　麻渣是剑麻叶片抽取纤维后的残留物，主要是叶片的叶肉细胞和表皮细胞。通常剑麻叶片中干纤维仅占叶片总鲜重的 5.0%，其余大部分为麻渣及麻渣废液。可见，麻渣及麻渣废液占据了剑麻生物量绝大部分。按广西国有山圩农场的生产经验，1 000 kg 叶片干物质中，干纤维占 450 kg，其余为干麻渣，占 550 kg。我国2014 年的干麻渣产量达 13.71 万 t，全球干麻渣产量则高达 34.42 万 t。化学分析测得新鲜麻渣矿质养分含量为：N 1.5%、P 0.39%、K 2.88%、Ca 3.86%。由此可估算出我国 2014 年麻渣所蕴含的矿质养分含量为 N 2 056.5 t、P 534.7 t、K 3 948.5 t、Ca 5 292.1 t。全球 2013 年麻渣蕴含 N 5 163.0 t、P 1 032.6 t、K 9 913.0 t、Ca 1.33 万 t。可见，麻渣数量巨大，所蕴含的养分含量十分丰富。

　　我国剑麻麻渣主要用于直接还田、提取皂素、提取果胶、生产麻渣有机复合肥、制作饲料、栽培草菇等，其中剑麻麻渣制作饲料是比较常用的利用方式之一。我国南方地区经济发达、人口密集。随着人们膳食结构和动物性产品消费量的迅速增加，我国面临粮食安全和饲料原料严重紧缺的双重压力。由于具有优越的自然条件和丰富的饲料资源，南方地区草食畜牧业发展受到政府的高度重视。但是，当前华南地区仍存在饲料资源综合利用率低、优质青贮饲料不足等问题，严重阻碍草食畜牧业的发展。因此，开发利用新的饲料资源是促进南方草食畜牧业发展的重要途径。而广东和广西是全国最大的剑麻产地，种植面积 28 万亩，主要产品为纤维，抽取纤维后产生的大量废渣和废液作为垃圾丢弃于工厂周边，不仅造成资源浪费而且严重污染了周边生态环境，麻渣的处理是困扰剑麻加工企业的一大难题，因此充分利用剑麻麻渣制作饲料不但可以提高剑麻加工产品的附加值，又能变废为宝，解决环境污染问题，同时也能够提高企业的经济效益，为剑麻的综合利用提供可靠的参考价值。

麻渣饲料利用等方面取得了较好的成效。早在 1966 年，克勒特内尝试将未经处理的新鲜剑麻渣直接喂牛，导致大量牛只腹泻。近年来，微生物发酵饲料可以克服鲜饲料的一些弊端且营养价值高，其已成为饲料工业的发展趋势，欧美等国家使用微生物发酵饲料的比例大于 50%。多种饲料原料以及来源于农业或工业副产品的秸秆、果渣等非常规饲料经过发酵后，不仅能够降低其抗营养物质含量，还能提高饲料营养水平、改善适口性，进而提高动物生产性能。

二、剑麻渣饲料制备与应用

由于剑麻含有较多的纤维或抗营养物质，剑麻渣直接饲喂牛羊的效果并不理想。吕仁龙等用 5% 稻壳发酵型全混合日粮饲喂黑山羊，改善了日粮品质和适口性，取得较好的增重效果。关于发酵剑麻渣影响家畜健康状况的研究鲜见报道，但有证据表明剑麻渣本身含有多种药物活性成分。Silveira 等研究发现，剑麻中含有抗胃肠道寄生线虫的活性物质，该物质可对绵羊和山羊粪便中的寄生虫卵产生显著抑制，可以极大地减少牧场污染以及畜群的感染。另外，从剑麻渣中可提取一种水溶性多糖 SP1，它能刺激 T 淋巴细胞增殖，具有明显的自由基清除能力，可能在动物免疫调控和健康维持方面具有重要作用。Santos 等在标准日粮中添加 20% 剑麻浆或剑麻渣青贮饲料替代黍类青贮饲料，对绵羊平均日增重和饲料转化率无不良影响，表明剑麻渣日粮可作为巴西半干旱地区的替代粗饲料。Souza 等研究表明，将剑麻浆青贮以 333 g/kg 干物质量替代狗牙根干草来饲喂羔羊，能够增加营养物质表观消化率，且对采食量、生产性能、胴体性状和肉的颜色特征没有显著影响。

高凤磊等研究利用的剑麻渣是湛江农垦东方红等农场种植的 'H.11648' 剑麻，收割剑麻定植后 2~2.5 年、长 90 cm 以上的叶片，经东方红一厂大机加工刮取剑麻纤维后产生的新鲜麻渣，将该新鲜剑麻渣通过机械挤压脱水至含水量 55% 左右，去除剑麻渣乱纤维，按剑麻渣 96.42%、玉米粉 2%、生物发酵菌及其他营养物质（由湛江农垦东方红农场等自主研制）1.58% 混均，装入发酵罐内密封自然发酵 30 d，发酵后测定其营养成分（表 7-1），发酵后初始水分 70.04%。基础日粮和发酵剑麻渣部分替代日粮参照 NRC（1977）推荐的兔营养需要量进行配制，并制成直径 4~6 mm、长 10~15 mm 的颗粒饲料。其配方组成、成本及营养成分见表 7-2。

表 7-1　发酵风干剑麻渣的营养成分

营养成分	水分/%	粗灰分/%	粗蛋白/%	粗脂肪/%	粗纤维/%	无氮浸出物/%
含量	5.35	16.62	8.57	2.99	28.08	38.39

高凤磊等选择 35 日龄平均体重 490 g 的健康新西兰兔 90 只，公母各半，随机分成 3 组，每组 15 个重复，每个重复 2 只。3 组分别饲喂基础日粮（对照组）、10%发酵剑麻渣日粮和 20%发酵剑麻渣日粮，预试期 5 d，正试期 30 d。结果表明：与对照组相比，饲喂 20%发酵剑麻渣日粮能够提高新西兰兔的日采食量（86 g vs 74 g）、平均日增重（19 g vs 13 g）、胴体重（367 g vs 267 g）和屠宰率（33.33% vs 30.25%）（$P<0.05$）；而 10%发酵剑麻渣日粮组的各项指标与其他两组没有显著差异；耗料增重比、眼肌面积、肉色、肌肉嫩度和 pH 值（$pH_{45\,min}$、$pH_{24\,h}$）在三组间差异不显著。综上，在日粮中添加 20%发酵剑麻渣能够显著提高家兔生长性能和屠宰性能，而对肉品质没有显著影响，发酵剑麻渣可作为饲养新西兰兔的饲料原料。

陈涛等研发了麻渣颗粒饲料制作流程：麻渣压水—晒干—青贮—制作颗粒。工厂刮麻产生的麻渣由于冲洗纤维等原因，含水量高达 80%以上，不能直接青贮，需要经过压水晾晒等环节将含水量将至 50%以内。添加防霉剂、尿素等，进行密封发酵 30~40 d 即可完成青贮，青贮完成的饲料可直接饲喂山羊，也可添加玉米粉 20%、豆粕 10%进行造粒，方便运输和贮存。通过几年的麻渣饲料试验，开发出一套具有自主产权的麻渣青贮方法和设备（一种发酵装置，专利号：ZL 2018 2 2216707.2）及颗粒饲料制备等技术，麻渣饲料与商品饲料相比，料肉比高出 4.2，但成本节约 27.9%，颗粒饲料在示范基地经过安全性测试、对比试验后，在山圩农场 1 队山羊养殖场、广羊农牧有限公司进行应用推广，几年来累计推广饲养山羊规模达 1 800 头，月减少成本 27.9%，达 57 000 多元，试验在广羊农牧有限公司、山圩农场建立了 2 个剑麻渣饲料养殖山羊示范点以辐射周边养殖场和养殖户（表 7-2）。剑麻渣饲料的研发，为剑麻渣找出了一条综合利用的新路子，为麻渣安全环保资源化利用提供了技术依据，减少因麻渣堆沤造成环境污染。通过在大石山区、石漠化麻区的推广应用，为脱贫攻坚提供了技术利器，为乡村振兴提供了助推器。

表 7-2　麻渣饲料成本对比

	日喂食量/kg	日料价值/元	月喂食量/kg	每月长肉量/kg	料肉比
商用饲料颗粒	1.6	3.83	48	5	9.6∶1
麻渣饲料颗粒	2.3	2.76	69	5	13.8∶1

郑继昌等在剑麻定植后 2.0~2.5 年，收割 90 cm 长以上叶片用机械刮取纤维供工业用后，收取新鲜剑麻渣脱水至含水量 50%左右，人工去除植物乱纤维，按剑麻

渣 98%、玉米粉 1%、生物发酵菌及其他营养物质 1%比例混均，装入发酵罐或塑料袋内密封发酵 20~30 d（发酵过程中不能翻动饲料），出现酒香味即可取出与鲜皇竹草按比例配合喂给湖羊。开封后的发酵剑麻渣若当餐未用完，取料后继续密封保存待下餐利用。将种植 3~5 个月，长高 1.70~3.00 m 皇竹草（多数草茎起节）用机器收割后，切碎成 1~2 cm 长短草鲜喂湖羊。再配合精饲料，根据青年湖羊营养需求，将玉米 29.5%、棕榈仁粕 59%、豆粕 5%、花生粕 5%、食盐 0.5%和预混料 1%混合制成试验用精饲料，其营养成分为干物质≥90.57%、粗蛋白质≥19.83%、粗脂肪≥8.47%、粗纤维≥12.22%、粗灰分≥4.10%、消化能≥11.25 MJ/kg、钙≥0.66%、磷≥0.5%。随机抽取 17 kg 左右的青年湖羊 43 只，随机分成 A 组（21 只）和 B 组（22 只），A 组羊用配合精饲料 19%、皇竹草 81%饲喂，B 组羊用配合精饲料 19%、皇竹草 67%、发酵剑麻渣 14%饲喂。经过 27 d 饲养对比试验，结果表明 B 组日增重极显著高于 A 组（$P<0.01$），B 组料重比比 A 组低 42.45%；经感官检查，在 B 组羊粪便中未发现剑麻乱纤维，两组羊肉色泽、肉味相似，粪便形态相似。

易克贤等评价了晒干剑麻渣作为黑山羊饲料，可知饲喂晒干剑麻渣后，黑山羊的平均日增重显著高于（$P<0.05$）对照组的，饲喂剑麻渣的黑山羊平均日增重是饲喂稻草的 2 倍以上，但 250 g 和 500 g 剑麻渣饲喂平均日增重差异不显著。黑山羊单纯饲喂稻草的平均日采食量最低，显著低于（$P<0.05$）饲喂剑麻渣的，其中饲喂 500 g 的剑麻渣平均日采食量最高，为 917.6 g/d。饲喂稻草的料重比最高，而饲喂剑麻渣的料重比均显著低于（$P<0.05$）饲喂稻草的，饲喂 250 g 和 500 g 剑麻渣差异不显著。晒干剑麻渣可以作为黑山羊的粗饲料，它能提高黑山羊的生长性能（表 7-3）。

表 7-3　黑山羊饲喂剑麻渣生产性能

项目	对照组	饲喂 250 g 剑麻渣+稻草	饲喂 500 g 剑麻渣+稻草
始重/kg	22.1±1.8	21.9±1.6	22.8±1.7
末重/kg	24.3±1.5	25.6±1.1	26.9±1.2
平均日增重/（g/d）	27.5±4.8b	45.9±3.6a	51.3±3.1a
平均日采食量/（g/d，以干物质计）	710.2±15.7c	849.5±20.2b	917.6±25.5a
料重比	25.8±1.2a	18.5±1.1b	17.8±1.3b

易克贤等同时进行了剑麻渣与柱花草混合青贮料对黑山羊生长影响，利用剑麻渣与柱花草混合比例分别为（干物质：干物质）1 000：0、500：500、350：350，充分混匀然后青贮。全混合日粮配方为玉米、豆粕、尿素、预混料和青贮饲料，组成和比例如表 7-4 所示。研究发现，黑山羊饲喂剑麻渣柱花草混合料后平均日增重和料重比无显著差异，干物质采食量随着柱花草的混合显著降低，但剑麻渣：柱花

草（500：500和350：650）组干物质采食量无显著差异。剑麻渣青贮料可以替代部分柱花草作为黑山羊的粗饲料（表7-5）。

表7-4　全混合日粮营养成分

项目	全混合日粮		
	1 000：0	500：500	350：650
原料组成/（g/kg，DM）			
剑麻渣与柱花草青贮料	240	240	240
玉米	640	670	700
豆粕	100	70	40
尿素	10	10	10
预混料	10	10	10
营养成分/（g/kg，DM）			
干物质	480	562	584
粗蛋白	158	155	157
中性洗涤纤维	290	294	300
酸性洗涤纤维	114	121	128
灰分	73	78	94
代谢能/（MJ/kg）	13.3	13.6	14.1

表7-5　不同比例剑麻渣柱花草混合对黑山羊生长性能影响

项目	全混合日粮		
	1 000：0	500：500	350：650
始重/kg	20.2±1.2	20.4±1.3	22.8±1.0
末重/kg	28.1±1.5	28.4±1.7	30.4±2.1
干物质采食量/（g/d）	981.3±30.6a	754.5b±29.6b	759.7b±28.7b
平均日增重/（g/d）	131.6±10.1a	133.2±12.6a	126.8±15.3a
料重比	7.5±1.8a	5.7±2.1a	6.0±2.3a

第二节　剑麻皂素

一、剑麻皂素特性与用途

剑麻皂素（tigogenin，$C_{27}H_{44}O_3$）（图7-1）是剑麻抽取纤维后废弃剑麻渣中的一种主要活性成分，也称为替柯吉宁、剑麻皂苷元等。剑麻皂素具有完整的甾体骨架结构及良好的生物活性，同时具有解热、镇痛、抗炎、抗菌、增强免疫、抗肿瘤、降血糖、降血脂、降血压等作用。此外，以剑麻皂素为起始原料合成的药物中间体单烯醇酮醋酸酯，可用来合成200多种甾体激素类药物，如性激素药物（甲睾酮及黄体酮等）、肾上腺皮质激素药物（氢化可的松、地塞米松和倍他米松等）、乳动物信息素、促蛋白同化与心血管疾病的甾体药物以及抗心律失常药等药物。因此，剑麻皂素在业内素有"医药黄金"和"激素之母"之称。

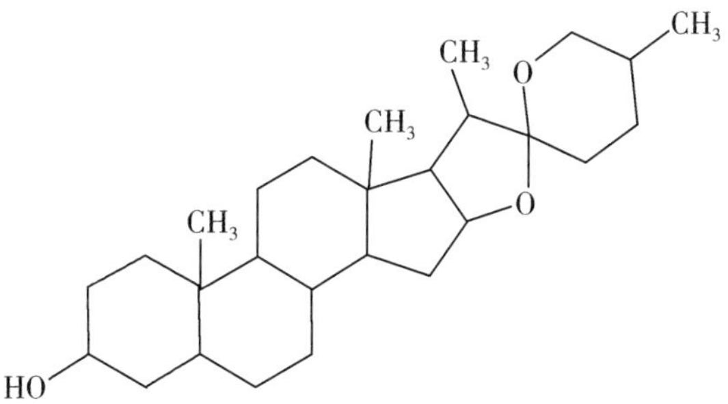

图7-1 剑麻皂素结构式

二、剑麻皂素提取

1. 重结晶技术

国内最早的剑麻皂素提取方法由陈延镛等研发，该技术通过剑麻废渣中取汁，经发酵、水解、皂化、提取、去蜡脱色、浓缩结晶、烘干等工艺获得剑麻皂素。高士武等利用盐酸羟胺盐对上述工艺进行改进，在碱性条件下，以剑麻干渣为原料，经水解、皂化、提取、分离、浓缩、结晶获得替告吉宁，含量达93%以上。该工艺流程相对简便，毒性及污染少，不需增加设备投资，成本低，易于规模化应用。王远秋进一步改进了技术工艺，将剑麻皂素粗品和工业酒精加热溶解，冷却后加入活性炭脱色，后加入盐酸羟胺和吡啶溶液并加热溶解，加压过滤后用40%~60%酒精溶剂浓缩，冷却结晶后获得替告吉宁精品。此方法可获得纯度达93%以上的替告吉宁，且工艺简单、设备少、成本低。

2. 萃取技术

黄志圣等研发了剑麻汁液发酵沉淀干渣为原料直接提取海柯吉宁和替告吉宁的方法，通过水解、氧化钙或氢氧化钙强化处理及干燥后，之后通过酒精（或甲醇、丙醇）萃取浓缩，将萃取物直接肼化提取海柯吉宁和替告吉宁，浓度达93%以上。李祥等以表面活性剂水溶液代替有机溶剂作萃取剂，以絮凝技术富集剑麻皂苷代替浓缩，先从剑麻汁中分离剑麻皂苷，之后水解并分离提纯。该方法优点在于避免剑麻汁发酵过程中大量杂质与有效成分混在一起，影响分离纯化。该技术生产剑麻皂素所需酸用量减少81.2%，COD排放量减少96.5%。

3. 大孔树脂提取分离技术

王锦军通过大孔树脂进行吸附、水—醇二元体洗脱、解吸附，实现了高纯度剑麻皂素分离，纯度高达超90%。周寅等利用大孔径树脂分离纯化剑麻皂素，在特定提取分离条件下，剑麻皂素得率为79.1%，纯度为71.6%。尽管大孔树脂吸附除杂使剑麻皂素得率和纯度均较高，但其工艺较繁琐，生产过程中酒精容易挥发，存在安全隐患，工业应用难度较大。

4. 生物转化技术

郝再彬等从剑麻麻膏中分离出一株微生物菌株，该微生物菌株能够在3~5 d内将剑麻中皂苷降解成皂苷元，实现了利用微生物发酵技术将剑麻皂苷转化成皂苷元。谢纯良等将嗜乙醇假丝酵母在剑麻渣汁液中进行发酵，从中成功提取剑麻皂素。与传统工艺相比，生物转化技术工艺相对简单，耗时较短，条件温和，且效率高，但转化率相对较低，存在一定的应用前景。

三、剑麻皂素产业化应用

近年来，甾体激素类药物的应用领域由医药行业向畜牧业、饮食业及保健业不断扩展，其用量逐年上升。剑麻皂素、薯蓣皂素等皂苷元类化合物作为甾体激素类药物合成的基本原料，其应用领域由医药行业扩展至畜牧业、饮食业及保健业，用量逐年上升导致供不应求。剑麻皂素价格自12万元/t（20世纪80年代初）上涨至如今的35万元/t，最高可达45万元/t，市场应用前景巨大。

目前世界上仅我国实现剑麻皂素规模化生产，年产能约300~500 t，但其生产模式相对粗放，剑麻渣资源利用率低于20%。目前国内主要剑麻皂素生产厂家有广西众益生物科技有限公司、福建万德药业股份有限公司、张家界万福药业有限责任公司及张家界红太阳化工有限责任公司等企业。其中，广西众益生物科技有限公司是国内最大的剑麻皂素生产企业，年产能达到100 t，该公司采用的核心技术成果主要包括：①在原料前期预处理过程中，应用复合酶技术将剑麻汁生物发酵制备成剑麻膏，大大缩短剑麻膏制备周期，并显著降低剑麻膏中大分子杂质的含量；②开发出一项类似于索氏提取的连续回流提取、过滤及脱色的新工艺，实现整个工艺的连续性操作，溶剂的消耗显著降低；③实现废水、废渣综合处理及循环再利用，其中废渣用作复混肥原料，废水经处理后回用至生产车间。应用上述工艺技术，该公司生产出的产品有效成分含量大于96%，每吨产品消耗乙醇4.8 t。

第三节 石漠化区保护与利用

一、剑麻固土保水特性

剑麻具有发达的须根系，密集而坚韧，根幅达2 m多，可牢牢缚住根部土壤，从而起到固土保水的作用。此外，剑麻为多年生作物，生命周期长达十多年，无需年年重新种植。剑麻还是景天酸代谢植物，叶多肉，表面有蜡层，原生于荒漠地带，耐旱、耐贫瘠，具有很强的适生性，种植期间无须精耕细作。剑麻这种粗放的种植方式很大程度上减轻了翻地整地造成的水土流失，是其用以固土保水的重要前提。

剑麻种植具有良好的固土保水效果，尤其对干旱和石漠化地区作用更显著。在云南省元谋县金沙江干热河谷地区进行的径流小区定位观测试验表明，剑麻种植区平均径流量比裸地减少了47.9%，土壤侵蚀模数降低了62.2%。云南省广南县石漠化地区进行的径流小区定位观测试验也有类似结果，剑麻种植区平均径流量、土壤侵蚀模数分别比撂荒地减少了8.6%、3.9%，比玉米种植区分别降低了13.3%、72.9%。若在剑麻行间间作牧草、绿肥，其固土保水效果更加明显。

二、石漠化区生态修复应用

石漠化（Rocky desertification）是指亚热带脆弱的喀斯特自然环境与人类不合理的强度干扰破坏下造成的土壤严重侵蚀，大面积基岩裸露，土地生产力严重下降，地表出现类似荒漠景观的土地退化过程。石漠化是喀斯特地区最大的生态和环境问题，也是一个严峻的经济问题和社会问题。作为我国石漠化现象最严重的滇、桂、黔三省的区域性生态问题，其石漠化现象有继续扩张蔓延的趋势，这将恶化人类生存的环境，减少人类生存的空间。如此恶劣的自然条件，直接影响了片区经济发展的速度，是片区信息闭塞、扶贫周期较长、贫困现象严重等问题的最直接的原因。

石漠化已成为我国岩溶地区最严重的生态问题，生态环境极其脆弱，土地一旦发生石漠化，地表植被被破坏、土壤流失、基岩裸露、石砾堆积所带来的危害十分严重。①土地退化严重，可利用耕地资源减少。随着石漠化的加剧，可利用耕地资源愈显紧张，耕地面积逐年减少；土壤厚度降低，石砾含量高、容重大，土壤结构恶化，水源涵养能力等生态功能降低；土壤中有机质、N、P等养分随水流失，肥力降低，生产力迅速下降。②水土流失严重，旱涝灾害频发。由于岩溶地区土壤涵水能力差，水分难以下渗，易形成地表径流，致使水土流失严重；土壤中石砾含量高，易随水流失堆积，堵塞排水通道，引发泥石流和洪涝灾害；石漠化土壤结构不完整，与基岩的结合力弱，强降水冲刷极易滑坡。③小生境气候恶化，生物多样性降低。石漠化地区植被盖度降低，植物群落高度下降，毁坏生态自然景观，植被结构单一、种群数量减少，易发生干旱等小生境气候的改变。④生态型贫困加剧。石漠化地区一般都是贫困县，经济落后、生产方式单一、生态条件恶劣，经济发展缓慢，文化教育落后，脱贫攻坚压力大。

石漠化治理原则以生态优先、开发与保护并重。石漠化综合防治要在优先保证实现生态建设目标的前提下，综合考虑区域经济和社会发展目标，努力做到在保护中开发，在开发中保护。①防护为主，治理和保护相结合。根据石漠化现状和社会经济发展实情、石漠化登记差异和区域差异，合理设置各防治区的主导措施。坚持防护为主，改变不合理的农户经济行为和土地利用方式，坚持以人为本，大力保护石漠化生态脆弱区的生物多样性，通过退耕还林、封山育林和沼气建设等工程，逐步改善生态环境，解决农村能源问题。②统一规划、综合防治。石漠化综合防治是一项系统工程，涉及农业、林业、水利、交通、国土等部门的工作，需要全面规划，既要重视石漠化地区的生态重建，也要重视石漠化地区的后续产业发展以及农村富余劳动力转移和农业产业结构调整等问题。

石漠化山区土壤少且瘠薄干旱，很难种植其他经济作物。而剑麻是景天酸代谢途径植物，叶多肉，表面有蜡层，原生于人迹罕至的荒漠，具有适应性强、管理粗放、耐瘠薄和耐旱等特点，以及较好的经济效益，因此剑麻也就成为这些石漠化山区产业扶贫的较好选择。

剑麻起源于热带高温少雨的荒漠地区，相比其他作物更耐旱、耐贫瘠，在土壤稀薄的石漠化山地仍能正常生长，适宜于我国滇、桂、黔石漠化地区种植，促进生态环境改善和经济效益提高。研究表明，石漠化山地种植剑麻后，植被变化趋势稳定且略有增加，土壤 pH 值、有机质含量和氮磷钾含量均显著高于裸地，且均未显著低于自然草被，有效改善了土壤养分状况。随着石漠化综合治理的推进，成效逐渐显现出来，当地日趋恶劣的生态环境得到了改善，恢复了植被，山变绿了，涵养了水源，生态效益明显。（注：为监测和评价剑麻固土保水效益，建了 3 个径流场，分为剑麻常规种植、裸地、剑麻+柱花草。初步研究表明，剑麻+柱花草固土保水效益最好。）

"十三五"期间，国家麻类技术体系剑麻栽培与生理岗位联合南宁剑麻试验站积极推动剑麻在石漠化区生态修复中的应用。广西壮族自治区平果县重度石漠化地区区级贫困村——康马村，在剑麻栽培与生理岗位和南宁剑麻试验站的支持下，该村种植剑麻 10 500 亩，每年纤维收入 1 304.38 万元。剑麻种植户 559 户，年户均纤维收入 2.3 万元，依靠剑麻产业脱贫的有 226 户，产业覆盖率达 100%，已脱贫 242 户 917 人，脱贫攻坚取得了实效。在康马村石漠化地区，有剑麻种植的区域土壤流失量减少 18% 以上。遥感监测数据显示，该区域植被指数均较高，植被变化趋势稳定，生态修复效果良好。

第四节　园林景观

一、剑麻观赏价值

剑麻为多年生单子叶草本植物，属大型多肉植物。剑麻叶片多为蓝绿、黄绿、深灰色等，四季常青，不少品种叶片色泽鲜艳迷人。叶尖常带 1~2 cm 顶刺，依不同品种或为硬刺或为软刺，部分品种叶缘亦带刺。有些品种叶片边缘还带有金色或银色斑带，即金边或银边。剑麻叶片多坚挺，形状像各式各样、或长或短、或直或弯的利剑。大型剑麻品种展开的叶片宛如绿色大长剑，密密麻麻几十片叶螺旋簇生在茎干上，形如莲座，又神似几十把利剑规则地插在木桩上，指向四面八方，令人望而生畏。未展开叶片则互相包卷直立，如利剑直冲云霄。

大多数剑麻品种寿命较长，达 10 多年之久。一生仅开花一次，绚烂绽放后便停止生长，植株也逐渐枯萎直至死亡。剑麻花为圆锥花序，花轴高达 5~9 m，直耸云天，傲然于世。其花期长达数月，花朵数量上千。花期过后，花轴犹存，残花尚在，株芽逐渐萌发，重新焕发生机和活力，仍具观赏价值。

剑麻生命力顽强，在园林绿化中具有易运输、易种植、易养护等特点。其环境适应性很强，耐旱、耐贫瘠、抗强风，在运输途中也不怕损伤，容易成活，管理过程中对土壤和肥水要求较低，病虫害较少。剑麻性喜温暖，在我国热带亚热带省份，如广东、广西、海南、福建、云南等地均能正常生长。部分剑麻品种具有较强耐寒性。在绝对低温−5 ℃以上的地区如浙江北部的平阳县等地也有剑麻分布。在南京地区金边龙舌兰在最低温度−8 ℃条件下，只要选择苗龄二年生以上的苗木，在 4 月初栽植，11 月初开始停水，可以安全越冬。

综上，剑麻的观赏价值主要体现在其树冠奇特，叶片挺拔，花轴高耸，植株刚健有力，姿态刚毅俊美，整体观赏性极佳。此外，剑麻的观赏利用价值还在于它非常耐旱耐贫瘠，易成活、易生长，适应性极强。此种独特形态及生物学特性让剑麻成了园林绿化中不可替代的植物，以剑麻为要素往往能设计出独特的园林景观，美化着人们的居住环境。

观赏是剑麻的主要利用价值之一，主要的观赏品种如下。

1. 金边龙舌兰 (*A. americana* var. *marginata* Trel.)

别名金边番麻，英文名：Century Plant。原产美洲热带，种加词"americana"是指"美洲的"。大型肉质草本。叶子坚硬、倒披针形，灰绿色，叶缘有黄色条纹；莲座式排列，较松散，冠径约 3 m，底部叶子部分较软，匍匐在地；较大的叶子经常向后反折，少数叶子的上半部分会向内折；叶长 1.0~1.8 m，宽 12.5~20.0 cm，叶基部表面凹，背面凸，至叶顶端形成明显的沟槽；叶顶端有 1 枚硬刺，长 2~5 cm，叶缘具向下弯曲的疏刺。一般 5~10 年生植株可开花，大型圆锥花序高 4.5~8.0 m，上部多分枝；花簇生，有浓烈的臭味；花被基部合生成漏斗状，黄绿色；雄蕊长约花被的 2 倍；蒴果长圆形，长约 5 cm；开化后花序上生成的珠芽极少。喜阳，喜温暖，不能忍受−8 ℃以下的低温，且受霜冻后难以恢复；耐干旱和贫瘠土壤，若给予充足水分则生长得更快。金边龙舌兰因叶缘具鲜艳的黄色而受人们的青睐，时常种于大门的两侧，强健具刺的叶片使之犹如把门的"卫士"。

2. 银边狭叶龙舌兰 (*A. angustifolia* Marginata)

别名：银边龙舌兰、银边菠萝麻、银边假菠萝麻。种加词"angustifolia"意为

"狭叶的"，属于狭叶龙舌兰（*A. angustifolia* Haw.）的一个栽培种。银边狭叶龙舌兰较老植株具明显的茎，茎高 25~50 cm。叶呈莲座式排列，紧密簇生，冠径约为 1 m；叶片剑形，先端及叶基渐窄，顶部常向叶轴方向弯曲，叶面顶部呈不明显沟槽状，但总体平展，叶长 40~80 cm，宽 5~10 cm；叶先端有 1 枚硬刺，长 1.2~5.0 cm，叶缘常有小刺状锯齿，叶灰绿色，边缘有阔白边。圆锥花序长达 5~7m，有少数分枝，分枝广展，顶端再三歧分枝；花被管短，裂片 6，雄蕊线形，伸出于花被裂片外。蒴果近球形，3 裂。一般 6~7 年生植株可开花，花期夏季，花时叶多枯萎，花后母株枯死。原产地可能是墨西哥哈利斯科附近地区。性喜温暖，不能忍受 -4 ℃以下低温；适合全日照至适当荫蔽的光照条件，耐干旱，但少至中等水量能使之生长更好；容易产生吸芽，常用分株繁殖。

3. 剑麻（*A. sisalana* Perr. ex Engelm.）

别名琼麻、菠萝麻、西纱尔麻，英文名：Sisal。种加词"sisalana"意为"纤维的"。茎粗短。叶呈莲座式排列，刚直，肉质，剑形，初被白霜，后渐脱落而呈深蓝绿色，通常长 1.0~1.5 m，中部最宽 10~15 cm，表面凹，背面凸；叶缘无刺或偶有微刺，顶端有 1 硬尖刺，长 2~3 cm；叶捣碎后有恶臭。大型圆锥花序高达 5~8 m，分枝广展，其先端再分枝；花黄绿色，有浓烈气味，花丝黄色，伸出花被管外；正常情况下，一般 6~7 年生植株便可开花，花期多在秋冬间；通常不能正常结实。依靠开花后，花序轴上产生大量的珠芽进行繁殖，开花和长出珠芽后植株死亡。

4. 笹之雪（*A. victoriae-reginae*）

又名箭山积雪、鬼脚掌、雪簧草，其种名"victoriae-reginae"是为纪念维多利亚女王，国外也称之为维多利亚龙舌兰、女王龙舌兰、皇后龙舌兰，为龙舌兰科龙舌兰属多年生肉质草本。植株无茎，肉质叶呈莲座状排列，株幅可达 40 cm；大型植株叶片可达 100 多枚，叶三角锥形，长 10~15 cm，宽约 5 cm，先端细，腹面扁平，背面圆形微呈龙骨状突起；叶绿色，有不规则的白色线条，叶缘及叶背的龙骨凸上均有白色额角质，叶顶端有 0.3~0.5 cm 坚硬的黑刺。植株 30 年左右才能开花，松散的穗状花序高达 4 m，小花淡绿色，长约 5 cm；花后结籽，植株则枯萎死亡。

笹之雪原产墨西哥。习性强健，喜阳光充足和温暖、干燥环境，耐干旱，稍耐半阴和寒冷，怕水涝。生长期 4—10 月，浇水时避免盆土积水，空气过干燥时，可向植株喷水；每 10 天左右施一次腐熟的稀薄液肥或复合肥。夏季高温时，注意通风，降温，避免烈日暴晒引起叶面灼伤。冬季放在室内光照充足处，控制浇水，停止施肥，5 ℃以上可安全越冬。幼株每年翻盆一次，成龄植株 2~3 年翻盆一次，春季进行，盆土宜疏松、肥沃、排水、透气性良好，并含适量石灰质的沙质土壤，常用园土、腐叶土、粗沙和骨粉、贝壳粉等混合配制。笹之雪的繁殖，以分株为主，可结合春季换盆时，将老株基部萌发的幼苗取下，直接上盆栽种。也可在春季播种，土壤要高温消毒，摇后在 20~25 ℃条件下，2~3 周种子发芽，待长出 2~3 片真叶时，分苗移栽。

5. 王妃雷神（*A. potatorum ver schaffeltii*）

别名棱叶龙舌兰，为龙舌兰科龙舌兰属植物，属园艺种。原产墨西哥中南部，植株矮小，无茎；叶质厚而软，叶宽而短，是雷神的小型变种。其常见的变种还有王妃雷神白中斑、王妃雷神浅中斑、王妃雷神黄中斑、王妃雷神白覆轮、王妃雷神黄覆轮等，其观赏价值都很高，为园艺珍品。喜温暖干燥和阳光充足环境。适应性强，较耐寒，略耐阴，怕水涝。以排水良好、肥沃的沙壤土为好。冬季温度不低于4 ℃。常用分株繁殖。可于春季4—5月，将母株基部萌生的子株带根挖出栽植。如子株不带根，可暂插于沙床中，待生根后再移栽上盆。若开花结实，母株往往枯萎死亡。也可播种繁殖，发芽不困难。王妃雷神是龙舌兰中的小型种，叶片灰绿色，呈螺旋状排列，齿端生黄色尖刺或十分醒目的红褐色尖刺。常用于盆栽观赏，适合家庭阳台、花架摆设。

二、剑麻园林景观设计与实践

（一）剑麻园林景观设计原则

1. 科学性原则

在景观设计过程中，应根据剑麻生长习性，科学选择合理的种植区域和种植方式，特别要考量当地的气温及土壤水分变化特点，如地区的极端低温、排水情况、年平均降水量等。剑麻是热带作物，大部分品种不耐低温，易受寒害。冬季气温低的地区应选择耐寒的剑麻品种，否则剑麻植株易受寒害影响其观赏性，甚至死亡。剑麻耐旱，但不耐涝，长期泡水易感染病害，导致植株腐烂甚至死亡。因此，剑麻不宜种植在排水不良易积水的低洼地段，应选择排水良好的高地、坡地种植。

2. 艺术性原则

植物枝叶和花序的形状、色彩在景观设计中决定着其景观效果的展现。在植物配置时，剑麻所展现的刚毅姿态及浑身颜色要与其他植物的花色叶色相协调，才能起到最佳效果。剑麻景观设计艺术性原则主要包括以下3个方面：①质感搭配。剑麻挺拔的姿态能体现阳刚之气，可以与一些柔软纤细的观赏草搭配，以体现阴阳结合，刚柔相济。②株型体量。剑麻按不同株高及冠幅大小可大致分为大型、中型、小型3种。不同株型大小的剑麻可以营造出多样的景观，给人不同的空间感受。运用大型剑麻品种可以营造出高大挺拔、英朗刚俊而又独具特色的感觉，而中性品种可以配合其他园林植物增添热带风情，小型品种则可以带来奇异效果。③季相色彩。植物枝叶和花序的色彩在景观设计中很大程度上决定景观效果的展现。剑麻所呈现的颜色在植物配置时与组团中其他植物的花色叶色相搭配，可以起到互相协调的作用。剑麻叶片四季均表现为绿色，使其可在整个生长季与色彩多变的花卉搭配种植成景。

3. 实用性原则

城市景观设计应符合绿色可持续发展理念，在表现景观价值的同时应尽量减少资源的浪费，减轻经济压力。剑麻具有易种植、易养护、生命周期长的特点，价格低廉，后期养护成本低，这些特性都符合绿色可持续发展的原则，具有很强的实用性。剑麻可以在低投入的基础上创造出优秀的景观，在景观设计中具有极高的性价比，符合景观设计真正的主旨。剑麻起源于国外热带地区，在我国景观中可以体现出别样的异域风情，用在我国北方景观中则可以带来浓厚的热带景观元素。

（二）剑麻园林景观实践应用

1. 道路绿化

剑麻耐旱、耐贫瘠，病虫害少，在高速路、省道、城市道路、乡道等道路绿化带种上剑麻，可以减少淋水次数，降低化肥农药用量，甚至可以不施肥、不打药，可大幅降低园林绿化养护成本，减少财政开支。剑麻还可以同其他园林植物搭配种植，添加热带元素，构造热带景观。有些剑麻品种成龄后叶片还可以收获，加工成纤维出售，可以带来一定的经济效益。

2. 公园、景点绿化

在人群游息的公园及街间景点以不同品种剑麻搭配设景，不但能构造出独特的绿化景观，且剑麻景天酸代谢途径的光合作用方式更有益于傍晚憩息游人的身体健康。中小型剑麻品种适合种植于植物园的沙漠景观地带，大型剑麻品种宜植于花坛中央、小亭一角、草坪中间、池畔、路旁及用作绿篱等，增添热带景色。

3. 庭院绿化

由于叶尖或叶缘有刺，故多数大型剑麻品种不宜在一般家庭室内应用，但可作别墅、学校、医院、酒店等企事业单位等庭院绿化用，可结合卵石、山石、白沙等营造大型多肉景观环境。中型剑麻植株可用花盆或花槽栽植，用于布置小庭院或厅堂。如金边龙舌兰叶片坚挺美观，四季常青，形态优美，且耐旱性极强，养护管理要求不高，可作为长江流域以南室外景观绿化的优良品种，宜布置小庭院和厅堂，栽植在花坛中心，草坪一角。

4. 室内绿化装饰

室内绿化指根据室内环境特点，结合人们生活需要，以室内观叶为主，对室内空间进行环境美化。室内绿化是以满足人们的物质生活与精神生活的需求为根本，配合整体室内环境进行设计和美化，达到一种室内环境与自然的结合，人与室内环境的结合。室内环境特点对植物有一定的要求，比如植物生物学特性上应适应室内缺少阳光的环境，有一定的抗逆性，易栽培，管理方便，具有良好的观赏价值和景观效果，适于室内装饰。

多数小型剑麻品种均具有抗逆、易栽培、易管理等特点，并且株型玲珑秀美，适合作小型盆栽陈设于窗台、桌案、书架等处，具有很好的装饰效果及独特的观赏价值。且剑麻耐旱，家庭盆栽剑麻可 15~30 d 淋水一次，易于养护管理，非常适合工作节奏快速的当今社会。此外，剑麻属 CAM 植物，晚上气孔开放吸收二氧化碳进行光合作用，因而室内摆上一二盆剑麻，不但可以装饰、美化居住环境，还有益于身体健康。

5. 工厂绿化

有些工厂不但空气污染严重，而且土壤亦受到不同程度的污染，因而对绿化树种要求较严格。剑麻是适应性较广的绿化品种，用剑麻绿化工厂营区，不但美化了环境，而且可以吸收重金属，解决因土壤污染而造成的绿化死角问题。

第五节　酿酒

一、龙舌兰酒的特点与起源

龙舌兰酒是墨西哥的国酒，被称为墨西哥的灵魂，是与威士忌、白兰地、伏特加齐名的四大国际名酒品种之一，是风靡世界的酒精饮料，在国际市场享有很高的声誉。它口味凶烈，酒劲刚猛，充满阳刚气，芳香独特，口感与众不同。

龙舌兰酒主要有 3 类。①Pulque（普罗科）：最早用龙舌兰麻茎为原料经发酵而造出的酒，主要用于宗教用途，也是所有龙舌兰酒的基础原型；②Mescal（Mezcal）（麦斯卡尔）：所有用龙舌兰麻茎为原料制造出的蒸馏酒的总称；③Tequila（特其拉）：是 Mescal 中最出名的一种，代表了 Mescal 的最高品质，在制造地点、原料及制造过程上都有相应的规定，有较高的产品规范，只有在 Jalisco（哈利斯科州）、Guajanuato（瓜纳华托州）、Michoacán（米却肯州）、Nayarit（纳亚里特州）、Tamaulipas（塔毛利帕斯州）5 州的区域内，使用超过 51% 的蓝色龙舌兰麻（*Agave tequilana* Weber var. *azul*）为原料所制造的龙舌兰酒，才有资格冠上 Tequila 之名。而根据酒的陈酿年份，龙舌兰酒又分为 Blanco（白龙舌兰）、Joven/Oro（金黄龙舌兰）、Reposado（微陈龙舌兰）、Anejo（陈年龙舌兰）和 Extra Anejo（超陈龙舌兰）。

龙舌兰酒诞生有诸多传说，较为广泛流传的有两个。一说是：有一天，手托一杯神秘汁液的生育女神玛雅乌埃尔从天而降，来到正在田间干活的农夫中间，教他们品尝这可口的液体，农夫们受神明启发，围着一株巨大的龙舌兰跳起欢快的舞蹈，舞毕他们抢起斧头砍掉龙舌兰坚硬多刺的枝干，露出乳白的根茎，最终学会了用这种植物酿造属于他们的佳酿。二说是：几个世纪以前，居住在墨西哥的印第安人为躲避雷雨暴风的袭击躲进了龙舌兰属植物旁边的山洞，闪电击中了龙舌兰植株，使其燃烧，烤熟了龙舌兰中的淀粉，将它转化成一种蜜，雷雨暴风后在微风的吹拂下散发出一种令人愉悦的芳香，这些印第安人再次点着了龙舌兰，感受其中的芳香味道，就这样他们发现了龙舌兰植物的益处，其中有些人保留了龙舌兰植物的果汁，几天后其味道发生变化，味道独特，印第安人觉得这些果汁是上天赐给的礼物。

印第安人以龙舌兰汁经发酵后制造出来 Pulque，起初经常被用来作为宗教信仰用途，除了饮用之后可以帮助祭司们与神明沟通（其实是饮酒后产生的酒醉或幻觉现象），他们在活人祭献之前会先让牺牲者饮用 Pulque，使其失去意识或至少降低反抗能力，而方便仪式进行。

龙舌兰酒+柠檬+盐是龙舌兰最正统的喝法：事先准备好一片柠檬、一撮细盐及一小杯冰冻的龙舌兰酒，饮酒时把少许盐放在手背上，然后舐之于舌，再将少许柠檬汁滴在有盐的舌上，随即举杯喝一大口龙舌兰酒，口中即有咸、酸及酒3种混合味，喝起来很霸气。这种喝法起源于十八世纪，最初的龙舌兰酒爱好者们为了获得龙舌兰酒强烈的感觉，据说盐可以促使人产生更多唾液，而柠檬可以缓解烈酒对喉咙带来的刺激，这样的饮法除了增加饮酒的情趣外，还有助于解暑消热。

此外，墨西哥人有天人合一的信仰，觉得把跟植物共生的虫子和着植物酿造调味的酒一起喝，多半能有别的功效。因此，在喝龙舌兰酒还有吃虫子的玩法，这种虫子叫作 Mezcal（单赤虫），常在龙舌兰植株的根部，因而龙舌兰酒瓶底都有些这类虫子，看着瘆人，但墨西哥人却觉得吃虫喝酒之后精神百倍，而且会非常有异性缘。

2006年7月12日，联合国第30届世界遗产大会批准了墨西哥的一项与龙舌兰酒有关的世界文化遗产，全称为"Tequila 地区的龙舌兰种植区和早期的龙舌兰酒酿造设施遗址"。列入这项世界遗产名录的，包括龙舌兰种植地、酿酒厂（仍然开展生产和已经停产的）、酒坊（西班牙统治时期的非法酿酒厂）、小镇（有些可以追溯到18世纪）。

二、龙舌兰酒专用酿酒种质及其酿造工艺

龙舌兰酒的主要原料正是龙舌兰麻属植物（*Agave*）。龙舌兰属为多年生草本植物，原产于中美洲热带、亚热带干旱半荒漠地区，物种的起源中心在墨西哥，栽培历史悠久。龙舌兰属植物有200多种，仅墨西哥就有203种，可用于酿酒的就有64种（占比31.52%），其中龙舌兰专用酿酒种质，最重要的是用于酿造 Tequila 的 *Agave tequilana* Weber var. *azul*，以及用于酿造 Mescal 的 *Agave angustifolia* Haw、*A. potatorum*、*A. durangensis* 和 *A. cupreata*。龙舌兰酒专用麻种植区主要分布在墨西哥，2019年 Tequila 的种植面积151万亩（Jalisco 占比69.28%），Mescal 的种植面积30万亩，其他国家和地区基本上是空白。Tequila 地区位于墨西哥西部太平洋沿岸哈利斯科州的中心区域，地处 Tequila 火山和格兰德河之间的谷地。Tequila 一带是龙舌兰的质量最优良的产区，且也只有以该地生产的龙舌兰酒才允许以 Tequila 之名出售，若是其他地区的龙舌兰酒则称为 Mescal。

龙舌兰酒专用麻主要用途为酿酒，即通过收获成熟的麻茎按照相应的产品规范酿造而成，Tequila 的生产标准为 NOM-006-SCFI—2012，Mescal 的生产标准为 NOM-070-SCFI—2016。成熟的麻茎根据龙舌兰酒的类别不同所需的时间也不同，Tequila 所需的成熟麻茎一般需要8~12年，Mescal 所需成熟麻茎可提前至5~6年。龙舌兰酒专用麻种植密度根据不同的环境条件范围幅度很大，从每亩216株至493株不等，产量的波幅也很大，每亩成熟麻茎产量为8 640~44 370 kg（以每个成熟麻

茎 40~90 kg 计），折合每亩成熟麻头可生产龙舌兰酒 1 234~6 338 L（每 7 kg 麻头可生产 1 L 龙舌兰酒）。龙舌兰麻适应性很强，土壤耕作层 30~40 cm 即可，耐受的土壤 pH 值 5.1~7.5，耐受温度 0~47 ℃，最适宜的生长温度为 26 ℃，研究表明龙舌兰麻在温度 3~47 ℃仍然获得较好的产量。不同种的成熟麻茎重量亦不同，每个 Tequila 成熟麻茎平均重量为 40~90 kg，其他种的每个成熟麻茎重量因种不同而有差异，从 20 kg 至 470 kg 不等；成熟的麻茎含有较高的糖分，亦随着种类的不同而变化（图 7-2、图 7-3、表 7-6）。

图 7-2　从左至右为 *A. mapisaga*、*A. atrovirens*、
A. asperrima、*A. americana* 的成熟麻茎

图 7-3　*A. tequilana* 成熟麻茎

龙舌兰酒专用麻除了酿酒之外，叶片还可以抽取纤维，废弃物可提取海柯吉宁和替告吉宁等多种甾体皂苷元，以及提取草酸、果胶、栽培食用菌、制取食用酒精及动力燃料；麻渣含有丰富的营养物质，是良好的饲料和肥料。

表 7-6　成熟麻茎重量及含糖量情况

种类	重量/kg	直径/cm	高/cm	生麻茎含糖量/%	烘煮后麻茎含糖量/%
A. tequilana	65	206	150	25.35	33.72
A. mapisaga	471	310	113	8.13	6.45
A. atrovirens	280	215	118	17.07	8.07
A. asperrima	220	225	89	13.75	9.20
A. americana	75	172	54	4.04	4.60

数据来源：June Simpson（2018）。

传统龙舌兰酒的酿造过程基本上是手工完成，口味比较纯正。龙舌兰酒酿造工艺为采收→熏蒸→粉碎→糖化→发酵→蒸馏→陈年。首先要选取已经生长了 8~12 年的龙舌兰，用刀从龙舌兰植株割掉叶片，呈现在面前的是绿色的麻茎，当地人称之为比纳（pina），这些比纳每颗大小不等，但重达 80~150 磅。成熟麻茎运到酒厂后，先被刨成两瓣或者四瓣，当龙舌兰劈开时，其内部的表面是偏白色、粗糙的纤维，然后放入炉中或高压釜中焖12~72 h，温度控制在40~80 ℃，经过蒸煮后，显露出一片光滑的褐色组织结构，它可以被扯开分离成黏性的碎片，其味道很像烘焙过的甘薯。经过撕碎机，再经一系列压榨工艺而取得汁液，将该汁液和酵母、蔗糖混合一起进行发酵，最后将发酵罐中的发酵醪液泵入传统的蒸馏釜中。第一次的馏出液是低劣且粗糙的，其酒精度为29%（体积比），然后将此馏出液再泵入传统蒸馏釜中进行再蒸馏，这样第二次的馏出液才是龙舌兰酒，这时其馏出液的酒精浓度是55%（体积比），相对来说，这样较低浓度的酒能保留很多独特的风味和龙舌兰汁液的特征。这种酒蒸馏方法能保持香料的成分（这种香料是龙舌兰和酵母互相作用而产生的），这种酒味道强烈，独特与众不同。根据不同的贮放时间可分为3类，第1种Blanco或Silver，无色，在蒸馏后直接装瓶或贮放于不锈钢容器中，也有的在橡木桶中陈放，但不超过30 d，该级酒比较纯正，天然植物香气浓，有用100%蓝色龙舌兰酿造的，也有用51%的龙舌兰加糖酿造的，味道甘洌清爽；第2种叫作Reposado，颜色为淡黄色，在橡木桶中陈放2~11个月，有微弱桶香，口感较辛辣，其销售额占墨西哥本土的60%；第3种叫作Anejo，颜色为浓金色，在橡木桶中陈放1~10年，有微弱桶香，专家认为龙舌兰酒陈年期为4~5年，如果再长，酒精会挥发过多，除了少数8~10年的陈酿外，大部分Anejo在陈年期满后，都移到无陈酿效果的不锈钢桶中保存。陈年的龙舌兰酒像威士忌、白兰地陈酿一样，使酒色变为金黄，酒质经陈酿后变得醇厚、柔润，更令人喜爱。

三、龙舌兰酒产业现状与前景

龙舌兰酒风靡全球，身价不菲；加之龙舌兰酒专用麻用途广泛，综合利用价值高，产业发展前景广阔。

在龙舌兰酒主产国墨西哥，Tequila的产量、消费量和出口量从2011年至2020年处在缓慢上升阶段（图7-4~图7-6），复合年均增长率分别为1.91%、1.67%和4.27%，截至2020年10月，2020年Tequila（折40°）的产量和出口量分别为3.1亿L、2.39亿L，消费量为115.93万t，预计全年的产量、出口量和消费量分别与2019年的3.52亿L、2.47亿L、1 342.60千t相比略有增长。

此外，2011—2019年墨西哥Mescal（折45°）的产量及出口量呈现迅猛上升的趋势，产量及出口量从2011年98万L、65万L增至2019年的715万L、470万L（图7-7），复合年均增长率分别为28.18%和28.11%。Mescal主要分3类：Mescal、Mescal Artesanal、Mescal Ancestral，2019年所占比率分别为12.00%、87.00%、1.00%。Mescal主要生产地是Oaxaca，2011—2019年其产量占比在77%以上，最高为2013年的99.40%，2019年占比为90.10%（图7-8），墨西哥国内其他生产州有Puebla、Durango、Zacatecas、Guerrero、San Luis Potosí、Michoacán、Guanajuato和Tamaulipas，2019年各州Mescal的产量占比见图7-9。而Mescal主要原料则为*Agave*

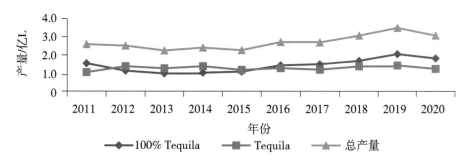

图 7-4　2011—2020 年 Tequila（折 40°）的产量
数据来源：墨西哥 Tequila 委员会，截至 2020 年 10 月。

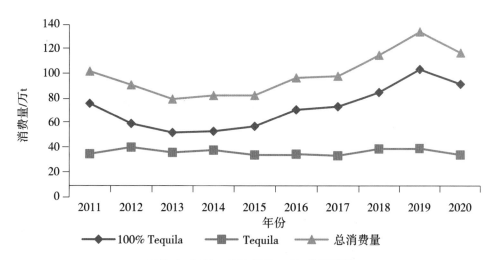

图 7-5　2011—2020 年 Tequila 的消费量
数据来源：墨西哥 Tequila 委员会，截至 2020 年 10 月。

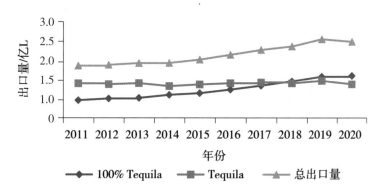

图 7-6　2011—2020 年 Tequila（折 40°）的消费量
数据来源：墨西哥 Tequila 委员会，截至 2020 年 10 月。

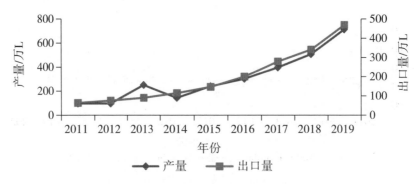

图 7-7　2011—2019 年 Mescal（折 45°）的产量及出口量

数据来源：墨西哥 Mescal 委员会。

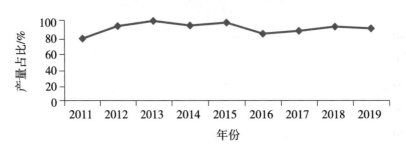

图 7-8　2011—2019 年 Oaxaca 的 Mescal 产量占比

数据来源：墨西哥 Mescal 委员会。

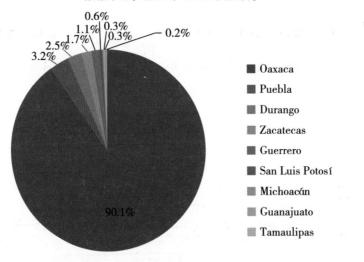

图 7-9　2019 年各州 Mescal 产量占比

数据来源：墨西哥 Mescal 委员会。

angustifolia，2011—2019 年 Mescal 原料来源中占比在 75% 以上，最高为 2013 年的 95%，2019 年占比约 85.8%（图 7-10），其他来源种有 *A. potatorum*、*A. durangensis*、*A. cupreata*、*A. marmorata*、*A. karwinskii*、*A. karwinskii*、*A. tequilana*、*A. cupreata*、*A. karwinskii* 和其他 54 个地方种，2019 年各来源种占比见图 7-11。

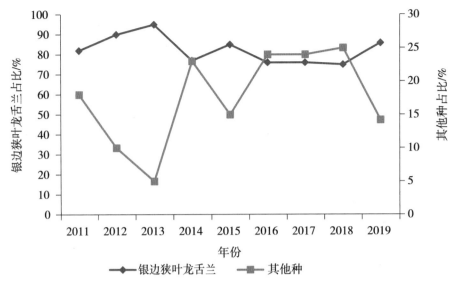

图 7-10　2011—2019 年 Mescal 原料来源种占比

数据来源：墨西哥 Mescal 委员会。

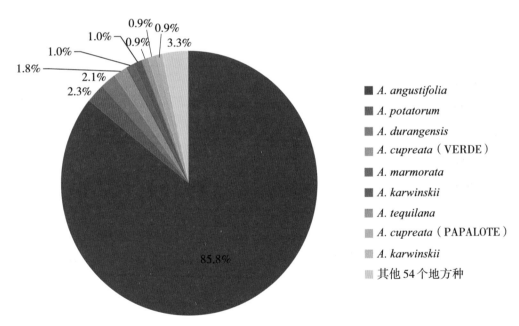

图 7-11　2019 年 Mescal 原料来源种占比

数据来源：墨西哥 Mescal 委员会。

虽然国内龙舌兰酒所需麻类在种植端几乎是一片空白，但是近年来消费端却是风生水起，龙舌兰酒越来越受到国人的青睐。自 2014 年国内市场对龙舌兰酒正式开放以来，龙舌兰酒进口量迅猛上升，2019 年国内龙舌兰酒进口量 146.03 万 L，进口金额 784.77 万美元；即便在 2020 年受到新冠肺炎疫情严重冲击的情况下，1—10

月龙舌兰酒进口量仍有 66.86 万 L, 价值 297.38 万美元 (图 7-12)。国内龙舌兰酒主要是从墨西哥进口, 从墨西哥进口的龙舌兰酒所占进口总量的比率最低也达到 97.84% (图 7-13), 其他的进口国还有法国、西班牙、美国、英国、德国、比利时、保加利亚和澳大利亚。

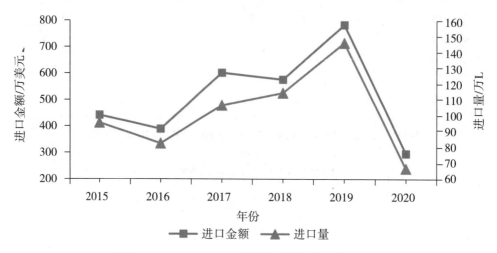

图 7-12 2015—2020 年我国龙舌兰酒进口量及金额
数据来源: 国家海关总署。

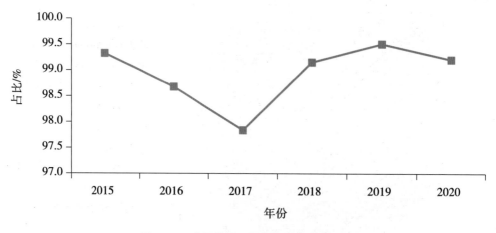

图 7-13 中国从墨西哥进口龙舌兰酒占比
数据来源: 国家海关总署。

此外, 龙舌兰酒中国也有少量出口, 2019 年国内龙舌兰酒出口量为 7.11 万 L, 出口金额 42 万美元; 受新冠肺炎疫情的影响, 2020 年的出口量仅为 0.5 万 L, 出口金额 3.26 万美元 (图 7-14); 2015—2017 年出口的目的地主要为蒙古国, 2018—2020 年出口目的地主要为中国香港地区和巴布亚新几内亚, 其他的目的地还有中国台湾省及新加坡、哈萨克斯坦、德国、巴拿马、马来西亚等国家和地区。

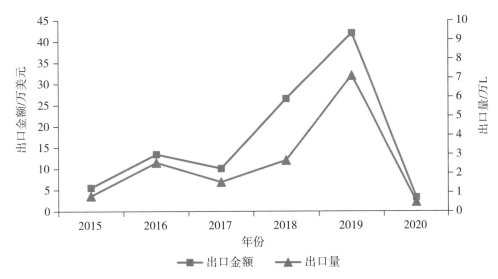

图 7-14　2015—2020 年我国龙舌兰酒出口量及金额
数据来源：国家海关总署。

从以上分析可以看出，近年来我国龙舌兰酒进口量快速增长（除 2020 年以外），说明消费需求旺盛，市场发展潜力巨大，因此在我国发展龙舌兰酒产业前景可期。以下从龙舌兰酒产业种植端和产品端进行可行性及前景分析。

1. 种植端可行性及前景分析

首先，在墨西哥，龙舌兰酒专用麻的核心种植区位于 Jalisco（哈利斯科州），纬度在北纬 20°63′~21°79′，降水量为 500~900 mm；我国传统麻区广西、广东和海南纬度为北纬 18°10′~26°20′，大量区域位于与哈利斯科州同一纬度上，而且降水量均在 1 000 mm 以上，远优于哈利斯科州。因此，从自然条件来说，我国发展龙舌兰酒专用麻产业具备了重要的种植基础条件。其次，从栽培技术方面来说，我国从 20 世纪 60 年代引进剑麻开始，一直开展深耕栽培技术方面的研究，并取得了举世瞩目的成就：我国剑麻栽培技术一直处于世界领先水平，平均亩产干纤维是世界平均的 4 倍以上，现在规模种植平均亩产干纤维达到 300 kg；而龙舌兰酒专用麻和剑麻的栽培管理大致相似；剑麻产业以农垦为主，从业人员众多，人员素质较高，加之农垦为国有企业，在发展龙舌兰酒专用麻方面制度上有得天独厚的优势，因此从这个意义上来说，我国发展龙舌兰酒专用麻产业具备了良好的技术和社会条件。最后，从种质和种苗储备上来说，我国引进了 30 份种质，其中包括了最为重要的酿酒品种 *Agave tequilana* Weber var. *azul* 和 *Agave angustifolia*，经过了几年观察引进种质均长势良好，而且相关的种苗组培快繁技术已经成熟，如果产业需要大规模地扩繁种苗不是难事，因此从种业方面来说，我国发展龙舌兰酒专用麻产业具备了良好的物质基础条件。

总之，从种植端来说，我国发展龙舌兰酒专用麻产业具有天时地利人和的条件，可行性很高。此外，龙舌兰酒专用麻用途广泛，综合利用价值高，如果与现在的剑麻产业结合起来，发展酿酒纤维兼用品种和多用途品种及产业，我国发展龙舌兰酒专用麻产业未来可期、大有可为。

2. 产品端可行性及前景分析

首先，在龙舌兰酒酿造技术方面，我国白酒酿造历史悠久，酿造技术成熟，在制曲和发酵等关键环节上有许多独到的丰富经验，特别是国家麻类产业技术体系剑麻生理与栽培岗位团队在前期已做了一些龙舌兰麻酿酒技术前瞻性的探索研究，积累了一些经验，这给龙舌兰酒的酿造在技术上提供了一定的基础。其次，在消费需求方面，中国是世界酒水行业的第一消费市场，占世界的 20%，2019 年我国白酒的产量 785.95 万千 L，规模以上白酒企业累计完成销售收入 5 617.82 亿元，利润总额 1 404.09 亿元，而从更长的时间尺度上来看，2004—2018 年白酒产量复合年均增长率为 6.53%，2017—2018 年增速放缓为负增长，2018 年白酒产量同减 32% 至 79 亿 L（图 7-15）。而我国白酒销量从 2004 年的 31 亿 L 增至 2018 年的 85 亿 L，复合年均增长率为 7.4%。其中 2012 年后我国受军队禁酒令、塑化剂事件、居民健康意识提高等因素影响，白酒消费量同比增速逐渐放缓，并于 2017 年后出现负增长。2004—2016 年白酒销量复合年均增长率为 12.6%，2016—2018 白酒销量复合年均增长率降至 -19%（图 7-16）。从消费群体看，白酒个人消费占比大幅提升。2012 年后受限制"三公"消费影响，我国白酒消费结构变化较大，从政务消费和商务消费向个人消费转变。2011—2017 年，白酒的政务消费比例由 40% 降至 5%，商务消费占比从 42% 降至 30%，个人消费比重从 18% 大幅上升至 65%，个人消费成为白酒最重要的消费主体（图 7-17）。在消费升级和结构优化的背景下，优质高端

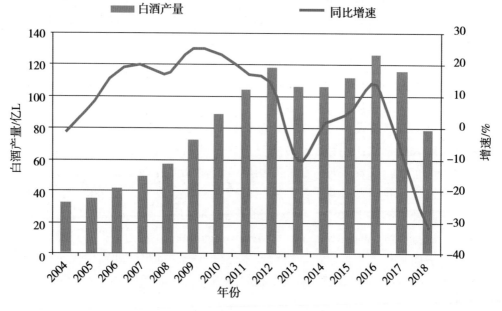

图 7-15　2004—2018 年白酒产量及同比增速

数据来源：国家统计总局。

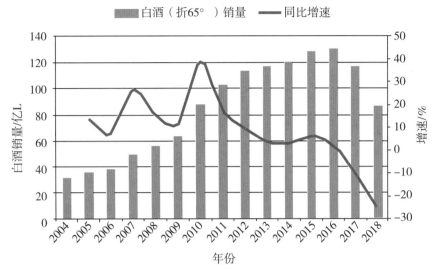

图 7-16　2004—2018 年白酒销量及增速

数据来源：国家统计总局。

白酒更受青睐，名优白酒市场空间广阔，而龙舌兰酒作为风靡世界的名优白酒，消费潜力巨大，需求旺盛，近年来不断攀升的龙舌兰酒进口量也证明了这一点，龙舌兰酒消费未来有望和经济发展的速度及居民消费能力提升的速度保持同步。

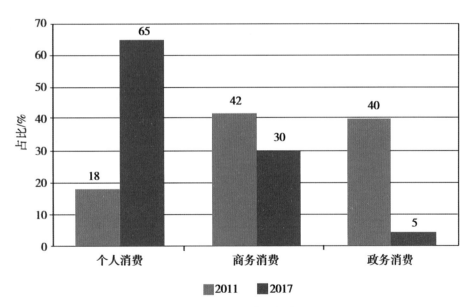

图 7-17　白酒消费结构变化

数据来源：公开资料整理。

从以上分析可知，我国发展龙舌兰酒产业完全可行、前景可期、大有可为。

主要参考文献

曹焜，韩承伟，潘冬梅，等，2019. 盐碱胁迫对 2 个工业大麻品种的影响及其改良效果研究 [J]. 新农业，49（1）：4-6.

曹令，周永凯，张华，等，2008. 大麻秆芯粘胶纤维织物抗紫外线性能评价 [J]. 国际纺织导报，36（2）：67-74.

曹秀华，2010. 红麻转化酒精糖化曲的构建及发酵酒精的工艺研究 [D]. 福州：福建农林大学.

常丽，段文杰，黄思齐，等，2019. 工业大麻短纤维的改性制备及对 Cu（Ⅱ）的吸附性能 [J]. 中国麻业科学，41（4）：173-181.

陈慈，陈俊红，龚晶，2019. 农业多功能拓展与业态创新研究 [M]. 北京：中国经济出版社.

陈继康，董国云，喻春明，等，2020. 苎麻与水稻/玉米秸秆混合青贮饲用价值评价 [J]. 草业科学，37（3）：583-591.

陈继康，朱爱国，熊和平，2020. 中国苎麻农作学的成就与发展对策 [J]. 中国麻业科学，42（1）：43-48.

陈克利，袁华，2004-03-03. 一种新闻纸的制备方法 [P]. CN 1478953.

陈来华，2015. 中国生物饲料发展前景广阔 [J]. 中国动物保健，17（3）：11-12.

陈涛，张小玲，金刚，等，2021. 利用剑麻废渣提取麻膏和回收短纤维的工艺及设备配套 [J]. 农业研究与应用，34（1）：87-89.

陈卫群，2012. 红麻秆基活性炭的制备、表面织构及其性能研究 [D]. 福州：福建农林大学.

陈璇，杨明，郭鸿彦，2011. 大麻植物中大麻素成分研究进展 [J]. 植物学报，46（2）：197-205.

陈仲英，龙瑜菡，徐云，等，2016. 工业大麻品种萌发期及幼苗前期重金属 Pb 耐性评价研究 [J]. 中国麻业科学，38（3）：97-104.

成雄伟，2007. 我国苎麻纺织工业历史现状及发展 [J]. 中国麻业科学，29（S1）：77-85.

程霞，窦玉敏，唐萍，等，2015. 大麻种子在 NaCl 单盐处理下的萌发特性

[J]. 江西农业学报, 27 (6): 30-32.

程霞, 苏源, 窦玉敏, 等, 2016. 盐胁迫下工业大麻苗期生理生化特性的研究 [J]. 昆明学院学报, 38 (6): 81-84.

从仁怀, 许春芳, 郑明, 等, 2017. 不同产地火麻籽油脂溶性活性成分研究 [J]. 中国油料作物学报, 39 (6): 861-868.

杜光辉, 邓纲, 杨阳, 等, 2017. 大麻籽的营养成分、保健功能及食品开发 [J]. 云南大学学报 (自然科学版), 39 (4): 712-718.

杜光辉, 周波, 杨阳, 等, 2015. PEG 模拟干旱胁迫下不同大麻品种萌发期抗旱性评价 [J]. 中国农学通报, 31 (33): 147-153.

杜军强, 何锦风, 蒲彪, 等, 2011. 汉麻籽营养成分及其在食品工业中的应用 [J]. 食品工业科技, 32 (11): 522-524.

傅福道, 金关荣, 葛亚英, 2005. 亚麻屑和红麻芯用于仙客来栽培基质的研究初报 [J]. 中国麻业 (4): 213-215.

高凤磊, 黄标, 黎陛成, 等, 2022. 发酵剑麻渣对黄花鸡生长性能、屠宰性能和肉品质的影响 [J]. 饲料研究 (1): 44-47.

葛发欢, 史庆龙, 2001. 超临界 CO_2 萃取益母草总生物碱 [J]. 中药材, 24 (6): 415.

关庆芳, 孙川, 2012. 工业大麻全秆制浆中试生产 [J]. 纸和造纸, 31 (11): 5-7.

郭鸿彦, 杨明, 2013. 旱地工业大麻高产优质栽培技术 [M]. 昆明: 云南民族出版社.

郭丽, 王殿奎, 王明泽, 等, 2010. 不同大麻品种在黑龙江盐碱干旱地区种植的适应性及农艺性状比较 [J]. 中国麻业科学, 32 (4): 202-205.

郭蓉, 陈璇, 郭鸿彦, 2017. 四氢大麻酚和大麻二酚的药理研究进展 [J]. 天然产物研究与开发, 29 (8): 1449-1453.

郭秀春, 张志娟, 夏照洋, 等, 2017. 锦鸡儿中 4 种三菇类化合物的含量测定及其对糖苷酶的抑制活性 [J]. 中国药学杂志, 52 (6): 488-493.

郭媛, 邱财生, 龙松华, 等, 2019. 不同黄麻品种对重金属污染农田镉的富集和转移效率研究 [J]. 农业环境科学学报 (8): 1929-1935.

郭媛, 王玉富, 邱财生, 等, 2011. 干旱胁迫对不同大麻品种生理特性和生长的影响研究初报 [J]. 中国麻业科学, 33 (5): 235-239.

郭运玲, 张木祥, 李俊, 1993. 利用红麻骨栽培平菇技术 [J]. 中国麻作 (4): 43, 45.

韩军丽, 李振秋, 刘本叶, 等, 2007. 植物菇类代谢工程 [J]. 生物工程学报, 23 (4): 561-569.

韩玉燕, 程舟, 2006. 红麻种籽油中油脂及脂肪酸分析 [J]. 中国麻业科学

（5）：267-273.

何锦风，陈天鹏，刘海杰，等，2013. 大孔树脂对汉麻籽壳抗氧化多酚的吸附纯化作用 [J]. 中国食品学报，13（6）：77-87.

侯文焕，廖小芳，唐兴富，等，2020. 不同黄麻品种对重金属镉和铅的吸收与富集规律 [J]. 西南农业学报，33：2075-2081.

胡华冉，杜光辉，徐云，等，2016. 盐碱胁迫对两个大麻品种幼苗生长和生理特征的影响 [J]. 云南大学学报（自然科学版），38（6）：974-981.

胡华冉，刘浩，邓纲，等，2015. 不同盐碱胁迫对大麻种子萌发和幼苗生长的影响 [J]. 植物资源与环境学报，24（4）：61-68.

胡杰，李德远，魏海，等，2011. 汉麻籽在压缩干粮中的应用 [J]. 食品研究与开发，32（8）：50-52.

胡立勇，丁树文，李京，2001. 黄麻土工布覆盖对土壤温湿度的影响 [J]. 华中农业大学学报（5）：444-448.

胡盛红，郑金龙，温衍生，等，2013 年中国剑麻产业形势分析及发展趋势 [J]. 热带农业科学，34（12）：111-1175.

黄富宇，张小玲，钟思强，等，2013. 剑麻丰产高效生产技术集成与示范 [J]. 中国热带农业（4）：28-35.

黄艳贞，栾军波，2014. 植物萜类化合物提取与检测方法研究进展 [J]. 上海农业学报，30（3）：135-141.

黄玉敏，2019. 不同工业大麻品种耐镉性及原花青素缓解镉胁迫功能分析 [D]. 北京：中国农业科学院.

黄玉香，谭何新，于剑，等，2016. 药用植物生物碱次生代谢工程研究进展 [J]. 中草药，47（23）：4271-4281.

姜亮，周永凯，张华，等，2009. 大麻秆芯粘胶长丝织物的服用性能 [J]. 纺织学报，30（9）：29-32.

姜颖，左官强，王晓楠，等，2020. 烯效唑浸种对干旱胁迫下工业大麻幼苗形态、渗透调节物质及内源激素的影响 [J]. 干旱地区农业研究，38（3）：74-80.

蒋鸿雁，张瑞林，曹艳，等，2021. 大麻二酚在医学上的应用前景 [J]. 昆明医科大学学报，42（2）：147-152.

矫民，宋明阳，2017-03-08. 含植物茎秆骨料低密度外挂强化轻质模制石材及制备方法 [P]. CN 106478050A.

金蕊，杨明挚，刘飞虎，2014. 回接内生真菌对工业大麻生理及农艺性状的影响 [J]. 植物分类与资源学报，36（1）：65-69.

景宁宁，苏文华，张光飞，等，2013. 重金属锌污染土地大麻种植试验 [J]. 安徽农业科学，41（5）：1994-1996.

克勒特内，杨炳安，1996. 用剑麻渣喂牛的观察报告 [J]. 热带作物译丛 (1)：63-66

孔佳茜，赵铭森，孟晓康，等，2020. PEG 模拟干旱胁迫对大麻种子萌发的影响 [J]. 种子，39 (9)：26-30，52.

孔剑梅，沈琰，2019. 工业大麻花叶提取大麻二酚工艺技术综述 [J]. 云南化工，46 (8)：1-4.

李昉，2008. 麻类植物野生大麻营养成分的分析 [J]. 氨基酸和生物资源，30 (4)：76-77.

李光菊，李璇，王倩，等，2018. 不同外源物质浸种对干旱胁迫下巴马火麻种子萌发的影响研究 [J]. 云南大学学报（自然科学版），40 (5)：1034-1041.

李光菊，王倩，李璇，2018. 赤霉素和 V_c 浸种对干旱胁迫下大麻种子萌发初期幼苗生理的影响 [J]. 种子，37 (6)：67-71.

李华锋，黄尚顺，廖青，等，2014. 剑麻皂甙元生产技术进展 [J]. 广东化工，41 (8)：91-92.

李晶忠，谭维福，赵金，等，2013. 火麻仁栽培技术 [J]. 新农业，43 (21)：50-51.

李俊，朱雪雯，万会花，等，2020. 大麻中大麻素类化学成分及其分析方法研究进展 [J]. 中草药，51 (24)：6414-6425.

李乔定，2007. 云麻一号高产栽培技术 [J]. 云南农业，22 (3)：18.

李文略，金关荣，骆霞虹，等，2018. 不同红麻品种的土壤重金属污染修复潜力对比研究 [J]. 农业环境科学学报，37：2150-2158.

李晓辉，刘海杰，陈天鹏，等，2012. 汉麻籽壳多酚的提取及抗氧化活性评价 [J]. 现代食品科技，28 (7)：1007-1011.

李晓平，陈冲，2010. 工业大麻秆的显微构造和纤维形态研究 [J]. 纤维素科学与技术，18 (3)：28-33，38.

李晓平，胡光，吴章康，等，2011-10-19. 一种高强度轻质板材及其制造方法 [P]. CN 102218758A.

李晓平，吴章康，刘刚连，等，2013. 不同阻燃剂对工业大麻秆中密度纤维板性能的影响研究 [J]. 西部林业科学，42 (5)：32-36.

梁洪卉，程舟，杨晓伶，2003. 马来西亚的红麻研究及开发进展 [J]. 中国麻业 (6)：26-31.

梁淑敏，许艳萍，陈裕，等，2013. 工业大麻对重金属污染土壤的治理研究进展 [J]. 生态学报，33 (5)：1347-1356.

梁伟军，2010. 我国现代农业发展的路径分析：一个产业融合理论的解释框架 [J]. 求实 (3)：69-73.

廖丽萍，肖爱平，冷鹃，等，2013. 苎麻根、叶化学成分及药用研究概况 [J]. 中国麻业科学，35（3）：163-166.

廖绵清，李靖，黄欠如，等，2011. 低丘红壤坡耕地苎麻与花生水土保持效果对比研究 [J]. 土壤，43（4）：657-661.

林荔辉，祁建民，方平平，等，2004. 红麻无刺新型品种金光 1 号的选育 [J]. 中国麻业（4）：2-6.

林培清，祁建民，林荔辉，等，2010. 菜用黄麻新品种福农 1 号 [J]. 中国蔬菜（13）：35.

刘闯，邹坤，郭志勇，等，2010. 苎麻叶化学成分研究 [J]. 中国中药杂志，35（11）：1432-1434.

刘飞虎，杜光辉，杨阳，等，2020. 花叶用工业大麻绿色高效栽培技术 [M]. 昆明：云南大学出版社.

刘飞虎，杨明，杜光辉，等，2015. 工业大麻的基础与应用 [M]. 北京：科学出版社.

刘胜贵，马海悦，李智高，等，2020. HPLC 法测定工业大麻花叶中的 CBD 和 THC 的含量 [J]. 云南化工，47（5）：62-64.

龙瑜菡，2017. 大麻品种对中性盐和碱性盐胁迫的耐性差异研究 [D]. 昆明：云南大学.

吕仁龙，张立冬，王春，等，2020. 不同稻壳比例发酵型全混合日粮对海南黑山羊生长性能的影响 [J]. 中国畜牧杂志，56（5）：117-121.

罗奋熔，丘建芳，许文，等，2014. 泽泻总三萜提取纯化工艺的实验室试验及中试验证 [J]. 中国医药工业杂志，45（8）：729-733，749.

马赛蒂斯（Mercedes De Anda Amador），2012. 在中国市场销售墨西哥龙舌兰酒的可行性因素分析 [D]. 上海：华东理工大学.

孟妍，曾剑华，李美莹，等，2021. 汉麻籽分离蛋白提取技术优化及其组成和乳化性表征 [J]. 中国食品学报，21（5）：250-263.

孟妍，曾剑华，王尚杰，等，2020. 汉麻籽蛋白研究进展 [J]. 食品工业，41（1）：268-272.

孟园园，欧景，孙杰，等，2020. 施氮对盐胁迫下工业大麻生长及生理生化特性的影响 [C]. 第十九届中国作物学会学术年会论文摘要集.

苗国华，黄佩珊，黄海彬，等，2020. 云南省工业大麻资源的利用现状及高值化转化途径分析 [J]. 纸和造纸，39（5）：27-35.

穆竟，张娜，李祥鹏，2019. 汉麻籽营养功能及生物活性研究 [J]. 黑龙江农业科学，10（14）：5-9.

宁康，董林林，李孟芝，等，2020. 非精神活性药用大麻的应用及开发 [J]. 中国实验方剂学杂志，26（8）：228-240.

齐宇红，姜宇雷，尚德仁，等，2004. 全秆大麻制浆批量生产的实践［J］. 中华纸业，26（8）：32-34.

任继周，李发弟，曹建民，等，2019. 我国牛羊肉产业的发展现状、挑战与出路［J］. 中国工程科学，21（5）：67-73.

阮奇城，2006. '金光 1 号'红麻籽油富集亚油酸及合成 CLA 工艺的研究［D］. 福州：福建农林大学.

阮奇城，祁建民，方平平，等，2010. 红麻籽油的理化性质及碱炼工艺研究［J］. 中国油脂（1）：11-14.

阮奇城，祁建民，黄李冉，等，2009. 红麻籽油脂肪酸成分分析及其亚油酸富集工艺的研究［J］. 中国粮油学报，2009（9）：71-75.

尚宇光，李淑芬，肖鸾，2002. 植物中生物碱的提取工艺［J］. 现代化工，22（增刊）：51-54，59.

史刚荣，2009. 耐重金属胁迫的能源植物筛选及其适应性研究［D］. 南京：南京农业大学.

宋丽，张蕊，陈思柴，等，2021. 泽泻三萜类成分的提取工艺优化及活性评价［J］. 化学研究与应用，33（1）：175-181.

宋善军，张美云，聂勋载，1994. 大麻秆化学特性的研究［J］. 中国造纸学报，9（1）：72-79.

宋淑敏，刘宇峰，董艳，等，2016. 汉麻籽的营养价值及开发利用［J］. 农产品加工，15（9）：54-56.

宋淑敏，魏连会，高媛，等，2017. 汉麻籽多肽口服液的研制［J］. 农产品加工，16（12）：18-20.

宋淑敏，魏连会，石杰，等，2019. 汉麻籽蛋白提取制备工艺［J］. 食品工业，40（10）：63-65.

孙光明，2007. 剑麻栽培工［M］. 北京：中国农业出版社.

孙宇峰，张晓艳，王晓楠，等，2019. 汉麻籽油的特性及利用现状［J］. 粮食与油脂，32（3）：9-11.

谭冠宁，李丽淑，唐荣华，等，2009. 广西油用火麻资源利用和高产栽培技术［J］. 作物杂志，25（3）：87-90.

谭龙涛，喻春明，陈平，等，2012. 麻类作物多用途研究现状与发展趋势［J］. 中国麻业科学（2）：94-99.

唐晓莉，马灵飞，2010. 大麻秆芯的物理性质和化学组分［J］. 浙江林学院学报，27（5）：794-798.

王朝云，揭雨成，1995. 水分胁迫对红麻生理特性和产量的影响［J］. 作物学报，21（6）：746-751.

王春红，王利剑，左恒峰，等，2019. 汽车用汉麻秆粉/聚乳酸复合材料的制备、成型工艺及性能 [J]. 汽车安全与节能学报, 10 (4): 511-517.

王欢, 李杨, 江连洲, 等, 2013. 水酶法提取火麻籽油的工艺优化及其脂肪酸组成分析 [J]. 大豆生物加工技术 (专刊), 34 (22): 30-35.

王俊, 覃佑康, 曹志恒, 等, 2020. 剑麻皂素工业化制备技术研究进展 [J]. 广西科学, 27 (2): 182-187.

王莉, 史玲玲, 张艳霞, 等, 2007. 植物次生代谢物途径及其研究进展 [J]. 武汉植物学研究, 25 (5): 500-508.

王立岩, 2017. 现代农业发展的卢纶与实践——基于天津市的研究 [M]. 北京: 社会科学文献出版社.

王丽娜, 2009. 黄麻秸秆还田及施用有机肥对滨海盐土的改良试验 [D]. 南京: 南京林业大学.

王利民, 陈金林, 梁珍海, 等, 2009. 黄麻对江苏东台滨海盐土的改良效应 [J]. 水土保持学报, 23: 105-108.

王倩, 2018. 几种作物的耐盐性测试与分析 [D]. 昆明: 云南大学.

王世琴, 张乃锋, 屠焰, 等, 2017. 我国南方地区草食畜禽养殖现状及饲料对策 [J]. 中国畜牧杂志, 53 (2): 151-156.

王晓敏, 王男, 徐瑾, 2004. 利用红麻制浆废弃物模压包装材料的研究 [J]. 包装工程 (3): 16-18.

王亚娟, 杨人元, 李淳雄, 等, 2020. 汉麻籽分离蛋白的提取及功能特性研究 [J]. 中国食品添加剂分析测试, 31 (12): 84-90.

魏承厚, 牛德宝, 任二芳, 等, 2019. 火麻仁的产品开发与综合利用进展研究 [J]. 食品工业, 40 (2): 267-270.

魏国江, 潘冬梅, 刘淑霞, 等, 2011. 黑龙江省大庆市盐碱地种植红麻技术初探 [J]. 中国麻业科学, 33: 11-15.

魏连会, 宋淑敏, 董艳, 等, 2020. 汉麻籽多肽的氨基酸营养组成与体外结合胆酸盐能力的研究 [J]. 中国粮油学报, 35 (1): 63-66.

魏梦雅, 宋阳, 吴华, 等, 2020. 大麻提取物在化妆品及相关领域的应用研究进展 [J]. 日用化学品科学, 43 (11): 16-18, 30.

温林凤, 刘果, 宋明月, 等, 2021. 汉麻籽生物活性成分及其应用研究进展 [J]. 中国果蔬, 41 (2): 22-27.

吴宁, 龙海蓉, 许艳萍, 等, 2014. 不同灌溉周期对工业大麻秆部分理化性能的影响 I. 不同灌溉周期对微观结构和三大素含量的影响 [J]. 纤维素科学与技术, 22 (3): 45-50.

肖瑞, 龚迎春, 李晓平, 等, 2014. 水泥对工业大麻秆纤维板性能的影响 [J]. 西南林业大学学报, 34 (6): 104-106.

谢纯良, 严理, 朱作华, 等, 2014. 利用苎麻麻蔸栽培刺芹侧耳技术研究 [J].

食用菌学报，21（4）：31-34.

谢华德，郭军，曹阳，2019. 工业大麻的功能及其副产物在动物生产中的应用
[J]. 中国麻业科学，41（4）：182-186.

熊和平，2001. 苎麻多功能开发潜力及利用途径 [J]. 中国麻业，23（1）：
22-25.

熊和平，2007. 现代麻业研究的方向与任务 [J]. 中国麻业科学（S2）：
375-379.

熊和平，2010. 抓住天然纤维复苏契机 推动我国麻类产业发展——在国家麻
类产业技术体系苎麻水土保持与麻菜套种现场观摩交流会上的讲话 [J]. 中
国麻业科学，32（1）：1-4.

熊和平，陈继康，唐守伟，等，2016. 国家麻类产业技术发展报告（2014—
2015）[M]. 北京：中国农业科学技术出版社.

熊和平，陈收，2017. 中国现代农业产业可持续发展战略研究（麻类分册）
[M]. 北京：中国农业出版社.

熊和平，等，2008. 麻类作物育种学 [M]. 北京：中国农业科学技术出版社.

熊和平，唐守伟，陈继康，等，2014. 国家麻类产业技术发展报告（2011—
2013）[M]. 北京：中国农业科学技术出版社.

徐鹏伟，刘家宁，常森林，等，2021. 火麻仁蛋白的提取分离及理化性质研究
[J]. 食品研究与开发，42（3）：97-104.

徐益，张力岚，祁建民，等，2021. 主要麻类作物基因组学与遗传改良：现状
与展望 [J]. 作物学报，47：997-1019.

许艳萍，陈璇，郭孟璧，等，2014. 4 种重金属胁迫对工业大麻种子萌发的影响
[J]. 西部林业科学，43（4）：78-82.

许艳萍，郭蓉，郭鸿彦，等，2019. 不同改良剂对铅（Pb）污染土壤中工业大
麻生长及 Pb 积累的影响 [J]. 江西农业学报，31（7）：57-62.

许艳萍，吕品，张庆滢，等，2020. 不同工业大麻品种对田间 5 种重金属吸收
积累特性的比较 [J]. 农业资源与环境学报，37（1）：106-114.

许艳萍，杨明，郭鸿彦，等，2020. 5 个工业大麻品种对 5 种重金属污染土壤的
修复潜力 [J]. 作物学报，46（12）：1970-1978.

许志兴，尚文艳，赵鹏飞，等，2018. 油用麻籽的高产栽培技术 [J]. 农业与
技术，38（15）：109-120.

闫帅航，宋艳秋，吴苏喜，2014. 超临界流体制取火麻籽油的工艺研究 [J].
中国粮油学报，29（11）：93-95.

严理，谢纯良，朱作华，等，2016. 苎麻副产物栽培真姬菇技术研究 [J]. 湖
北农业科学，55（1）：90-92.

杨柳秀，李超然，高雯，2020. 大麻化学成分及其种属差异研究进展 [J]. 中

国中药杂志，45（15）：3556-3564.

杨晓伶，程舟，2002. 地球环境保全及植物资源利用——日本第五届红麻等植物资源利用研究会概述 ［J］. 中国麻业（6）：36-37.

杨晓明，2011. 农业循环经济发展模式理论与实证研究 ［M］. 杭州：浙江大学出版社.

杨阳，苏文君，杜光辉，等，2016. 大麻萌发期和苗期耐盐性评价及耐盐指标筛选 ［J］. 云南农业大学学报（自然科学），31（3）：392-397.

杨煜曦，卢欢亮，战树顺，等，2013. 利用红麻复垦多金属污染酸化土壤 ［J］. 应用生态学报，24：832-838.

杨远才，侯伦灯，祁建民，2006. 红麻轻质阻燃人造板的研制 ［J］. 中国麻业科学（5）：239-242.

杨志晶，李光菊，李璇，等，2020. 不同外源物质喷施对干旱胁迫下'云麻1号'苗期生理的影响 ［J］. 云南大学学报（自然科学版），42（2）：374-381.

尹明，唐慧娟，杨大为，等，2020. 不同红麻在重度与轻微镉污染耕地的修复试验 ［J］. 农业环境科学学报，39（302）：171-180.

尹明，杨大为，唐慧娟，等，2021. 大麻GRAS转录因子家族的全基因组鉴定及镉胁迫下表达分析 ［J］. 作物学报，47（6）：1054-1069.

余健，孙涛，李树忠，等，2016. 工业大麻坡耕地高产栽培关键技术初探 ［J］. 农技服务，33（9）：9-10，79.

曾民，郭鸿彦，郭蓉，等，2013. 大麻对重金属污染土壤的植物修复能力研究 ［J］. 土壤通报，44（2）：472-476.

张德坷，桑申华，曲远均，2017. 翻白草三菇类成分提取工艺的研究 ［J］. 山东中医药大学学报，41（3）：265-268.

张广晶，杨莹莹，徐雅娟，等，2014. 中药萜类成分提取方法研究 ［J］. 长春中医药大学学报，30（2）：221-223.

张际庆，夏从龙，段宝忠，等，2021. 火麻仁的药理作用研究进展及开发应用策略 ［J］. 世界科学技术：中医药现代化，23（3）：750-757.

张加强，金关荣，周瑞阳，等，2015. 不同类型红麻品种在滨海盐碱地的适应性表现 ［J］. 中国麻业科学，37：291-294.

张明发，沈雅琴，2008. 火麻仁药理研究进展 ［J］. 上海医药，29（11）：511-513.

张庆滢，郭蓉，许艳萍，等，2020. 不同类型地膜覆盖对工业大麻生长和产量的影响 ［J］. 中国麻业科学，42（5）：239-243.

张士楚，张玟籍，2012. 能源作物红麻在东北荒漠化土地上的种植方法 ［P］. CN 102835231A.

张涛，卢蓉蓉，钱平，等，2008. 汉麻籽蛋白的提取及性质研究 [J]. 食品与发酵工业，34（8）：173-179.

张晓艳，曹焜，韩承伟，等，2021. 3 个国外引进工业大麻品种在轻、中度盐碱土生长发育特性的研究 [J]. 东北农业科学，46（6）：35-39.

张旭，柏广宇，高宝昌，等，2021. $KMnO_4$ 改性汉麻废弃物对水体中 Pb^{2+} 吸附工艺优化研究 [J]. 化学试剂，43（8）：1032-1036.

张亚娟，王倩，龙瑜菡，等，2018. 不同大麻品种种子萌发期耐重金属铜胁迫能力评价 [J]. 中国麻业科学，40（4）：183-191.

张云云，苏文君，杨阳，等，2012. 工业大麻种子的营养特性与保健品开发 [J]. 作物研究，26（6）：734-736.

张中华，魏刚，杨燕，等，2009. 优质高产杂交苎麻新组合'川苎 11'选育报告 [J]. 中国麻业科学，31（4）：228-232.

赵浩含，陈继康，熊和平，2020. 中国工业大麻种业创新发展策略研究 [J]. 农业现代化研究，41（5）：1-7.

赵洪涛，李初英，黄其椿，等，2015. 不同栽培密度和施肥量对巴马火麻生长发育及麻籽产量的影响 [J]. 南方农业学报，46（2）：232-235.

赵铭森，高金虎，冯旭平，等，2019. 籽用工业大麻'汾麻 3 号'旱作高产栽培技术的研究 [J]. 中国麻业科学，41（5）：217-222.

赵宋亮，陶春元，谢宝华，2008. 超临界 CO_2 萃取菊三七生物碱的工艺研究 [J]. 中药材，31（11）：1749-1751.

郑继昌，林树斌，王尚松，等，2018. 剑麻渣对湖羊增重性能的影响 [J]. 中国饲料（3）：70-72.

周光凡，张龙云，何超群，2010. 重庆市苎麻榨菜套作模式的研究与应用 [J]. 中国麻业科学，32（1）：57-60.

周红光，车靖，2012. 大麻秆芯制浆试生产 [J]. 纸和造纸，31（3）：1-3.

周永凯，张杰，张建春，2008. 大麻秆芯粘胶短纤维生产工艺 [J]. 北京服装学院学报（自然科学版），28（3）：37-44.

周永凯，张杰，张建春，2008. 大麻秆芯粘胶纤维的结构与性能 [J]. 纺织学报，29（4）：22-26.

朱爱国，喻春明，唐守伟，等，2005. 苎麻主要品质性状相互关系的研究 [J]. 中国麻业，27（5）：227-230.

朱光旭，黄道友，朱奇宏，等，2009. 苎麻镉耐受性及其修复镉污染土壤潜力研究 [J]. 农业现代化研究，30（6）：752-755.

朱睿，杨飞，周波，等，2014. 中国苎麻的起源、分布与栽培利用史 [J]. 中国农学通报，30（12）：258-266.

朱涛涛，朱爱国，余永廷，等，2016. 苎麻饲料化的研究 [J]. 草业科学，33

（2）：338-347.

朱莹，成雅京，2019. 从麻绳到美酒——神秘的龙舌兰世界 ［J］. 生命世界
（4）：48-61.

竹几，2020. 当99%的人以为龙舌兰只是 Tequila 时 ［J］. 看世界 （11）：32
-34.

Afzal M Z, Jia Q, Ibrahim A K, et al., 2020. Mechanisms and signaling pathways
of salt tolerance in crops：Understanding from the transgenic plants ［J］. Tropical
Plant Biology, 13：297-320.

Ahmad R, Tehsin Z, Malik S T, et al., 2016. Phytoremediation potential of hemp
（ Cannabis sativa L. ）：identification and characterization of heavy metals
responsive genes ［J］. Clean-Soil, Air, Water, 44 （2）：195-201.

Arru L, Rognoni S, Baroncini M, et al., 2004. Copper localization in Cannabis sa-
tiva L. grown in a copper-rich solution ［J］. Euphytica, 140 （1-2）：33-38.

Bahador M, Tadayon M R, 2020. Investigating of zeolite role in modifying the effect
of drought stress in hemp：Antioxidant enzymes and oil content ［J］. Industrial
Crops and Products, 144：112042.

Bona E, Marsano F, Cavaletto M, et al., 2010. Proteomic characterization of copper
stress response in Cannabis sativa roots ［J］. Proteomics, 7 （7）：1121-1130.

Callaway J C, 2004. Hempseed as a nutritional resource：An overview ［J］. Euphyt-
ica, 140 （1-2）：65-72.

Carolin C F, Kumar P S, Saravanan A, et al., 2017. Efficient techniques for the re-
moval of toxic heavy metals from aquatic environment：A review ［J］. Journal of
Environmental ChemicalEngineering, 5：2782-2799.

Carus M, 2017. The European hemp industry：cultivation, processing and applications for
fibres, shivs, seeds and flowers ［M］.https：//eiha. org/media/2017/12/17-03_ Eu-
ropean_ Hemp_ Industry. pdf.

Cascio M G, Pertwee R G, Marini P, 2017. The pharmacology and therapeutic po-
tential of plant cannabinoids ［A］//Cannabis sativa L-Botany and Biotechnology
［M］. Cham：Springer.

Charkowski E, 1998. Hemp 'eats' Chernobyl waste ［EB/OL］. In Central Oregon
Green Pages. website：www. empirenet. net/empnet/centrorg. htm.

Cheng X, Deng G, Su Y, et al., 2016. Protein mechanisms in response to NaCl-
stress of salt-tolerant and salt-sensitive industrial hemp based on iTRAQ technology
［J］. Industrial Crops and Products, 83：444-452.

Citterio S, Santagostino A, Fumagalli P, et al., 2003. Heavy metal tolerance and
accumulation of Cd, Cr and Ni by Cannabis sativa L. ［J］. Plant and Soil, 256

（2）：243-252.

Ciurli A, Balzano G, Alpi A, 2004. Use of hemp (*Cannabis sativa* L.) growing in hydroponic colture and in contaminated soil with zinc salts [J]. Acta Physiologiae Plantarum, 26 （3）：206-207.

Crescente G, Piccolella S, Esposito A, et al., 2018. Chemical composition and nutraceutical properties of hempseed：an ancient food with actual functional value [J]. Phytochemistry Reviews, 17 （4）：733-749.

Crini G, Lichtfouse E, Chanet G, et al., 2020. Applications of hemp in textiles, paper industry, insulation and building materials, horticulture, animal nutrition, food and beverages, nutraceuticals, cosmetics and hygiene, medicine, agrochemistry, energy production and environment：a review [J]. Environmental Chemistry Letters, 18 （5）：1451-1476.

Carlson K D, Cunningham R L, Garcia W J, et al., 1982. Performance and trace metal content ofCrambe and kenaf grown on sewage sludge-treated stripmine land [J]. Environmental Pollution (Series A), 29：145-161.

Deng G, Yang M, Saleem M H, et al., 2021. Nitrogen fertilizer ameliorate the remedial capacity of industrial hemp (*Cannabis sativa* L.) grown in lead contaminated soil [J]. Journal of Plant Nutrition, 44 （12）：1770-1778.

Dushenkov, 1999. XVI International Botanical Congress [C]. Saint Louis, USA, 4240.

ElFeraly F S, Turner C E, 1975. Alkaloids of *Cannabis sativa* leaves [J]. Phytochemistry, 14 （10）：2304.

Gandolfi S, Ottolina G, Riva S, et al., 2013. Complete chemical analysis of carmagnola hemp hurds and structural features of its components [J]. Bioresources, 8 （2），2641-2656.

Gao C S, Cheng C H, Zhao L N, et al., 2018. Genome-wide expression profiles of hemp (*Cannabis sativa* L.) in response to drought stress [J]. International Journal of Genomics （25）：1-13.

Gebremariam D Y, Machin D H, 2008. Evaluation of sun dried sisal pulp (*Agave sisalana* Perrine) as feed for sheep in Eritrea [J]. Livest. Res. Rural Dev., 20 （11）：183.

George M, Chae M, Bressler D C, 2016. Composite materials with bast fibres：Structural, technical, and environmental properties [J]. Progress in Materials Science, 83：1-23.

Grotenhermen Franjo, Müller Vahl Kirsten R, 2021. Two decades of the International Association for Cannabinoid Medicines：20 years of supporting research and activities toward the medicinal use of cannabis and cannabinoids [J]. Cannabis and Cannabinoid Research, 6 (2): 82-87.

Gümüşkaya E, Usta M, Balaban M, 2007. Carbohydrate components and crystalline structure of organosolv hemp (*Cannabis sativa* L.) bast fibers pulp [J]. Bioresource Technology, 98 (3): 491-497.

House J D, Neufeld J, Leson G, 2010. Evaluating the quality of protein from hemp seed (*Cannabis sativa* L.) products through the use of the protein digestibility-corrected amino acid score method [J]. Journal of Agricultural and Food Chemistry, 58 (22): 11801-11807.

Hu H R, Liu H, Du G H, et al., 2019. Fiber and seed type of hemp (*Cannabis sativa* L.) responded differently to salt-alkali stress in seedling growth and physiological indices [J]. Industrial Crops and Products, 129: 624-630.

Hu H R, Liu H, Liu F H, 2018. Seed germination of hemp (*Cannabis sativa* L.) cultivars responds differently to the stress of salt type and concentration [J]. Industrial Crops and Products, 123: 254-261.

Huang Y M, Li D F, Zhao L N, et al., 2019. Comparative transcriptome combined with physiological analyses revealed key factors for differential cadmium tolerance in two contrasting hemp (*Cannabis sativa* L.) cultivars [J]. Industrial Crops and Products, 140: 111638.

Jami T, Karade S, Singh L, 2019. A review of the properties of hemp concrete for green building applications [J]. Journal of Cleaner Production, 239: 117852.

Kinnane O, Reilly A, Grimes J, et al., 2016. Acoustic absorption of hemp-lime construction [J]. Construction and Building Materials, 122: 674-682.

Kipriotis E, Heping X, Vafeiadakis T, et al., 2015. Ramie and kenaf as feed crops [J]. Industrial Crops and Products, 68: 126-130.

Lee A Y, Wang X, Lee D G, et al., 2014. Various biological activities of ramie (*Boehmeria nivea*) [J]. Journal of Applied Biological Chemistry, 57 (3): 279-286.

Leonard W, Zhang P Z, Ying D Y, et al., 2020. Hempseed in food industry: Nutritional value, health benefits, and industrial applications [J]. Comprehensive Reviews in Food Science and Food Safety, 19 (1): 282-308.

Lin Y, Pangloli P, Dia V P, 2021. Physicochemical, functional and bioactive properties of hempseed (*Cannabis sativa* L.) meal, a co-product of hempseed oil and protein production, as affected by drying process [J]. Food Chemistry, 350: 129188.

Linciano P, Citti C, Russo F, et al., 2020. Identification of a new cannabidiol nhexyl homolog in a medicinal cannabis variety with an antinociceptive activity in mice: Cannabidihexol [J]. Sci. Rep., 10 (1): 1-11.

Linger P, Mussig J, Fischer H, et al., 2002. Industrial hemp (*Cannabis sativa* L.) growing on heavy metal contaminated soil: fibre quality and phytoremediation potential [J]. Industrial Crops and Products, 16 (1): 33-42.

Linger P, Ostwald A, Haensler J, 2005. *Cannabis sativa* L. growing on heavy metal contaminated soil: growth, cadmium uptake and photosynthesis [J]. Biologia Plantarum, 49 (4): 567-576.

Liu F H, Hu H R, Du G H, et al., 2017. Ethnobotanical research on origin, cultivation, distribution and utilization of hemp (*Cannabis sativa* L.) in China [J]. Indian Journal of Traditional Knowledge, 16 (2): 235-242.

Liu J J, Qiao Q, Cheng X, et al., 2016. Transcriptome differences between fiber-type and seed-type *Cannabis sativa* variety exposed to salinity [J]. Physiology and Molecular Biology of Plants, 22 (4): 429-443.

Luo Q, Yan X, Bobrovskaya L, et al., 2017. Anti-neuroinflammatory effects of grossamide from hemp seed via suppression of TLR-4-mediated NF-B signaling pathways in lipopolysaccharide-stimulated BV2 microglia cells [J]. Molecular and Cellular Biochemistry, 428 (2): 129-137.

Marianthi T, 2006. Kenaf (*Hibiscus cannabinus* L.) core and rice hulls as components of container media for growing Pinushalepensis M. seedlings [J]. Bioresour Technol, 97 (14): 1631-1639.

Mohamed A, Bhardwaj H, Hamama A, et al., 1995. Chemical composition of kenaf (*Hibiscus cannabinus* L.) seed oil [J]. Ind Crop Prod (4): 316-318.

Mohamed M Radwan, Suman Chandra, Shahbaz Gul, et al., 2021. Cannabinoids, phenolics, terpenes and alkaloids of Cannabis [J]. Molecules, 26 (9): 2774.

Mohamed M, Yaser D, 2019. Production and recovery of poly-3-hydroxybutyrate bioplastics using agro-industrial residues of hemp hurd biomass [J]. Bioprocess and Biosystems Engineering, 42 (7): 1115-1127.

Opyd P M, Jurgoński A, Fotschki B, et al., 2020. Dietary hemp seeds more effectively attenuate disorders in genetically obese rats than their lipid fraction [J]. The Journal of Nutrition, 150 (6): 1425-1433.

Paduraru C, Tofan L, 2008. Investigations on the possibility of natural hemp fibers use for Zn (Ⅱ) ions removal from waste waters [J]. Environmental Engineering and Management Journal, 7 (6): 687-693.

Pate D W, 1994. Chemical ecology of Cannabis [J]. Journal of the International Hemp Association, 2 (29): 32-37.

Rahim M, Douzane O, Tran A, et al., 2015. Characterization of flax lime and hemp lime concretes: Hygric properties and moisture buffer capacity [J]. Energy and Buildings, 88: 91-99.

Rehman M, Gang D, Liu Q, et al., 2019. Ramie, a multipurpose crop: potential applications, constraints and improvement strategies [J]. Industrial Crops and Products, 137: 300-307.

Ren Y H, Wei Q W, Lin L S, et al., 2021. Physicochemical properties of a new starch from ramie (*Boehmeria nivea*) root [J]. International Journal of Biological Macromolecules, 174: 392-401.

Santos R D, Pereira L G R, Neves A L A, et al., 2011. Intake and productive performance of sheep fed sisal coproducts based diets [J]. Arq. Bras. Med. Vet. Zoo., 63 (6): 1502-1510.

Schäfer T, Honermeier B, 2006. Effect of sowing date and plant density on the cell morphology of hemp (*Cannabis sativa* L.) [J]. Industrial Crops and Products, 23 (1): 88-98.

Silveira R X, Chagas A C S, Botura M B, et al., 2012. Action of sisal (Agave sisalana, Perrine) extract in the *in vitro* development of sheep and goat gastrointestinal nematodes [J]. Exp Parasitol, 131 (2): 162-168.

Souza F N C, da Silva T C, Ribeiro C V D M, 2018. Sisal silage addition to feedlot sheep diets as a water and forage source [J]. Anim. Feed. Sci. Tech., 235: 120-127.

Tan G Q, Yuan H Y, Liu Y, et al., 2010. Removal of lead from aqueous solution with native and chemically modified corncobs [J]. Journal of Hazardous Materials, 2010, 174: 740-745.

Tofan L, Paduraru C, 2004. Sorption studies of Ag I, Cd II and Pb II ions on sulphydryl hemp fibers [J]. Croatica Chemica Acta, 77 (4): 581-586.

Turner C E, Elsohly M A, Boeren E G, 1980. Constituents of *Cannabis sativa* L. XVII. A review of the natural constituents [J]. J. Nat. Prod., 43 (2): 169-234.

Van der Werf H, Harsveld J, Bouma A, et al., 1994. Quality of hemp (*Cannabis sativa* L.) stems as a raw material for paper [J]. Industrial Crops and Products, 2 (3): 219-227.

Vandenhove H, van Hees M, 2005. Fibre crops as alternative land use for radioactively contaminated arable land [J]. Journal of Environmental Radioactivity, 81 (2): 131-141.

Vimala R, Das N, 2009. Biosorption of cadmium (II) and lead (II) from aqueous solutions using mushrooms: a comparative study [J]. Journal of Hazardous Materials, 168: 376-382.

Wang B Y, Wang K, 2013. Removal of copper from acid wastewater of bioleaching by adsorption onto ramie residue and uptake by *Trichodermaviride* [J]. Bioresource Technology, 136: 244-250.

Xie C L, Gong W B, Zhu Z H, et al., 2021. Comparative secretome of white-rot fungi reveals co-regulated carbohydrate-active enzymes associated with selective ligninolysis of ramie stalks [J]. Microbial Biotechnology, 14 (3): 911-922.

Xu Y P, Deng G, Guo H Y, et al., 2021. Accumulation and sub cellular distribution of lead (Pb) in industrial hemp grown in Pb contaminated soil [J]. Industrial Crops and Products, 161: 113220.

Zhang M, 2011. Adsorption study of Pb (II), Cu (II) and Zn (II) from simulated acid mine drainage using dairy manure compost [J]. Chemical Engineering Journal, 172: 361-368.

Zhang X H, Liu L N, Lin C W, 2013. Structural features, antioxidant and immunological activity of a new polysaccharide (SP1) from sisal residue [J]. Int. J. Biol. Macromol. , 59: 184-191.

Zuardi A W, 2006. History of cannabis as a medicine: A review [J]. Braz. J. Psychiatry, 28 (2): 153-157.